Sascha Mamczak | Martina Vogl

Überall Leben

P H
V

Sascha Mamczak | Martina Vogl

Überall Leben

Vom erstaunlichen Miteinander der Arten auf unserem Planeten

Illustriert von Katrin Stangl

Peter Hammer Verlag

Inhalt

Überall ist Wunderland.
Überall ist Leben.
Bei meiner Tante im Strumpfenband
Wie irgendwo daneben.

Überall ist Dunkelheit.
Kinder werden Väter.
Fünf Minuten später
Stirbt sich was für einige Zeit.
Überall ist Ewigkeit.

Wenn du einen Schneck behauchst,
Schrumpft er ins Gehäuse.
Wenn du ihn in Kognak tauchst,
Sieht er weiße Mäuse.

JOACHIM RINGELNATZ

Einleitung | Die Geschichten der anderen

Stadttaube

COLUMBA LIVIA DOMESTICA

Mein Name ist Taube. Das ist nicht mein wahrer Name. Sondern der Name, den ihr mir gegeben habt. Meinen wahren Namen könntet ihr gar nicht aussprechen. Also bin ich für euch eben eine Taube. Das ist schon okay.

Was für eine Taube?, könntet ihr fragen. Es gibt doch so viele. Ringeltauben, Hohltauben, Turteltauben, Rosentauben, Kragentauben, Fruchttauben, Türkentauben. Über 300 Taubenarten gibt es. Tauben in allen Farben und Mustern und Tönen. Tauben überall auf der Erde.

Aber ich wette, wenn ihr »Taube« hört, denkt ihr an Tauben mit graublauem Gefieder, glattem Kopf und rotbraunen Augen. Ihr denkt an die Tauben, die auf euren Bürgersteigen nach Brotresten picken, über euren Plätzen aufflattern, in euren Innenhöfen gurren, über eure Hausdächer stolzieren und auf euren Autos weiße Flecken hinterlassen.

Ihr denkt an Stadttauben.

Das ist verständlich, denn in fast allen Städten der Erde gibt es Tauben. Eure Städte sind unser Zuhause. Aber das heißt nicht, dass wir dort willkommen sind. Bestenfalls werden wir geduldet. Manchmal seht ihr uns sogar als Plage. Was ziemlich unfair ist, denn wir haben uns das Leben in euren Städten nicht ausgesucht. Wir wollten nie Stadttauben sein.

Im Großen Vorher, als es noch keine Menschen gab und die Welt ganz anders war als jetzt, lebten unsere Vorfahren an Berghängen und an Meeresklippen und in Wüstentälern.

Doch dann kamt ihr. Habt uns gezähmt. Habt uns gezüchtet. Wir Tauben gehörten einmal zu euren Lieblingstieren, wie heute eure Hunde oder Katzen, eure Meerschweinchen oder Kanarienvögel. Irgendwann jedoch wolltet ihr uns nicht mehr in eurer Nähe haben. Wir sollten verschwinden – aber wohin hätten wir verschwinden sollen? Für uns gab es kein Zurück mehr. Wir hatten unser Zuhause für immer verloren.

Deshalb leben wir nun auf euren Dächern, auf euren Plätzen, auf euren Bürgersteigen. Wir sind nicht verschwunden. Wir sind immer noch da.

Ihr hört uns. Ihr seht uns. Und doch hört und seht ihr uns nicht.

Mein Name ist Taube. Das ist nicht mein wahrer Name.

Die Taube in der U-Bahn

Nicht-menschliche Lebewesen – seien es Tiere oder Pflanzen, Pilze oder Einzeller – sprechen nicht unsere Sprache. Trotzdem erzählen sie uns Menschen Geschichten.

Das wurde uns beiden, der Autorin und dem Autor dieses Buches, klar, als wir eines Morgens in unserer Heimatstadt München an einem U-Bahnsteig standen und auf den nächsten Zug warteten. Mit uns warteten viele andere Menschen. Sie fuhren zur Arbeit, in die Schule oder zum Einkaufen. Vielleicht besuchten sie auch jemanden. Was Menschen in Städten eben so tun. Es war alles wie immer.

Aber plötzlich sahen wir etwas Erstaunliches.

Um die Menschen herum und zwischen ihnen hindurch stakste und trippelte eine graublaue Taube. Sie bewegte sich sehr behutsam, achtete darauf, den Menschen nicht zu nahe zu kommen. Ab und zu pickte sie etwas vom Boden auf.

Natürlich war es nicht erstaunlich, in einer Stadt wie München eine Taube zu sehen. Tauben gehören zu großen Städten wie Autos, Reklametafeln oder Hochhäuser. Manchmal, wie in Venedig, sind sie sogar eine Touristenattraktion. Auch in München gibt es jede Menge Tauben – so viele, dass es nichts Besonderes ist, eine von ihnen auf einem U-Bahnsteig zu sehen. Die Münchner Tauben kennen sich in den Gängen und Verzweigungen der U-Bahn-Stationen offenbar ziemlich gut aus.

Nein, wirklich erstaunlich war etwas anderes: dass niemand außer uns die Taube beachtete. Die Menschen auf dem Bahnsteig waren alle mit irgendwelchen anderen Dingen beschäftigt. Sie unterhielten sich. Sie lasen Zeitung. Sie blickten auf die Werbebildschirme an den Wänden. Sie starrten auf ihre Smartphones. Sie waren mit ihren Gedanken ganz woanders und interessierten sich nicht für die Taube. Sie nahmen sie noch nicht einmal wahr. Als würden die Menschen und die Taube auf dem Bahnsteig in zwei getrennten Welten existieren, die nichts miteinander zu tun haben.

Lag es vielleicht an der Taube, dass sie von niemandem beachtet wurde? Tauben sind keine besonders auffälligen Lebewesen. Wäre auf dem Bahnsteig eine Giraffe oder ein Stachelschwein aufgetaucht, hätten die Leute bestimmt große Augen gemacht. Tauben sind auch keine Gefahr für uns Menschen. Bei einem Löwen oder einem Tiger auf dem Bahnsteig hätten die Menschen blitzartig die Flucht ergriffen. Tauben sind nicht süß oder putzig. Hätte jemand einen Pandabären mit auf den Bahnsteig gebracht, hätte sich sofort eine Menschentraube um ihn herum gebildet. Tauben zwitschern und singen auch nicht wie andere Vögel. Einem Amselkonzert hätten die Leute auf dem Bahnsteig wahrscheinlich gerne zugehört.

Wenn sich Menschen überhaupt Gedanken über Stadttauben machen, dann denken sie eher an schmutzige Tiere, die Krankheiten übertragen könnten und von denen man sich fernhalten sollte. Aber die meisten Menschen machen sich keine Gedanken über Stadttauben. Die Tauben sind eben da – ein Bestandteil unserer Städte. Wen kümmert es schon groß, was sie den ganzen Tag so tun, wie sie ihr Leben verbringen, wie lange sie leben, ob sie ein glückliches Leben haben? Zwischen Tauben und Menschen klafft ein Abgrund.

Das ist umso erstaunlicher, als Tauben im Gegensatz zu anderen tierischen Stadtbewohnern wie Eichhörnchen, Mardern oder Füchsen ausschließlich tagsüber aktiv sind und uns sehr oft in großen Schwärmen begegnen. Es ist also ziemlich schwierig, sie *nicht* zur Kenntnis zu nehmen.

Das hat uns beiden zu denken gegeben. Und je länger wir darüber nachgedacht haben, desto mehr wurde uns bewusst, dass diese Taube, die niemand beachtet, eine Geschichte erzählt. Eine Geschichte darüber, wie wir Menschen die anderen Lebewesen der Erde wahrnehmen – oder eben nicht wahrnehmen. Eine Geschichte über das, was wir Menschen verlieren, wenn wir nur mit uns selbst beschäftigt sind. Eine Geschichte über den wahren Reichtum der Welt, in der wir leben.

Und eine Geschichte über das allerwichtigste Thema unserer Zeit.

Überall ist Leben

Das sollten wir wohl etwas genauer erklären.

Wir alle wissen, dass Menschen nicht die einzige Lebensform auf dem Planeten Erde sind. Aber viele von uns sind sich nicht darüber im Klaren, dass Menschen nur einen winzig kleinen Teil des Lebens auf der Erde ausmachen. Neben unserer Art, die *Homo sapiens* genannt wird, sind über zwei Millionen andere Arten bekannt: an die 6.000 Säugetierarten, 11.000 Vogelarten, 40.000 Fischarten, 100.000 Spinnenarten, eine Million Insektenarten und viele andere mehr.

Das sind schon mal jede Menge. Aber es ist nur ein Bruchteil der Arten, die es *wirklich* auf der Erde gibt. Obwohl Wissenschaftlerinnen und Wissenschaftler seit langer Zeit andere Lebensformen erforschen, sie beschreiben und klassifizieren, sind die allermeisten davon immer noch unbekannt. Regelmäßig werden neue Arten entdeckt, vor allem Pilze und Pflanzen, aber auch Tiere, von denen man nicht wusste, dass sie überhaupt existieren – wie zum Beispiel die Zwergeulenart *Otus bikegila*, die im Oktober 2022 auf einer Insel westlich von Afrika entdeckt wurde. Auch im 21. Jahrhundert wissen wir noch sehr wenig über das Leben auf der Erde. Wir haben keine Ahnung, wie viele Arten von Lebewesen es auf der Erde tatsächlich gibt. Was die Vielfalt des Lebens betrifft, befinden wir uns auf einem weitgehend unerforschten Planeten.

Auch im 21. Jahrhundert wissen wir noch sehr wenig über das Leben auf der Erde.

Eines jedoch wissen wir: dass unser Planet nur so von faszinierenden, kuriosen, wundersamen, bezaubernden Lebewesen wimmelt. Überall ist Leben – in der Erde, in der Luft, im Wasser. Leben gedeiht auf Steinen, in Eis und Schnee, in den Wolken, in unseren Wohnungen, auf unserer Haut. Pfützen sind voller Leben, ebenso wie Abflussrohre. Auch in uns Menschen – wie in jedem Pilz, in jeder Pflanze, in jedem Tier – leben andere Lebewesen. Wenn du ein Stück Erde aus dem Boden nimmst, dann hältst du ein ganzes Ökosystem in der Hand: Milliarden von winzig kleinen Lebewesen. Wenn du dich auf eine Wiese legst, befindest du dich in einem Universum aus Leben. Es gibt keinen Ort auf der Erde, an dem man nicht irgendeine Form von großem oder kleinem Leben findet.

Aber wir Menschen nehmen die meisten dieser Lebewesen nicht wahr. Sie existieren – und sie existieren gleichzeitig nicht. Es ist, als würden sie, wie die Taube auf dem U-Bahnsteig, in einer Parallelwelt leben. Natürlich hast du in der Schule von einigen dieser anderen Lebewesen gehört. Manche von ihnen hast du vielleicht auch schon mal im Zoo gesehen. Oder in einem YouTube-Video. Aber in deinem alltäglichen Leben spielen sie keine große Rolle.

Wir Menschen haben diese Lebewesen immer mehr aus unserem Alltag verdrängt, sodass wir jetzt ganz unter uns sind.

Das war nicht immer so. Einst lebten die Menschen viel enger mit den anderen Lebewesen zusammen. Das Leben auf der Erde bildete eine Einheit. Die amerikanische Pflanzenforscherin Robin Wall Kimmerer, die dem indigenen Volk der Potawatomi angehört, beschreibt das so: »Unsere Geschichten der alten Tage erzählen von einer Zeit, in der alle Lebewesen eine gemeinsame Sprache hatten – Drosseln, Bäume, Moose und Menschen. Diese Sprache ist aber längst in Vergessenheit geraten.«

Natürlich will Robin Wall Kimmerer damit nicht sagen, dass sich damals – in den »alten Tagen« – die Menschen mit Drosseln, Bäumen oder Moos auf dieselbe Weise unterhielten wie mit ihren Mitmenschen. Sondern dass sie sich diesen anderen Lebewesen verbunden fühlten und nicht zwischen »wir« und »sie«, zwischen »Mensch« und »Natur«, unterschieden, wie es heute üblich ist. Denn wir Menschen waren damals nicht jene dominierende Lebensform, die wir jetzt sind. Keine Lebensform übte zu jener Zeit auf die anderen so viel Macht aus, dass sich ihr alle fügen mussten. Um zu überleben, mussten wir uns mit den anderen Lebewesen arrangieren, mussten sie verstehen, mussten, wie Robin Wall Kimmerer es ausdrückt, »ihre Sprache sprechen«.

Diese Zeit ist lange vorbei. Zwar gibt es heute noch immer indigene Gemeinschaften, in denen die Vorstellung einer tiefen Verbundenheit aller Lebewesen eine zentrale Rolle spielt, aber die meisten Menschen sehen das anders. Eine solche Verbundenheit kommt ihnen völlig absurd vor. »Wie bitte?«, würden sie sagen. »Eine gemeinsame Sprache von Bäumen und Menschen? Was soll denn das sein?« Die allermeisten Menschen, die heute leben, haben sich von den anderen Lebewesen weit entfernt. Oder anders gesagt: Wir Menschen haben diese Lebewesen immer mehr aus unserem Alltag verdrängt, sodass wir jetzt ganz unter uns sind.

Gut, an dieser Stelle denkst du vermutlich: Das stimmt doch überhaupt nicht. Ganz viele andere Lebewesen sind doch immer noch da. Hunde laufen auf den Straßen, in vielen Wohnungen leben Katzen, Mäuse huschen an den Hauswänden entlang, Eichhörnchen springen in den Parks herum. Von all den Ameisen, Fliegen, Wespen und Blumen in unseren Gärten ganz zu schweigen. Und stehen etwa nicht an allen Straßenecken Bäume? Und Topfpflanzen in den Schulen und Büros?

Und wenn wir schon dabei sind: Die Kinderzimmer sind voller Stofftiere und Tierbücher. Filme wie *Die Schule der magischen Tiere*, *Pets* oder *Findet Nemo* sind unglaublich erfolgreich. Die beliebtesten Videos im Internet sind Katzenvideos. Und im Fernsehen laufen unaufhörlich Dokumentationen über Tiere und Pflanzen aus aller Welt. Es stimmt also gar nicht, dass wir Menschen die anderen Lebewesen aus unserem Alltag verdrängt haben, oder?

Doch, das haben wir. Es ist zwar richtig, dass etliche nicht-menschliche Lebewesen in unserem Leben präsent sind, aber ganz viele von ihnen sind reine Fantasieprodukte. Die Koalas, Gorillas, Füchse oder Hunde zum Beispiel, die in Filmen und Serien wie *Zoomania*, *Paw Patrol* oder *Sing* auftauchen, gibt es in Wirklichkeit überhaupt nicht. Denn sie verhalten sich wie Menschen. Sie sprechen, singen und tanzen, streiten und schließen Freundschaften wie Menschen. Das nennt man »Anthropomorphismus«: die Vermenschlichung anderer Lebewesen (*anthropos* ist Griechisch für Mensch).

Anthropomorphismus ist keine neue Erfindung. Schon vor 2.500 Jahren ließ der griechische Schriftsteller Äsop in seinen Tierfabeln Füchse oder Wölfe wie Menschen sprechen. Das hatte einen einfachen Grund: Seine Füchse und Wölfe und anderen Tiere waren Symbole für bestimmte menschliche Eigenschaften wie etwa Verschlagenheit, Gier oder Treue. Diese symbolischen Tiere wurden später zum festen Bestandteil von Märchen – beispielsweise der »böse Wolf« bei den Brüdern Grimm. Dann fanden sie sich in Kinderbüchern wie A. A. Milnes *Pu der Bär* oder in politischen Parabeln wie George Orwells *Farm der Tiere* wieder. Und heute tauchen sie eben in Animationsfilmen oder in lustigen Videos auf YouTube, TikTok und Instagram auf.

Anthropomorphismus ist ein entscheidender Begriff, wenn man unsere Beziehung zu den anderen Lebewesen verstehen will. Wir Menschen neigen nämlich dazu, die Welt um uns herum zu vermenschlichen. Sehr deutlich wird das bei unseren Haustieren. Die meisten von uns lieben ihre Haustiere. Sie sind Teil der Familie, sie bereichern unser Leben, sie trösten uns, wenn es uns schlecht geht. Aber tun sie das wirklich? Oder kommt uns das nur so vor? Wie viel von dem, was sie tun, ist menschliche Interpretation? Und wie viel davon geschieht nur, weil wir Menschen es so wollen? Wenn Jiffpom, ein kleiner Hund, der einem niedlichen Teddybären ähnelt, auf Instagram 9,4 Millionen Follower hat, dann hat das auf jeden Fall mehr mit Jiffpoms menschlichen Besitzern zu tun als mit dem Hund selbst.

Anthropomorphismus ist ein entscheidender Begriff, wenn man unsere Beziehung zu den anderen Lebewesen verstehen will.

Anthropomorphismus ist nicht immer schlecht. Viele Haustiere haben es sehr gut bei uns. Einige der Filme mit sprechenden Tieren sind auch ziemlich lustig. Und wenn man versuchen will, nicht nur aus der Sicht eines anderen Lebewesens, sondern *für* dieses Lebewesen zu sprechen (wie wir das zu Beginn des Buches mit der Taube versucht haben), hat man dafür ohnehin nur die menschliche Sprache zur Verfügung.

Aber Anthropomorphismus steht dafür, was wir Menschen ganz grundsätzlich mit den anderen Lebewesen tun: Wir nehmen ihnen ihren Stellenwert als eigenständige Geschöpfe. Wir unterwerfen sie uns unserem Willen. Wir bestimmen, wie sich Hunde verhalten sollen. Wir bestimmen, wo Bäume wachsen und Blumen blühen dürfen. Wir bestimmen, welche Lebewesen uns nützlich sind und welche nicht. Die anderen Lebewesen sind in jeder Hinsicht von uns abhängig.

Wir bestimmen sogar, wer von ihnen *leben* darf und wer nicht. Die Schweine, Hühner oder Rinder, die wir in Massen züchten und nach einiger Zeit töten, haben nur einen einzigen Daseinszweck: uns als Nahrung oder Kleidung oder für andere Zwecke zu dienen. Ihr Stellenwert als eigenständige Geschöpfe ist gleich null. Sie sind Nutztiere. Was für ein Leben sie führen, interessiert außer einigen Tierschützerinnen und Tierschützern die meisten Menschen nicht sonderlich.

Und dann sind da noch die Lebewesen, die uns weder als Haustiere noch als Nutztiere dienen. Die irgendwo in den Wäldern oder in den Tiefen der Ozeane leben. Oder irgendwo in unseren Städten ihr Dasein fristen – in den Nischen, die wir ihnen lassen. Sie sind nicht Teil unserer Familien. Sie dienen uns auch nicht als Nahrung. Einige von ihnen, wie Löwen oder Zebras, finden wir interessant, deshalb schauen wir sie uns in Zoos oder Wildparks an. Andere, wie ein Eichhörnchen auf einem Baum, finden wir niedlich. Und wieder andere, wie Enten auf einem See, sind für uns Bestandteil einer schönen Landschaft.

Wenn uns diese Lebewesen allerdings zu lästig fallen, wenn sie uns im Weg sind oder gar gefährlich werden, verjagen oder töten wir sie. Nach demselben Prinzip wie bei unseren Haus- und Nutztieren: Im Zweifelsfall bestimmen wir über sie. Wir entscheiden, wie und wo sie leben. Und ob sie leben.

Davon abgesehen aber wissen wir kaum etwas über sie – sogar wenn sie, wie die Taube auf dem U-Bahnsteig, gleich in unserer Nachbarschaft leben. Sie existieren eben einfach. Anders ausgedrückt: Wir hören den Geschichten, die sie uns erzählen, nicht zu.

Aus dem Leben einer Taube

Zum Beispiel die Geschichte der Taube in der U-Bahn.

Wie viele von den Leuten auf dem Bahnsteig wussten wohl, dass Tauben und Menschen einmal eng miteinander verbunden waren? Schon vor 5.000 Jahren lebten Menschen und Tauben zusammen. Man vermutet, dass sich die damaligen Felsentauben, die an den Steilwänden der Berge und Meeresküsten lebten, den menschlichen Siedlungen und Feldern auf der Suche nach Nahrung genähert haben. Die Menschen erkannten schnell den Nutzen der Tauben für die Landwirtschaft, denn der Kot der Tiere eignete sich hervorragend als Dünger.

Und die Menschen fanden heraus, dass es ziemlich einfach war, die Tauben so wie ihre anderen Haus- und Nutztiere zu domestizieren, das heißt zu zähmen und ihrem Willen zu unterwerfen. Tauben sind ihrer Heimat, ihrem Schlag – so nennt man ihr Zuhause – und ihren jeweiligen Taubenpartnern nämlich so treu, dass sie immer wieder dorthin zurückkehren, selbst wenn sie Hunderte Kilometer davon entfernt und diesen Weg noch nie zuvor geflogen sind.

Also begannen die Menschen, Tauben für alle möglichen Zwecke zu züchten. Um Nachrichten zu übermitteln. Um sie mit anderen Tauben um die Wette fliegen zu lassen. Oder auch für Schönheitswettbewerbe. In den Tempelgärten des antiken Griechenlands wurden weiße Tauben allein zur Zierde gezüchtet.

Eine weiße Taube ist es, die in der Bibel Noah das Ende der Sintflut und die Versöhnung mit Gott verkündet – seither ist die weiße Taube mit einem Ölzweig im Schnabel weltweit das Symbol für Frieden und Friedfertigkeit. Tauben sind auch ein Symbol für vieles andere: für Reinheit, Unschuld und Sanftmut. Das Schnäbeln der Taubenpaare macht die Taube zum Sinnbild von Liebe und Treue.

Als Symbole stehen Tauben also bis heute für zahlreiche schöne Dinge. Als echte Lebewesen gelten sie aber eher als Störenfriede, als lästige Geschöpfe, die unsere Städte mit ihrem Kot verschmutzen, die anderen Vögel verdrängen und gefährliche Krankheiten übertragen, weshalb sie oft auch als »Ratten der Lüfte« beschimpft werden. Deshalb ist es in den meisten Städten verboten, Tauben zu füttern. In München etwa drohen dafür bis zu 1.000 Euro Strafe, in Hamburg sogar bis zu 5.000 Euro. Außerdem sind die Dächer und Nischen der Häuser und Bahnhöfe mit Metalldornen oder Netzen bestückt, um zu verhindern, dass Tauben dort ihre Nester bauen. Diese Taubenabwehr nennt man »vergrämen«.

Schau dich mal um, wenn du das nächste Mal in einem Bahnhof bist – überall sieht man Vergrämungsmaßnahmen.

Dieses schlechte Image der Tauben hat mit der Realität allerdings nicht viel zu tun, und sie als Ratten der Lüfte zu bezeichnen ist nicht nur ihnen, sondern auch den Ratten gegenüber ziemlich unfair. Natürlich können Tauben Krankheiten auf uns Menschen übertragen, aber bei Weitem nicht so viele wie andere Tiere. Und was noch entscheidender ist: Wir beschimpfen sie für Dinge, für die wir selbst verantwortlich sind.

Die weißen Flecken etwa, die sie hinterlassen, sind sogenannter »Hungerkot«. Stadttauben sind ständig auf der Suche nach Nahrung für sich und ihre Jungen und picken das auf, was wir fallen lassen: Brotkrümel, Pizza- und Dönerreste, Pommes. Das ist keine nahrhafte Kost für Tauben. Es schwächt ihr Immunsystem und macht sie krank, was sich wiederum darin äußert, dass ihr Kot weiß und säurehaltig wird. Würden die Stadttauben Maiskörner oder Sonnenblumenkerne fressen, wäre ihr Kot trocken und würde keine Flecken hinterlassen.

Auch dass sich die Tauben so schnell und zahlreich vermehren, haben wir Menschen verursacht, denn wir haben ihnen vor langer Zeit einen Brutzwang angezüchtet. Deshalb *müssen* sie öfter im Jahr brüten als andere Vögel. Und sie könnten gar nicht irgendwo anders leben als in den Städten, denn die heutigen Stadttauben sind die Nachfahren von verwilderten Haustauben oder von Brieftauben, die nicht in ihren Schlag zurückgefunden haben. Die Dächer und Fassaden der Häuser sind die einzigen geeigneten Brutplätze für sie.

Wir Menschen haben also eine neue Taubenart geschaffen: *Columba livia domestica*, die Stadt- oder Straßentaube. (*Columba* ist das lateinische Wort für Taube. *Domestica* steht für domestiziert, nach dem lateinischen *domus*: Haus.) Und dann haben wir diese Lebensform sich selbst überlassen, weil sie keinen Nutzen mehr für uns hatte. Wir haben das Interesse an ihr verloren.

Kaum jemand weiß, wie hart das Leben der Stadttauben ist: dass die meisten von ihnen Hunger leiden, weil sie nicht genug gutes Futter bekommen; dass sich junge Tauben sehr oft an den Vergrämungsmaßnahmen an Häusern und Bahnhöfen aufspießen; dass sie sich regelmäßig am scharfkantigen Müll auf den Straßen verletzen. 90 Prozent der Stadttauben überstehen ihr erstes Lebensjahr nicht.

Und kaum jemand weiß, was für großartige Geschöpfe Stadttauben sind: dass ihr Denkvermögen hoch entwickelt ist; dass sie zählen und echte Wörter von unsinnigen Buchstabenkombinationen unterscheiden können; dass sie einzelne Menschen wiedererkennen können, auch wenn sie diese Person nur einmal gesehen haben. Tauben nehmen ihre Umwelt viel genauer und detaillierter wahr als wir Menschen. Sie sind in der Lage, mehrere Hundert Samenarten als Nahrung zu erkennen. Und sie sehen viel *schneller* als wir: Was für Menschen eine schnelle Bewegung ist, sehen sie wie in Zeitlupe. Das ist auch der Grund für ihr charakteristisches Kopfrucken, wenn sie am Boden umhertrippeln – bei jeder Kopfbewegung fokussieren sie ihre Augen neu auf ein Detail der Umgebung.

Tauben sind hochsensible und ausgesprochen kluge Lebewesen, die ein ganz genaues Bild der Umwelt in ihrem Gedächtnis speichern können.

Tauben sind hochsensible und ausgesprochen kluge Lebewesen, die ein ganz genaues Bild der Umwelt in ihrem Gedächtnis speichern können – kein Wunder also, dass sie sich in den Gängen und Abzweigungen der U-Bahn-Stationen wunderbar zurechtfinden. Es gibt sogar Videos auf YouTube, in denen Tauben *mit* der U-Bahn von einer Station zur anderen fahren.

Das also ist die Geschichte, die uns die Taube erzählte: Ohne uns Menschen gäbe es ihre faszinierende Art überhaupt nicht. Wir haben sie gemacht. Und trotzdem interessieren wir uns nicht für sie. Sie ist uns egal. Und das ist eine Katastrophe.

Wir sind nicht allein auf der Welt

Eine Katastrophe? Wieso? Warum ist es eine Katastrophe, wenn wir die Taube in der U-Bahn nicht beachten? Die Tauben können doch machen, was sie wollen – was soll das *uns* kümmern?

Es sollte uns kümmern, weil wir Menschen so wie mit der Taube mit den allermeisten nicht-menschlichen Lebewesen auf der Erde umgehen. Wenn sie uns nicht als Haus- oder Nutztiere dienen, interessieren sie uns nicht besonders. Wir bemerken nicht, was mit ihnen geschieht. Wir bemerken nicht, dass wir ihr Leben inzwischen so stark beeinflussen, dass es viele von ihnen bald nicht mehr geben wird.

Stadttauben sind nicht vom Aussterben bedroht, aber ganz viele andere Arten sind in den vergangenen Jahrzehnten verschwunden oder stehen kurz vor dem Verschwinden. Jeden Tag sterben 130 bis 150 Arten aus. Jeden Tag! Es sind so viele, dass man inzwischen von einem Massenaussterben spricht. Etliche Tiere wird es bald nur noch als Stofftiere, in Animationsfilmen oder in YouTube-Videos geben – in der Realität werden sie für immer verschwunden sein, und künftige Kinder werden sich fragen, ob es sie einmal tatsächlich gegeben hat. Und von vielen Arten, die aussterben, wissen wir sogar *wirklich* nicht, ob es sie je gegeben hat. Sie verschwinden, ohne dass wir die Möglichkeit hatten, sie überhaupt erst zu entdecken.

Dieses Massenaussterben hat eine einzige Ursache: *Homo sapiens*. Wir Menschen. Nicht alle Menschen in demselben Ausmaß, aber wir sind dafür verantwortlich, niemand anderer. Wir Menschen sind inzwischen eine so dominante Art, dass wir die meisten anderen Lebewesen in eine extrem schwierige Situation gebracht haben. Wir jagen und töten sie. Wir vergiften sie mit Chemikalien. Wir nehmen ihnen ihre Lebensräume weg. Wir verändern das Klima auf der Erde so schnell, dass sie sich nicht daran anpassen können.

Wir Menschen sind inzwischen eine so dominante Art, dass wir die meisten anderen Lebewesen in eine extrem schwierige Situation gebracht haben.

Kümmert uns das? Nehmen wir das überhaupt wahr? Leider nicht. Leider ist die große Mehrheit der heute lebenden Menschen blind und taub, was die anderen Lebewesen auf dem Planeten Erde betrifft. Offenbar fällt es uns Menschen schwer zu akzeptieren, dass wir nicht allein auf der Welt sind – dass die Erde nicht nur unser Zuhause ist, sondern auch das Zuhause von Millionen anderer Arten.

Genau das ist die Katastrophe. Nicht nur eine Katastrophe für die anderen Lebewesen, denn sie sind es ja, die aussterben. Sondern auch eine Katastrophe für uns Menschen. Wir haben die anderen Lebewesen zwar von uns abhängig gemacht, aber genauso sind wir *von ihnen* abhängig. Ohne sie könnten wir gar nicht existieren. Sie sind es, die die Welt aufrechterhalten, in der wir leben. Sie liefern uns Nahrung, sauberes Wasser und Medikamente. Ohne sie würden unsere Körper nicht funktionieren. Ohne sie gäbe es keinen Sauerstoff. Ohne sie wäre die Erde ein toter Planet.

Und das ist nicht alles. Die anderen Lebewesen sorgen nicht nur dafür, dass wir Menschen existieren können, sie verzaubern und bereichern unser Leben auch. Gäbe es sie nicht mehr, wäre das menschliche Leben viel ärmer, leerer und trauriger. Wir brauchen die anderen Lebewesen also dringend: um zu überleben und um ein gutes Leben zu führen. Wie in den »alten Tagen«, von denen Robin Wall Kimmerer spricht, sind wir Menschen immer noch eng mit den anderen Lebewesen verbunden. Wir haben es nur vergessen. Oder wollen es nicht mehr wissen.

Deshalb haben wir beschlossen, dieses Buch zu schreiben. Denn wenn wir Menschen eine gute Zukunft haben wollen, wenn das Leben auf der Erde insgesamt eine gute Zukunft haben soll, dann sollten wir die anderen Lebewesen besser verstehen und mit mehr Respekt behandeln. Dann sollten wir ihren Geschichten zuhören.

Das ist zugegebenermaßen nicht immer einfach, denn andere Lebewesen sind vor allem eines: anders. Sie sind keine Menschen und es fällt uns ja manchmal schon schwer, andere Menschen zu verstehen. Wie ist es da erst mit einem Wal? Oder einem Fliegenpilz? Oder einer Milbe? Aber genau das ist der Punkt: *Sie sind keine Menschen.* Sie sind eigenständige Geschöpfe. Und als eigenständige Geschöpfe haben sie keinen geringeren Stellenwert als wir.

Das sehen die meisten Menschen nicht so. Sie sind der Meinung, dass *Homo sapiens* den höchsten Stellenwert auf der Erde hat. Sie denken, dass eine Taube, eine Seegurke oder ein Elefant niemals so wichtig sein kann wie ein Mensch. Auch wir beide haben lange so gedacht, aber

je mehr wir uns mit den anderen Lebewesen beschäftigt haben, desto größer wurden unsere Zweifel an dieser Sichtweise. Denn niemand konnte uns sagen, *warum* das eigentlich so ist. Probier es einmal selbst aus und frag irgendjemanden, was für diese Sichtweise spricht. Praktisch immer wird die Antwort lauten: »Das ist eben so.«

Doch damit darf man sich nicht zufriedengeben. »Das ist eben so« ist keine richtige Antwort. Es bedeutet nichts anderes als: »Darüber muss man nicht weiter nachdenken.« Man sollte aber unbedingt weiter darüber nachdenken. Denn wir Menschen sind nicht »eben so«. Wir sind nicht alle gleich. Und wir können uns ändern. Wir können lernen.

So wie wir beide etwas gelernt haben. Als wir damals auf dem U-Bahnsteig standen, befanden wir uns in einer Welt, die von Menschen ausschließlich für Menschen gemacht ist. Und plötzlich tauchte dort ein anderes Lebewesen auf. Wir sahen es an – und es erwiderte unseren Blick, als wollte es sagen: »Wir sind auch noch da.« Tauben und Menschen haben kein gemeinsames Ziel, keinen gemeinsamen Plan. Trotzdem sind wir mit den Tauben verbunden. Trotzdem bereichern sie unser Leben.

Genau darum soll es in diesem Buch gehen: auf welche Weise wir Menschen mit den anderen Lebewesen auf der Erde verbunden sind und wie sie unser Leben bereichern.

Genau darum soll es in diesem Buch gehen: auf welche Weise wir Menschen mit den anderen Lebewesen auf der Erde verbunden sind und wie sie unser Leben bereichern.

Es wäre natürlich großartig gewesen, hier sämtliche Lebewesen zu versammeln, die unser Leben bereichern, aber das sind viel zu viele. Wir mussten also eine Auswahl treffen. Das war ziemlich schwer. Trotzdem hoffen wir, dass unsere Auswahl ein Bild davon vermittelt, welche große Bedeutung die nicht-menschlichen Lebewesen für uns Menschen haben. Was wir alles verlieren, wenn sie verschwinden. Und was wir alles von ihnen lernen können, wenn wir ihren Geschichten zuhören.

Denn eines haben wir beim Schreiben dieses Buches herausgefunden: Den Geschichten der anderen Lebewesen zuzuhören, gehört zu den interessantesten, spannendsten und überhaupt tollsten Dingen, die man auf unserem Planeten tun kann.

1 | Ein Planet voller Leben

Gespenstblattschwanzgecko

UROPLATUS PHANTASTICUS

Stell dir vor, du lebst in einem Dschungel.

Dieser Dschungel ist deine ganze Welt. Er ist alles, was du kennst, und alles, was du jemals kennen wirst. Aber das ist mehr als genug. Denn dein Dschungel ist voller Feuerbäume, Papageien, Lemuren, Orchideen, Schlangen, Käfer, Spinnen und unzähligen anderen Lebewesen, großen und kleinen, sichtbaren und unsichtbaren. Dein Dschungel ist ein Universum aus Farben, Gerüchen und Geschmäckern, aus Pfeifen und Brüllen und Zwitschern.

Und jetzt stell dir vor, du bist eines dieser Lebewesen. Du bist (nur mal so als Beispiel) ein Gespenstblattschwanzgecko. Du weißt ja, wie ein Gecko aussieht – wie eine kleine Eidechse. Aber der Gespenstblattschwanzgecko sieht nicht nur wie eine Eidechse aus, sondern auch wie ein Blatt von einem Baum. Sein Körper ist gekrümmt wie der Rand eines Blattes. Seine Haut ist rötlich braun wie Laub. Und das Irrste ist: Sein Schwanz hat die Form eines von Insekten angenagten Blattes. Du siehst also wie ein Gecko aus. Und gleichzeitig wie ein Blatt.

Und jetzt stell dir vor, du siehst nicht nur wie ein Blatt aus, sondern du bist ein Blatt. Du verschmilzt mit der Welt um dich herum. Du bist der Dschungel. Genau so wie alle anderen Lebewesen dort. Ihr lebt nicht in einem Dschungel, ihr seid der Dschungel. Die Feuerbäume, die Papageien, die Lemuren, die Orchideen, die Schlangen, die Käfer, die Spinnen. Ihr alle zusammen seid die Welt, in der ihr lebt.

Und jetzt stell dir noch etwas vor. Stell dir vor, dass diese Welt – die einzige Welt, die du kennst und jemals kennen wirst – immer kleiner wird. Dass die Bäume einer nach dem anderen verschwinden. Dass es immer weniger Grün gibt. Dass es immer stiller wird. Dass es immer weniger Gerüche gibt. Dass immer weniger Lebewesen um dich herum sind. Immer weniger Feuerbäume, immer weniger Papageien, immer weniger Lemuren, immer weniger Orchideen, immer weniger Schlangen, immer weniger Käfer, immer weniger Spinnen. Immer weniger Leben. Immer weniger Welt.

Und irgendwann gibt es gar nichts mehr davon. Irgendwann ist alles weg, als hätte es nie existiert.

Kannst du dir das vorstellen? Dass die ganze Welt eines Tages verschwindet? Kannst du dir das wirklich vorstellen?

Es gibt so viel zu entdecken

Wenn du etwas über andere Lebewesen erfahren willst, kannst du in ein Naturkundemuseum gehen. Oder einen Zoo besuchen. Oder dir einen Dokumentarfilm anschauen. Das kann alles sehr spannend sein. Aber es hat auch seine Tücken.

In einem Museum sieht man nur tote Lebewesen oder ihre Modelle. In einem Zoo sind die Tiere zwar lebendig, aber sie sind vollständig der menschlichen Kontrolle unterworfen. Und auch wenn viele Dokumentarfilme sehr aufwendig gemacht sind, werden dort nur jene Geschichten von Tieren oder Pflanzen erzählt, die uns die Filmemacher erzählen wollen. So toll Museen, Zoos und Dokumentarfilme auch sein können, sie zeigen uns nur ein distanziertes Bild der anderen Lebewesen. Wenn du ihren Geschichten also *wirklich* zuhören, wenn du die anderen Lebewesen mit all deinen Sinnen erfahren willst, solltest du dorthin gehen, wo sie leben.

So toll Museen, Zoos und Dokumentarfilme auch sein können, sie zeigen uns nur ein distanziertes Bild der anderen Lebewesen.

Das ist gar nicht kompliziert. Auch wenn du in einer Stadt wohnst, teilst du dir diesen Lebensraum mit vielen anderen Lebewesen, von denen man oft gar nicht meint, dass es sie dort gibt. Neben Hunden oder Katzen (oder eben Tauben) leben in vielen Städten auch Eichhörnchen, Krähen, Elstern, Marder, Füchse oder Biber. Und die unterschiedlichsten Arten von Insekten, Bäumen und Blütenpflanzen. Wenn du mit offenen Augen durch die Stadt gehst oder durch einen Park schlenderst, dann bekommst du einen Eindruck davon, wie bunt und vielfältig das nicht-menschliche Leben sein kann. Nicht selten ist die Artenvielfalt in einer Stadt sogar größer als im Umland, in Berlin etwa gibt es fast 200 verschiedene Vogelarten.

Oder du besuchst draußen auf dem Land Lebewesen, die es in Städten nicht gibt. Spaziere durch einen großen Wald und beobachte Rehe und Hirsche. Mach eine Bergtour und halte nach Murmeltieren Ausschau. Setz dich an einen See und schau den Fischen und Wasservögeln zu.

Wenn du seltenere Lebewesen sehen willst, kannst du auch einen sogenannten »Hotspot der biologischen Vielfalt« besuchen. Das sind Orte mit einer sehr hohen Dichte an unterschiedlichen Arten.

Zum Beispiel in Rumänien das Gebiet, in dem die Donau ins Schwarze Meer mündet. Dort haben an die 4.000 Säugetier-, Vogel- und Insektenarten ihr Zuhause, darunter Rosapelikane, Mönchsrobben und Kormorane. Oder in Sachsen die Oberlausitzer Heide- und Teichlandschaft, ein großes Feuchtgebiet, wo Wölfe, Seeadler, Wespenbussarde und Rotbauchunken leben. Oder die Salzwiesen an der norddeutschen Küste, wo einzigartige Arten wie das Salzschlickgras und der Strandfliederkäfer vorkommen.

Und dann, wenn du so richtig abenteuerlustig bist, kannst du noch einen jener Orte auf der Welt besuchen, wo es auf vergleichsweise kleinem Raum *extrem* viele unterschiedliche Arten gibt. Von diesen »globalen Hotspots« gibt es leider nicht sehr viele, sie machen weniger als ein Prozent der gesamten Landoberfläche der Erde aus. Aber dort kommen etwa fünf Prozent aller weltweiten Arten vor. Was die Artenvielfalt betrifft, sind es die wertvollsten Orte der Welt.

Fast alle globalen Hotspots befinden sich auf der Südhalbkugel, wo die Artenvielfalt aus klimatischen Gründen größer ist als im Norden.

Zum Beispiel die kalifornische Florenprovinz, die sich von Südoregon bis nach Mexiko erstreckt. Dort findet man etwa ein Viertel aller in den USA und Kanada heimischen Pflanzenarten. Oder der Regenwald an der brasilianischen Atlantikküste, die sogenannte Mata Atlantica, wo auf einem Hektar Wald mehr Baumarten wachsen als in Mitteleuropa insgesamt. Oder das ausgedehnte Heideland in Südwestaustralien, das über 3.000 Pflanzenarten beherbergt und sich im Frühling in einen scheinbar endlosen Blütenteppich verwandelt.

Es gibt ungefähr 30 solche globalen Hotspots auf der Erde. Fast alle befinden sich auf der Südhalbkugel, wo die Artenvielfalt aus klimatischen Gründen größer ist als im Norden. Wenn du in Europa lebst, ist es also nicht ganz einfach, dort schnell mal hinzufahren. Aber solltest du irgendwann die Möglichkeit dazu bekommen, solltest du sie dir auf keinen Fall entgehen lassen. Denn einen solchen Ort zu besuchen ist eine Erfahrung, die du nie vergessen wirst.

So wie wir beide die Reise nach Madagaskar nie vergessen werden, die wir vor einigen Jahren unternommen haben.

Ein Meister der Tarnung

Madagaskar ist die viertgrößte Insel der Erde und in gewisser Weise eine Welt für sich. Sie hat sich vor etwa 90 Millionen Jahren vom indischen Subkontinent abgetrennt. In all dieser Zeit konnten sich die Tiere und Pflanzen dort völlig ungestört und eigenständig entwickeln. Das macht Madagaskar nicht nur zu einem globalen Hotspot der Artenvielfalt, sondern zu einer wahren Schatztruhe des Lebens.

Auf Madagaskar leben an die 200.000 verschiedene Arten, darunter 10.000 Pflanzen-, 4.000 Schmetterlings-, 400 Frosch- und 200 Vogelarten. Man nimmt an, dass es auf der Insel mehr Arten gibt als auf einem Stück Land vergleichbarer Größe irgendwo anders auf der Welt. Ganz viele dieser Lebewesen sind »endemisch« (das heißt, sie kommen nirgendwo sonst vor), und von den berühmtesten endemischen Tieren Madagaskars hast du wahrscheinlich schon einmal gehört: die Lemuren. Das sind Feuchtnasenaffen, die mit den anderen Menschenaffen verwandt sind, aber einen ganz eigenen Entwicklungsweg genommen haben. Ihr Name kommt vom lateinischen *lemures*, was »Geister der Verstorbenen« bedeutet, und wenn man die Lemuren auf Madagaskar beobachtet und ihren Rufen zuhört, erkennt man, dass es der perfekte Name für sie ist: Wie Geister scheinen sie durch die hohen Baumkronen des madagassischen Regenwaldes zu schweben.

Als wir Madagaskar besuchten, wurde uns diese enorme Fülle an Lebewesen nicht gleich bewusst. Überhaupt wirkte der Regenwald gar nicht so, wie wir uns einen Dschungel vorgestellt hatten – wie ein Dickicht, durch das man sich seinen Weg mit einer Machete bahnen muss. Das Innere eines Regenwaldes hat eher etwas von einer riesigen Kathedrale.

Es ist düster und grün, feucht und laut (vor allem nachts ist es laut) und bei jedem Schritt, bei jedem Blick, bei jedem Innehalten spürt man das vielfältige Leben um sich herum. Aber man sieht es nicht.

Ein Regenwald wimmelt zwar von Lebewesen, doch die meisten von ihnen nehmen wir Menschen gar nicht wahr. Über 90 Prozent der Tiere dort orientieren sich an chemischen Markierungen auf der Erdoberfläche und an Duftwölkchen in der Luft oder im Wasser. Tiere sind Experten dieser chemischen Wahrnehmung, während wir Menschen vor allem unserem Seh- und Hörsinn vertrauen. Und während die meisten Tiere in einem Regenwald auf die Nacht warten, um aktiv zu werden, bevorzugen wir Menschen das Licht des Tages.

Ein Regenwald wimmelt zwar von Lebewesen, doch die meisten von ihnen nehmen wir Menschen gar nicht wahr.

Es liegt nicht zuletzt an dieser eingeschränkten Wahrnehmung, dass wir über die Geschöpfe des Regenwaldes immer noch sehr wenig wissen. Niemand kann sagen, wie viele Arten es im Regenwald Madagaskars wirklich gibt – es ist gut möglich, dass man dort über einen Käfer oder eine Pflanze stolpert, die noch nie zuvor beschrieben wurden. Das ist uns während unseres Besuchs auf Madagaskar leider nicht passiert, dafür hätten wir wohl mehr Geduld mitbringen müssen. Aber unser Tourguide hat uns damals auf ein ganz besonderes Lebewesen aufmerksam gemacht: den Gespenstblattschwanzgecko.

Diesen Gecko hätten wir bestimmt übersehen, denn er ahmt die von den Bäumen gefallenen Blätter in seiner Umgebung so gut nach, dass er praktisch mit dem Hintergrund verschmilzt. Wenn der Gespenstblattschwanzgecko nicht gefunden werden will, dann findet man ihn auch nicht. Dass sich ein Lebewesen so perfekt in seine Umwelt einfügt, hat uns damals sehr fasziniert, und wenn wir heute daran zurückdenken, merken wir, dass dieser Gecko eine Geschichte erzählt, die für jeden Menschen auf der Erde eine große Bedeutung hat.

Die offizielle wissenschaftliche Bezeichnung des Gespenstblattschwanzgeckos ist *Uroplatus phantasticus*. Dass Lebewesen lateinische Doppelnamen haben, geht auf den schwedischen Botaniker Carl von Linné zurück, der dieses bis heute gültige System im 18. Jahrhundert einführte. Wer eine neue Art entdeckt, hat auch das Recht, sie zu benennen, und dabei kann man der Fantasie freien Lauf lassen. Zum Beispiel wurde eine neu entdeckte Buckelzirpenart nach der amerikanischen Sängerin Lady Gaga *Kaikaia gaga* benannt.

Die Namensgebung für eine Art dreht das Prinzip des menschlichen Vor- und Nachnamens um. Zuerst kommt die übergeordnete Gattung – bei unserem Gecko *Uroplatus* für »gekkonoide Eidechse«. Und dann die spezifische Art – hier *phantasticus*, weil dieser Gecko seinen Entdeckern offenbar wie ein Zauberwesen vorkam. Dass man *Uroplatus phantasticus* manchmal auch »satanisch« nennt, hat er jedoch nicht verdient, denn er ist ein ziemlich sanftmütiges Reptil. Die meiste Zeit schläft er kopfüber auf einem Baumstamm. Er ist in der Nacht aktiv und ernährt sich in erster Linie von Insekten.

Uroplatus phantasticus kommt nur auf Madagaskar vor. Oder besser gesagt: Er kommt nur in zwei Dritteln des bergigen Regenwaldes im östlichen Madagaskar am Fuß großer Bäume vor. Das ist sein Zuhause. Das ist seine ganze Welt.

Wenn man sich vor Augen hält, wie groß die Erde ist, dann ist das Zuhause des Gespenstblattschwanzgeckos ziemlich klein. Das ist ein sehr wichtiger Punkt. Denn das Zuhause der meisten Lebewesen auf der Erde ist ziemlich klein. Nur ganz wenige Lebensformen (wie Ameisen oder Menschen) kommen praktisch überall auf dem Planeten vor. Alle anderen sind auf einen ganz bestimmten Lebensraum beschränkt. Und ein solcher Lebensraum kann wirklich winzig sein.

Wenn man sich vor Augen hält, wie groß die Erde ist, dann ist das Zuhause des Gespenstblattschwanzgeckos ziemlich klein.

Es gibt Käfer, die nur wenige Millimeter groß sind und ihr ganzes Leben auf dem Stamm eines bestimmten Baumes verbringen. Und auf demselben Baum finden sich noch kleinere Käfer, die in den Mulden der Rinde leben und nie etwas anderes kennenlernen werden. Das klingt nach einem sehr langweiligen Leben, aber wer so klein ist, nimmt die Welt ganz anders wahr. Wenn sich diese Käfer durch die unterschiedlichen Feuchtigkeits- und Temperaturzonen der Mulden bewegen, fühlt sich das für sie so an wie für uns Menschen die Reise auf einen anderen Kontinent.

Wie die allermeisten Lebewesen der Erde ist *Uroplatus phantasticus* also auf einen ganz bestimmten Lebensraum angewiesen. Dort hat sich seine Art über Jahrmillionen entwickelt. Und dort haben sich auch andere Arten von *Uroplatus* gebildet: Neben dem Gespenstblattschwanzgecko gibt es noch sieben weitere endemische Geckoarten auf Madagaskar. Zusammen mit allen übrigen Tier-, Pflanzen- und Pilzarten, die im Regenwald Madagaskars vorkommen, bilden sie diesen spezifischen Lebensraum – so wie rund um die Welt andere Arten andere spezifische Lebensräume bilden.

Aber warum gibt es überhaupt so viele Arten auf der Erde? Und wozu sind sie gut?

Wie die Evolution funktioniert

Als die Menschen damit begannen, die unterschiedlichen Arten auf der Erde zu erforschen, nahmen sie zunächst an, dass es diese schon immer gegeben hatte – dass sie, so wie sie waren, erschaffen wurden, sich nie verändert haben und sich auch nie verändern werden. Deshalb konnte man sich auch lange nicht vorstellen, dass Arten aussterben können. Diese Annahme wurde allerdings erschüttert, als man im Laufe der Zeit immer mehr Knochen von Tieren fand, die es gar nicht mehr gab.

Arten entstehen – und können auch wieder verschwinden. Nichts auf der Erde ist ewig.

Und so stellte Mitte des 19. Jahrhunderts der Engländer Charles Darwin schließlich seine Evolutionstheorie vor. Die vielen Arten auf der Erde haben sich, so Darwin, nicht einfach aus dem Nichts gebildet, sondern sie haben sich über Millionen von Jahren hinweg *entwickelt*. Arten entstehen – und können auch wieder verschwinden. Nichts auf der Erde ist ewig. Leben bedeutet unaufhörliche Veränderung. Und was das Leben betrifft, sind wir Menschen Spätankömmlinge.

Bevor *Homo sapiens* auf dem Planeten auftauchte, hatte das Leben dort schon etliche Zeitalter durchlaufen. Die Erde ist vor etwa viereinhalb Milliarden Jahren entstanden und war Millionen Jahre lang eine lebensfeindliche Welt aus Lava und giftigen Gasen. Aber kaum kühlte der Planet ab, bildete sich, vermutlich in den Tiefen der Meere, das erste Leben: mikroskopisch kleine Zellen, die Nährstoffe und Energie aus ihrer Umwelt bezogen.

Aus diesen Zellen entwickelte sich das Leben weiter. Im Proterozoikum (das vor zweieinhalb Milliarden Jahren beginnt) entstanden die ersten mehrzelligen Lebensformen, im Kambrium (vor 540 Millionen Jahren) eine Vielzahl von Meereslebewesen, im Ordovizium (vor 485 Millionen Jahren) die Fische und Korallen, im Silur (vor 443 Millionen Jahren) die Landpflanzen, im Devon (vor 419 Millionen Jahren) die Landtiere, im Karbon (vor 358 Millionen Jahren) die Reptilien und Insekten, im Perm (vor 299 Millionen Jahren) die Samenpflanzen, im Trias (vor 250 Millionen Jahren) die Säugetiere, im Jura (vor 205 Millionen Jahren) die Dinosaurier, in der Kreidezeit (vor 145 Millionen Jahren) die Blütenpflanzen, im Paläozän (vor 66 Millionen Jahren) die Vögel, im Pliozän (vor 5 Millionen Jahren) die Hominiden und im Pleistozän (vor 1,8 Millionen Jahren) die Art *Homo sapiens*. Mehrmals gab es in diesen Jahrmillionen gigantische Vulkanausbrüche und mindestens einen großen Meteoriteneinschlag – katastrophale Ereignisse, die zu einem Massenaussterben geführt haben. Aber das Leben auf der Erde hörte nie auf, sich weiterzuentwickeln.

Zugegeben, das war jetzt extrem verkürzt, aber das Wichtigste erkennt man: Aus winzigen Zellen hat sich das Leben auf der Erde in die unterschiedlichsten Richtungen entwickelt, haben sich immer wieder neue Lebensformen gebildet, die auf den ersten Blick überhaupt nichts miteinander zu tun haben. Die Erde ist ein Planet, der nicht nur Leben *hervorbringt*, sondern mit den Möglichkeiten des Lebens *experimentiert*.

Verglichen mit dem Planeten als Ganzes drängt sich dieses Leben allerdings auf einem recht kleinen Raum. Die Gesamtheit der mit Lebewesen besiedelten Teile der Erde, die sogenannte Biosphäre (der Begriff setzt sich aus dem griechischen *bios* für »Leben« und *sphaira* für »Kugel« zusammen), macht nur etwa ein Zehnmilliardstel der Erdmasse aus. Sie umfasst die oberste Schicht der Erdkruste einschließlich des Wassers und die unterste Schicht der Lufthülle. Das ist nicht viel und doch wimmelt es dort von Leben in allen Größen, Formen und Farben.

Das Leben in der Biosphäre ist so vielfältig und komplex, dass es überhaupt nicht einfach ist, die Lebewesen klar voneinander abzugrenzen. Ganz grob unterscheidet man fünf sogenannte »Reiche«: die Bakterien (Einzeller ohne Zellkern), die Protisten (Einzeller mit Zellkern), die Pflanzen, die Pilze und die Tiere – zu Letzteren gehören wir Menschen. Diese Reiche wiederum werden in Stämme, Klassen, Ordnungen, Familien und Gattungen der Lebewesen untergliedert, und die kleinste Einheit schließlich ist die »biologische Art«.

Der Begriff der Art ist für die Erforschung der Natur von entscheidender Bedeutung. Ohne ihn würden wir weder die unterschiedlichen Lebewesen noch die unterschiedlichen Lebensräume verstehen, in denen sie vorkommen. Aber was ist überhaupt eine Art? Ganz einfach gesagt: Wer sich miteinander paaren und fruchtbare Nachkommen zeugen kann, gehört zu einer Art. Alle Tier-, Pflanzen oder Pilzarten erhalten ihre Identität als Art dadurch aufrecht, dass sie sich nicht mit anderen Arten vermischen. Ein Schwein und eine Sonnenblume können keine Nachkommen zeugen. Ebenso wenig ein Schwein und eine Kuh. Auch Blauwale und Pottwale können das nicht. Arten bleiben, was die Fortpflanzung angeht, unter sich – das ist das entscheidende Merkmal einer Art.

Aber so einfach ist es dann auch wieder nicht, denn es gibt Mischformen, sogenannte »Hybriden«, wie beispielsweise das Maultier, das aus der Verbindung von Pferd und Esel hervorgeht (seinerseits aber nicht fortpflanzungsfähig ist). Einige Organismen, etwa bestimmte Pflanzen und Pilze, tun sich auch über die Artgrenzen hinweg zusammen und bilden einen »Überorganismus«, den man ebenfalls nicht eindeutig zuordnen kann. Doch im Großen und Ganzen kann man die Lebewesen auf der Erde mit dem Artbegriff recht gut voneinander abgrenzen.

Und jetzt kommt die entscheidende Entdeckung von Charles Darwin ins Spiel: die Evolution. Denn die Arten können sich verändern – und zwar dann, wenn sich bei den Lebewesen einer Art von der einen zur nächsten Generation ein bedeutender Unterschied ergibt, der dazu führt, dass sich diese Lebewesen nicht mehr miteinander paaren können. Ein solcher Unterschied kann durch eine zufällige Mutation im Erbgut der Lebewesen entstehen. Oder er kommt durch eine Veränderung in der Umwelt zustande wie etwa einen Klimawandel oder, wie im Fall von Madagaskar, die Abspaltung eines Stücks Land von einem Kontinent, die eine Gruppe von Individuen einer Art vom Rest dieser Art trennt.

Ist der Prozess der Evolution einmal in Gang gekommen und wird nicht durch ein alles Leben vernichtendes Ereignis beendet, hört er nie auf.

Der Prozess der Evolution ist im Detail sehr kompliziert und vieles davon versteht die Wissenschaft auch noch nicht. Aber immer ist es ein Prozess der Anpassung an veränderte Umstände. Aus einer Gattung wie *Uroplatus*, die es in ihrer heutigen Form seit 50 Millionen Jahren gibt, entwickelt sich dann eine neue Art, wenn sie einen neuen (großen oder kleinen) Lebensraum besetzen kann. So ist im Regenwald Madagaskars *Uroplatus phantasticus* entstanden.

Ist der Prozess der Evolution einmal in Gang gekommen und wird nicht durch ein alles Leben vernichtendes Ereignis beendet, hört er nie auf. Aus existierenden Arten entstehen immer wieder neue. Das Leben auf der Erde verändert sich unaufhörlich. Es sah vor Millionen von Jahren ganz anders aus als heute – und es wird in Millionen von Jahren ganz anders aussehen als heute.

Wie das Leben auf der Erde heute in seiner Gesamtheit aussieht, weiß niemand. Aktuelle Schätzungen gehen davon aus, dass es etwa neun Millionen Arten auf der ganzen Welt gibt, zwei Drittel davon an Land und ein Drittel in den Ozeanen. Das bezieht sich allerdings nur auf Tiere, Pflanzen und Pilze. Nimmt man die Bakterien und Protisten dazu, könnten es Milliarden von Arten sein.

Von diesen Arten kennen wir nur etwa 10 Prozent und davon wiederum sind weit über 90 Prozent nur durch ihren wissenschaftlichen

Namen und eine kurze anatomische Beschreibung bekannt – sonst weiß man nichts über sie. Wenn du also in einem Naturkundemuseum einen bestimmten Käfer bewunderst, kann es gut sein, dass nichts über ihn bekannt ist: wie er lebt, wie er sich fortpflanzt, wo er seine Eier legt. Man weiß nur, dass er existiert oder irgendwann einmal existiert hat.

Aber sowenig wir auch über die wahre Vielfalt der Arten auf der Erde wissen, eines wissen wir ganz sicher: Diese Vielfalt erhält unsere Welt aufrecht.

Das Miteinander des Lebens

Wieso das denn? Gerade haben wir doch gesagt, dass es ganz viele Arten gar nicht mehr gibt. Tatsächlich sind die *allermeisten* Arten ausgestorben, die im Laufe der Erdgeschichte existierten. Die berühmtesten ausgestorbenen Tiere sind die Dinosaurier – sie haben vor etwa 66 Millionen Jahren die durch einen Meteoriteneinschlag verursachten Klimaänderungen auf der Erde nicht überstanden. Auch heute noch sterben Arten aus, ohne dass wir Menschen daran beteiligt sind. Das nennt man »Hintergrundaussterben«, weil wir gar nicht merken, dass es geschieht. Und es scheint keine besonderen Auswirkungen auf die Stabilität des Lebens zu haben.

Wozu brauchen wir diese ganzen Arten dann? Man könnte ja auch sagen: Ist doch egal, wenn sie verschwinden. Warum soll es uns kümmern, wenn es irgendwann keine Breitmaulnashörner oder Hummeln oder Gespenstblattschwanzgeckos mehr gibt? Wir Menschen haben ja ohnehin keine besonders innige Beziehung zu den meisten von ihnen.

Aber es sollte uns kümmern. Weil die Vielfalt des Lebens, die sogenannte »Biodiversität«, erst das Leben ermöglicht, wie wir es kennen – ganz unabhängig von einer einzelnen Art.

Biodiversität bedeutet nicht nur die Vielfalt von Arten. Es bedeutet auch die Vielfalt *innerhalb* einer Art, also inwiefern sich die einzelnen Individuen voneinander unterscheiden. Je mehr sie sich unterscheiden, desto stabiler ist eine Art. Und Biodiversität bedeutet die Vielfalt der Ökosysteme, das heißt der Lebensräume, in denen die unterschiedlichen Arten vorkommen. Die Biosphäre der Erde ist eine Verschachtelung von Ökosystemen, manche davon sind sehr groß (wie Wüsten oder Regenwälder), andere sind sehr klein (ein Baum oder ein Teich).

Das Leben ist also nicht nur vielfältig, weil es so viele unterschiedliche Arten gibt, sondern weil diese Arten auch ganz unterschiedliche Ökosysteme bilden. Während in einem Regenwald außergewöhnlich viele Arten existieren, gibt es auf den Gipfeln hoher Berge nur sehr wenige. Aber selbst in die unwirtlichsten Regionen der Erde bilden Lebewesen miteinander Ökosysteme. In den Buchten der Antarktis schwimmen Eisfische und um sie herum ziehen Schwärme von Schlangensternen und Krill. In den tiefsten Höhlen ernähren sich Springschwänze, Milben und Käfer von Pilzen und Bakterien.

Nirgendwo auf der Erde existiert ein Lebewesen ganz alleine, denn ein Lebensraum – ein Ökosystem – funktioniert nur, wenn es zwischen den Arten einen ständigen Austausch von Nährstoffen gibt. Zum Beispiel im Regenwald auf Madagaskar: Der Gespenstblattschwanzgecko ernährt sich von Insekten. Nach seinem Tod wird sein Körper von Pilzen und Bakterien zersetzt und die Nährstoffe, die er in sich aufgenommen hat, fließen in den Erdboden zurück. Dort dienen sie als Nahrung für den Baum, auf dem die Nachkommen des Geckos leben. Und so beginnt der Kreislauf wieder von vorne. Die Ökosysteme – und damit die Biosphäre als Ganzes – funktionieren, weil sie von der Biodiversität aufrechterhalten werden.

Ein Lebensraum – ein Ökosystem – funktioniert nur, wenn es zwischen den Arten einen ständigen Austausch von Nährstoffen gibt.

Eine hohe Biodiversität garantiert nicht die Unveränderbarkeit von Ökosystemen. Im Gegenteil: Die Biosphäre hat sich im Laufe der Jahrmillionen immer wieder verändert. Evolution bedeutet ja gerade Veränderung. Aber eine hohe Biodiversität sorgt dafür, dass ein Ökosystem, selbst wenn es sich immer wieder verändert, langfristig bestehen bleibt. Kurz gesagt: Je biodiverser das Leben in der Gegenwart ist, desto größer die Chance, dass es auch in der Zukunft Leben geben wird.

Und jetzt kommt eine interessante Frage: Wie viele Arten und welche genau müssen verschwinden, damit ein Ökosystem zusammenbricht? Leider gibt es darauf keine eindeutige Antwort. Wir wissen viel zu wenig über das Zusammenspiel der Arten. Wenn der Gespenstblattschwanzgecko verschwindet, bricht das Ökosystem Regenwald auf Madagaskar vielleicht nicht gleich zusammen. Aber *dass* Ökosysteme irgendwann zusammenbrechen, wenn immer mehr Arten verschwinden, steht fest. Du kannst dir das wie ein Flugzeug vorstellen, bei dem eine Schraube nach der anderen entfernt wird – während es fliegt. Lange passiert nichts, weil nicht jede Schraube notwendig ist, damit das Flugzeug fliegen kann. Aber irgendwann fehlen so viele Schrauben, dass es abstürzt.

Genau so ist es auch bei einem Ökosystem. Die Biodiversität sorgt dafür, dass einzelne Aufgaben von vielen Arten übernommen werden. Fällt eine Art aus, übernimmt eine andere. Das geht gut, solange ausreichend Arten da sind. Fallen aber zu viele Arten aus, zerreißt das Netz des Lebens. Dann spricht man von einem Kipppunkt: dem Moment, in dem ein Ökosystem zu funktionieren aufhört.

Wir Menschen nehmen den anderen Arten ihre Lebensräume weg, indem wir Wälder roden, Moore trockenlegen und Landflächen zubetonieren.

Niemand weiß also, was mit dem Regenwald auf Madagaskar geschehen wird, wenn der kleine Gecko, dessen Schwanz wie ein von Insekten angeknabbertes Blatt aussieht, für immer verschwindet – so wie es niemand bei den meisten Arten auf der Erde weiß. Das heißt, wir Menschen wissen nicht, was wir eigentlich genau zerstören, wenn wir die Biodiversität zerstören. Aber wir wissen sehr wohl: Wenn wir immer mehr Arten zum Aussterben bringen, dann nähern wir uns immer mehr dem Punkt, an dem die Biosphäre zusammenbricht. Das geschieht nicht plötzlich mit einem großen Knall, sondern schleichend. Schritt für Schritt. Ökosystem für Ökosystem. Bis es eines Tages zu spät ist.

Und das könnte ziemlich bald sein. Denn das von uns Menschen verursachte Artensterben vollzieht sich zehn- bis hundertmal schneller als das Hintergrundaussterben der vergangenen 10 Millionen Jahre. Die sogenannte »Rote Liste«, auf der die vom Aussterben bedrohten Lebewesen stehen, wird immer länger. Wir Menschen nehmen den anderen Arten ihre Lebensräume weg, indem wir Wälder roden, Moore trockenlegen und Landflächen zubetonieren. Wir jagen sie so intensiv, dass sich ihre Bestände nicht mehr erneuern können. Wir bringen chemische Gifte wie Düngemittel oder Pestizide in die Umwelt aus. Wir transportieren Tiere und Pflanzen an Orte, wo sie nicht hingehören und oft großen Schaden anrichten. Und wir heizen die Atmosphäre des Planeten immer mehr an, wodurch sich ihre Lebensbedingungen dramatisch verändern.

Durch alle diese menschlichen Aktivitäten verschwinden immer mehr Arten. Und damit steigt das Risiko, dass die Ökosysteme, in denen sie vorkommen, zusammenbrechen.

Auch auf Madagaskar. Im Laufe der Jahrhunderte wurde dort immer mehr Regenwald gerodet, gingen immer mehr Ökosysteme der Insel verloren. Heute existiert nur noch ein Drittel des ursprünglichen Waldes. Ähnliches geschieht überall auf der Welt, auf allen Kontinenten, in fast allen Ländern. Auch in Europa gab es einst eine hohe Biodiversität. In den Wäldern, Mooren und Sümpfen wimmelte es nur so von Tieren, Pflanzen und Pilzen. Die meisten dieser Ökosysteme gibt es heute nicht mehr, weil sie uns Menschen im Weg waren. Damit sind auch ganz viele Arten verschwunden, die dort einst zu Hause waren. Was von ihnen heute noch existiert, ist ein kläglicher Rest – und auch dieser Rest ist bedroht, denn wir Menschen hören nicht damit auf, ihnen das Leben schwer zu machen.

Das also ist die Geschichte, die uns der Gespenstblattschwanzgecko erzählt: So fremd und so fern er dir erscheinen mag, er hat eine große Bedeutung für dein Leben. Wenn wir beide heute an unsere Reise nach Madagaskar zurückdenken, wird uns klar, dass dieser Gecko, der nur dort vorkommt, für jede Art auf der Erde steht – denn jede Art spielt ihre ganz besondere Rolle im Miteinander des Lebens.

Aber welche Rolle spielt darin eigentlich *Homo sapiens*? Oder anders gefragt: Welche Geschichte erzählt dieses Lebewesen eigentlich?

2 | Das einsamste Lebewesen der Welt

Mensch

HOMO SAPIENS

Menschen sind aus Wasser gemacht.

Na gut, nicht nur aus Wasser. Dazu kommen noch etwas Kohlenstoff, eine Prise Stickstoff und eine Handvoll anderer chemischer Elemente wie Natrium, Calcium und Phosphor. Wenn man das alles zusammenrührt, hat man einen Menschen. Vor allem aber braucht man Wasser.

Ein erwachsener Mensch besteht zu zwei Dritteln aus Wasser, bei einem Säugling ist es sogar noch mehr. Und es gibt Teile des menschlichen Körpers, die praktisch nur aus Wasser sind. Zum Beispiel die Augen.

Menschen, hat einmal ein berühmter Mensch gesagt, sind Säcke voller Wasser, die gehen gelernt haben.

Das sieht man den Menschen nicht von außen an, weil das Wasser ja in ihnen drin ist. Und es ist auch sonst schwer zu glauben. Wie kann ein so kompliziertes Geschöpf – ein Mensch mit all den Gefühlen und Wünschen und Träumen und Schmerzen und Sehnsüchten – nur aus so viel Wasser bestehen?

Und schau mal, wie weit es diese Wasserwesen gebracht haben! Sie haben Pyramiden gebaut und Burgen und Wolkenkratzer. Sie schreiben Gedichte und machen TikTok-Videos. Sie transplantieren Herzen und fliegen in den Weltraum. Sie klonen Tiere und unterhalten sich mit ihren Maschinen.

Menschen sind unglaublich schlaue Lebewesen. So sehen sie sich jedenfalls selbst. Als es darum ging, sich einen Namen zu geben, haben sie »Homo sapiens« gewählt. Der vernunftbegabte Mensch. Der verstehende Mensch.

Aber wenn die Menschen ehrlich zu sich wären, dann müssten sie zugeben, dass sie zwar vieles verstehen, aber einige ganz wichtige Dinge nicht. Zum Beispiel wissen sie nicht, wo sie herkommen und wo sie hingehen. Sie wissen nicht, was morgen sein wird, und vergessen oft, was früher war. Sie wissen auch nicht, wie sie mit dem Planeten, auf dem sie leben, umgehen sollen. Ja, sie wissen noch nicht einmal, wer sie sind. Das stimmt wirklich. Sie wissen nicht, wer sie sind.

Aber das kann ja noch werden. Menschen sind eine sehr junge Spezies. Sie können noch vieles lernen. Sie können noch vieles sein.

Wasser kann in alle Richtungen fließen.

Was macht einen Menschen aus?

Wir Menschen erzählen alle möglichen Geschichten: traurige und lustige, spannende und langweilige, realistische und fantastische. Wir tun das nicht nur zur Unterhaltung, sondern auch, um Antworten auf wichtige Fragen zu erhalten. Zum Beispiel die Frage: Wie können wir ein gutes Leben führen? Oder: Wie können wir andere Menschen besser verstehen? Oder auch: Was könnte in der Zukunft passieren?

Und natürlich die Frage: Was macht einen Menschen überhaupt aus?

Auf den ersten Blick ist das eigentlich keine schwere Frage. Du – die Leserin, der Leser dieses Buches – bist ein Mensch. Wir – die Autorin, der Autor dieses Buches – sind Menschen. Unsere Eltern, Großeltern, Urgroßeltern – alles Menschen. Wir alle gehören zur Art *Homo sapiens*. Wir gehen aufrecht, wir haben ein, gemessen an unseren Körpern, ziemlich großes Gehirn, wir sind nur an wenigen Stellen des Körpers behaart. Das sind (unter anderem) Merkmale eines Menschen. Also sind wir Menschen. So weit, so klar.

Und trotzdem beißen sich Wissenschaftler, Philosophinnen, Soziologen, Psychologinnen und Künstler seit Jahrhunderten an der Frage, was einen Menschen ausmacht, die Zähne aus. Diese Frage zählt sogar zu jenen Fragen, von denen es heißt, dass man sie womöglich nie wird beantworten können. Wieso nur?

So etwas wie »weniger« oder »mehr« Mensch gibt es nicht. Ein Mensch ist ein Mensch.

Das liegt zum einen daran, dass es ziemlich schwer ist, sich selbst objektiv zu betrachten. Wir Menschen können »den Menschen« ja immer nur aus unserer eigenen, der *menschlichen* Perspektive betrachten. Und diese Perspektive ist oft von der Kultur und der Gesellschaft abhängig, in der sich ein Mensch befindet. So haben etwa europäische Forschende früherer Jahrhunderte bestimmte Gruppen von Menschen, wie die Ureinwohner Afrikas oder die des amerikanischen Kontinents, nicht als vollwertige Menschen gesehen. Das ist heute undenkbar. Heute sollte allen klar sein, dass Menschen zwar unterschiedliche Hautfarben und unterschiedliche Kulturen und

Lebensweisen haben können, aber dass sie alle zur Art *Homo sapiens* gehören. So etwas wie »weniger« oder »mehr« Mensch gibt es nicht. Ein Mensch ist ein Mensch.

Aber selbst wenn wir uns nach Kräften bemühen, uns objektiv zu betrachten, fällt es uns schwer, die Frage, was einen Menschen ausmacht, zu beantworten. Versuch es einmal. Denk an alle Menschen, die du kennst. Und dann an alle Menschen, von denen du irgendwann einmal gehört hast. Denk so objektiv wie nur möglich über sie nach. Und dann versuche, eine Definition »des Menschen« aufzustellen. Es wird dir nicht gelingen. Wir Menschen sind nämlich nicht nur alle verschieden, wir sind auch extrem widersprüchliche Lebewesen.

Ich, ein Mensch, kann gut sein – und ich kann böse sein. Ich kann die schönsten Dinge tun – und die schrecklichsten. Ich komponiere wundervolle Sinfonien – und ich führe Kriege. Ich kann leicht zu durchschauen sein – und unendlich kompliziert. Ich kann andere Lebewesen lieben – und ich kann ihnen furchtbares Leid zufügen. Ich kann achtlos meinen Müll wegwerfen – und ich kann den Müll anderer Leute aufsammeln.

Und noch schwieriger wird es, wenn aus dem »Ich« ein »Wir«, also aus »Mensch« die »Menschheit« wird. Denn die Menschheit ist ein unfassbar komplexes Geflecht aus Völkern, Staaten, Kulturen, Organisationen und unzähligen anderen Verbindungen, die unterschiedlich mächtig sind und alle ganz unterschiedliche Interessen haben. Wenn mit »Wir« gemeint sein soll, dass alle Menschen nach einem gemeinsamen Plan handeln, dann gibt es kein »Wir«.

Das alles ist der Grund dafür, warum naturwissenschaftliche, soziologische, philosophische oder religiöse Studien nie zu einer gemeinsamen Definition des Menschen kommen. Das Einzige, worin sich die Autorinnen und Autoren dieser Studien einig sind, ist, dass es etwas ganz Besonderes sein muss, was uns zu Menschen macht. Etwas, das uns von allen anderen Lebewesen so stark unterscheidet, dass die Welt aus unserer Sicht in zwei Hälften geteilt ist. Auf der einen Seite wir – »der Mensch«. Auf der anderen Seite alle übrigen Lebewesen – »die Natur«.

Die Einheit des Lebendigen

Nun besteht ja kein Zweifel daran, dass *Homo sapiens* etwas Besonderes ist. Wir Menschen tun und denken Dinge, die andere Arten nicht tun und denken. Wir haben eine weltweite Zivilisation errichtet. Wir sind zum Mond geflogen. Wir haben das Smartphone erfunden. Wir entwickeln Theorien über den Ursprung des Universums. So etwas macht außer uns niemand.

Wenn man es so sieht, ist allerdings jede Art etwas Besonderes. Denn auch Faultiere, Ameisen, Kegelrobben oder Orchideen tun und denken Dinge, die andere nicht tun und denken. Faultiere haben zwar keine Zivilisation errichtet, aber die Art und Weise, wie sie auf der Erde leben, ist nicht weniger besonders als die Art und Weise, wie wir Menschen auf der Erde leben – sie ist nur anders. Das gilt für alle Arten.

Wir Menschen jedoch nehmen für uns in Anspruch, etwas *ganz und gar* Besonderes zu sein.

Wir Menschen jedoch nehmen für uns in Anspruch, etwas *ganz und gar* Besonderes zu sein. Eine von den anderen Lebewesen völlig losgelöste Spezies. Wir ziehen eine dicke, rote Trennlinie zwischen uns und allen anderen. Das erkennt man nicht zuletzt an unserer Sprache: Egal, wie eng andere Tiere mit uns verwandt sind, wir bezeichnen sie alle als »Tiere«. Und das, obwohl zum Beispiel ein Schimpanse uns Menschen viel näher steht als einem Einsiedlerkrebs. Schimpansen und Einsiedlerkrebse haben wirklich nicht viel miteinander zu tun. Aber das kümmert uns nicht: Schimpansen und Einsiedlerkrebse sind eben Tiere. Und Menschen sind eben Menschen.

Wie kommen wir nur zu dieser Sichtweise? Seit Charles Darwin wissen wir doch, dass Menschen wie alle anderen Lebewesen auf der Erde ein Ergebnis der Evolution sind. (Genauer gesagt: Sie sind ein Zwischenergebnis der Evolution, denn die Evolution zeichnet sich ja dadurch aus, dass sie nie aufhört. In 100.000 Jahren werden Menschen womöglich Dinge tun und denken, die wir uns heute überhaupt nicht vorstellen können.) Von den Einzellern zu den Mehrzellern, von den

Fischen zu den Säugetieren, von den affenartigen Baumbewohnern zu den Trockennasenaffen, von den Primaten zu den unterschiedlichsten Varianten der Gattung *Homo* und schließlich zu unserer Art *Homo sapiens* – zu keinem Zeitpunkt in dieser evolutionären Entwicklung gab es ein von außen kommendes Ereignis, das uns Menschen plötzlich aus dem Nichts erzeugt hat. Alles, was wir tun und denken, hat sich aus etwas Früherem entwickelt.

Das heißt, dass die Eigenschaften und Fähigkeiten des Menschen überhaupt nicht exklusiv menschlich sein *können*. Sondern sie sind Steigerungen oder Varianten dessen, wozu andere Lebewesen ebenfalls in der Lage sind. Die Evolution läuft nicht über Neuerfindungen, sondern über den Umbau und die Weiterentwicklung des bereits Vorhandenen. Menschen verwenden Werkzeuge, aber das tun Raben oder Schimpansen auch. Menschen haben zu sprechen gelernt, aber auch Delfine oder Amseln sprechen miteinander. Menschen bilden komplexe soziale Strukturen, aber auch Wölfe oder Bienen haben ein komplexes Sozialverhalten. Menschen machen Musik, aber auch Seelöwen oder Kakadus sind musikalisch. Menschen empfinden Emotionen wie Freude, Angst, Wut, Zufriedenheit und Trauer – so wie ganz viele andere Tiere auch.

Die Evolution läuft nicht über Neuerfindungen, sondern über den Umbau und die Weiterentwicklung des bereits Vorhandenen.

Einige dieser Eigenschaften sind bei uns Menschen zweifellos sehr stark ausgeprägt und trotzdem ergibt es keinen Sinn, zwischen uns und den anderen Lebewesen eine dicke, rote Trennlinie zu ziehen, als hätten wir nichts mit ihnen zu tun. Es wird zwar immer wieder behauptet, dass die »Gesetze der Natur« für uns Menschen nicht gelten würden, aber das ist Unsinn. Wie alle Lebewesen auf dem Planeten sind auch wir *natürliche* Geschöpfe. Wir altern (ob wir wollen oder nicht), wir werden krank (es gibt keinen Menschen, der nicht im Laufe seines Lebens einmal eine Krankheit bekommt), wir sterben (bisher ist noch jeder Mensch, der jemals gelebt hat, gestorben). Wie fast alle anderen Lebewesen sind auch wir auf eine ständige Zufuhr von Sauerstoff, Nahrung und Flüssigkeit angewiesen, um zu überleben.

Überhaupt sind wir Menschen viel enger mit der Natur verbunden, als uns das in unserem alltäglichen Leben bewusst ist. Zum Beispiel fühlen sich viele Menschen von Schlangen abgestoßen, selbst wenn sie diese Tiere nie in freier Wildbahn gesehen haben. Viele Menschen haben auch Angst vor großen Höhen oder geschlossenen Räumen, während sie nur sehr selten Angst vor Dingen wie Messern oder Autos haben, die viel gefährlicher sind. Und viele Menschen wandern, beobachten Vögel und andere wilde Tiere oder gehen an einem Strand spazieren, weil ihnen das guttut und Freude macht.

Das alles ist ein Echo der fernen Vergangenheit. *Homo sapiens* betrat vor etwa 300.000 Jahren im Pleistozän die Bühne der Evolution. Wir wissen nicht, welche Geschichten sich die Menschen damals erzählten, denn sie hatten keine Schrift. Aber irgendwann haben sie damit begonnen, an die Wände der Höhlen, in denen sie Schutz suchten, Bilder zu malen. In Südfrankreich fand man in einer Höhle bis zu 30.000 Jahre alte Wandgemälde. Und auf der indonesischen Insel Sulawesi wurden Höhlenmalereien entdeckt, die vor über 40.000 Jahren angefertigt wurden – die ältesten Zeugnisse von *Homo-sapiens*-Kunst, die wir kennen.

Fast alle diese Bilder zeigen Tiere. In der Höhle auf Sulawesi sind es Büffel, Schweine und Hirsche. In der Höhle in Frankreich sind es Mammuts, Wildpferde, Wollnashörner und Wisente. Manche Bilder zeigen aber auch fantastische Mischwesen aus Mensch und Tier, zum Beispiel Geschöpfe mit einem menschlichen Unterleib und dem Oberkörper eines Löwen. Was keines dieser Bilder zeigt: einen Menschen.

Ist das nicht seltsam? Warum haben sich die Menschen damals nicht selbst gemalt? An einer mangelnden künstlerischen Fähigkeit hat es jedenfalls nicht gelegen, denn die Tierbilder der Frühmenschen sind große Kunstwerke. Vielleicht hat es sie also einfach nicht interessiert. Vielleicht haben die Menschen damals zwischen sich und den anderen Lebewesen um sich herum keine dicke rote Linie gezogen wie wir heute. Ja, vielleicht haben sie sich neben den vielen kleinen Geschichten, die sie sich erzählt haben, eine ganz große Geschichte erzählt: die Geschichte der Einheit aller Lebewesen auf der Erde.

Zugegeben, das ist alles Spekulation. Aber es passt zu den Erkenntnissen der Archäologie, dass die Frühmenschen im Pleistozän als ziemlich unauffällige Tiere unter den vielen anderen Tieren auf der Erde lebten. Nichts deutete damals darauf hin, dass wir Menschen uns einmal zu einer Spezies entwickeln würden, die die ganze Welt dominiert.

Und es passt auch zu den frühen Schöpfungsvorstellungen der Menschen, also den Geschichten darüber, wie die Welt und alles, was darin ist, entstanden ist. Viele davon haben sich bis heute erhalten. Und in allen stehen Tiere im Mittelpunkt. Die australischen Ureinwohnerinnen und Ureinwohner etwa, die Aborigines, sind der Überzeugung, dass eine Regenbogenschlange die Berge und Täler ihrer Heimat geformt hat. Der Stamm der Dajaken auf Borneo glaubt, dass am Anfang aller Zeit endlose Dunkelheit herrschte. In dieser Dunkelheit webte eine kleine Spinne ein glitzerndes Netz, in dem sich ein großes Stück einer roten Koralle verfing. Und dieses Stück Koralle wuchs schließlich zu unserer Welt heran.

Es gibt unzählige solcher Schöpfungsvorstellungen. Auch im Hinduismus, der ältesten großen Weltreligion, spielen Tiere eine entscheidende Rolle. In der hinduistischen Vorstellung ruht die Welt auf den Rücken von acht Elefanten. Und im alten Ägypten waren nicht nur die Göttinnen und Götter Mischwesen aus Mensch und Tier wie etwa der Gott Anubis, der den Kopf eines Schakals hatte, es gab noch nicht einmal ein Wort für »Tiere«. Es gab lediglich ein Wort für »lebendige Wesen«, womit sowohl Tiere als auch Menschen und Götter gemeint waren.

Solche mystisch-religiösen Vorstellungen darf man nicht mit Anthropomorphismus verwechseln. Auch wenn darin manche Tiere wie Menschen sprechen, sind sie viel mehr als nur Symbole für menschliche Eigenschaften: Sie bilden zusammen mit uns Menschen ein großes Ganzes – eine Einheit des Lebendigen.

Wie würde heute wohl unser Verhältnis zu den nicht-menschlichen Lebewesen aussehen, wenn wir noch immer mit dieser Perspektive auf sie blicken würden? Was für eine Welt wäre das? Das werden wir nie wissen, denn es kam anders. Die Menschen entfernten sich von allen anderen Lebewesen. Sie sahen sich immer mehr als eine besondere, ja einzigartige Lebensform. Und so wurde aus der alten eine neue große Geschichte.

Der Mensch als Superheld

Diese neue große Geschichte ist eine Heldengeschichte. Sie geht so: Vor etwa 300.000 Jahren taucht *Homo sapiens* erstmals im Osten Afrikas auf. Er sieht sich furchtbaren Gefahren gegenüber, denen er mit Geschick und Intelligenz begegnet. Er stellt sich allen Widrigkeiten, verdrängt Widersacher und Konkurrenten um Nahrungsmittel, bändigt das Feuer, lernt sprechen und breitet sich in mehreren Wanderungsbewegungen auf dem ganzen Planeten aus. Er überlebt alle anderen Arten der Gattung *Homo*. Und dann legt er so richtig los. Er baut Städte, erfindet Maschinen, spaltet das Atom und fliegt in den Weltraum. Ja, er dominiert den Planeten Erde so sehr, dass er schließlich ein ganzes Zeitalter nach sich selbst benennt: das Anthropozän, das Zeitalter des Menschen. Die Zeit, in der wir alle gerade leben.

Die neue große Geschichte ist die Geschichte des Fortschritts, und in ihrem Zentrum steht ein Superheld namens »der Mensch«. In dieser Geschichte wird alles, was Menschen erschaffen, immer größer und schneller und besser: Eisenbahnen, Flugzeuge, Autos, Computer. In dieser Geschichte geht es vor allem ums Beherrschen und Erobern. Wilde Tiere wurden gezähmt, Berge wurden bestiegen, Kontinente wurden entdeckt, sogar der Mond wurde erobert. Die Botschaft dieser Geschichte ist: Trotz aller Rückschläge und Hürden ist es mit unserer Art *Homo sapiens* stets bergauf gegangen. Weil wir Menschen eben etwas ganz Besonderes, Einzigartiges sind.

Diese Geschichte ist nicht einfach so plötzlich entstanden, sondern hat sich im Laufe der Zeit geformt.

Durch die Entwicklung der Landwirtschaft vor etwa 12.000 Jahren –

ermöglicht durch eine globale Wärmeperiode, die bis heute anhält – wuchs die Macht des Menschen über die anderen Lebewesen deutlich an. Die Menschen begannen, Felder zu bestellen und Nutztiere zu halten. Sie erkannten zunehmend, dass sie in der Lage waren, die Natur um sich herum in ihrem Sinne zu verändern, dass sie große Teile der Erde einer neuen, einer *menschlichen* Ordnung unterwerfen konnten.

Etwas Vergleichbares macht kein anderes Tier und so tauchte irgendwann der Gedanke auf, dass der Mensch eben ein ganz spezielles Lebewesen ist – dass er sozusagen in seiner eigenen Liga spielt. Für den griechischen Philosophen Platon, der vor etwa 2.400 Jahren lehrte, war die materielle Welt um uns herum nur eine »Höhle der Schatten«. Real waren für ihn ausschließlich geistige Dinge und aus seiner Sicht waren Menschen deshalb etwas Besonderes, weil sie als einzige Lebewesen aus der Höhle hinausblicken können (wenn sie sich bemühen). Auch Platons Nachfolger, der Philosoph Aristoteles, sah den Menschen als ganz und gar besonderes Lebewesen. In seiner *Geschichte der Tiere*, dem ersten bedeutenden wissenschaftlichen Werk zu diesem Thema, entwarf er eine Hierarchie der Lebewesen auf der Erde und an die Spitze dieser Hierarchie stellte er den Menschen.

In der antiken Philosophie war die Grenze zwischen Mensch und Tier allerdings noch nicht so scharf gezogen wie heute.

In der antiken Philosophie war die Grenze zwischen Mensch und Tier allerdings noch nicht so scharf gezogen wie heute. So verwandeln sich im größten Epos jener Zeit, der *Ilias* von Homer, Menschen ständig in Tiere und wieder zurück. Und auch Aristoteles wies darauf hin, dass man bei manchen Tieren ein Potenzial an Wissen, Weisheit und Klugheit findet, das an entsprechende menschliche Eigenschaften erinnert.

Doch durch das Aufkommen der sogenannten monotheistischen Religionen wie dem Judentum, dem Christentum und (etwas später) dem Islam wurde die dicke rote Trennlinie zwischen dem Menschen auf der einen und allen anderen Lebewesen auf der anderen Seite erstmals ganz deutlich markiert. »Monotheistisch« heißt: Die Menschen glaubten nicht mehr an viele Göttinnen und Götter, sondern nur noch an einen Gott, der *alles* erschaffen hat. Und dieser Gott hat eine besondere

Beziehung zum Menschen – er hat ihn, wie es in der Bibel heißt, »nach seinem Ebenbild erschaffen«.

Das war eine völlig neue Vorstellung und hatte riesige Auswirkungen auf den Fortgang der menschlichen Zivilisation. Denn jetzt war nicht nur eine ganz klare Grenze zwischen dem Menschen und der übrigen Natur gezogen. Sondern die Menschen sahen sich auch als Herrscher über die anderen Lebewesen, denn schließlich heißt es in der Bibel ebenfalls: »Macht euch die Erde untertan.« Über diese Stelle in der Bibel wird bis heute viel diskutiert. Ist damit tatsächlich die Herrschaft über die ganze Erde gemeint? Oder wird damit eher eine Pflicht formuliert, die natürlichen Reichtümer der Erde zu bewahren? (Immerhin gibt es in der Bibel ja auch die Geschichte von der Sintflut, in der Noah von Gott den Befehl erhält, sämtliche Arten der Erde zu retten.) Aber alle diese Diskussionen können nicht verdecken, dass genau das in den vergangenen zwei Jahrtausenden geschehen ist: Die Menschen haben sich die Erde untertan gemacht.

Und je weiter dieser Prozess voranschritt, desto weniger mussten sich die Menschen dabei auf die Bibel oder einen anderen religiösen Text berufen. Denn im Europa des 18. Jahrhunderts setzten die Vertreterinnen und Vertreter der Aufklärung als den eigentlichen Herrscher der Welt nicht Gott, sondern *den Menschen selbst* ein. Die Aufklärung war ein bedeutender Einschnitt in der Geschichte der Menschheit. Sie wehrte sich nicht nur gegen den zu großen Einfluss der Religion auf Gesellschaft und Politik, sie ermöglichte überhaupt erst das wissenschaftliche Denken, wie wir es heute kennen. Seither erforschen wir die Natur, wie sie ist, und nicht, wie sie sich eine Religion vorstellt.

Aber gleichzeitig machte die Aufklärung *Homo sapiens* erst so richtig zu einem Superhelden. »Der Mensch ist der einzigartige Begriff, von dem man ausgehen und auf den man alles zurückführen muss«, war eine der zentralen Botschaften der Aufklärung. Um das zu begründen, bediente sich der damals extrem einflussreiche französische Philosoph René Descartes eines gedanklichen Tricks. Er zog nicht nur zwischen Mensch und Tier eine dicke rote Trennlinie, sondern verlegte diese

Trennlinie sozusagen in den Menschen hinein – indem er strikt zwischen Körper und Geist (oder Seele) unterschied.

Descartes zufolge gibt es zwei Reiche auf der Welt: das Reich des Körperlichen und das Reich des Geistes. Und als einziges Lebewesen der Erde gehört der Mensch beiden Reichen an, während alle anderen Lebensformen nur Körper sind. Alle Pflanzen und Tiere auf der Welt sind, behauptete Descartes, geist- und gefühllose Maschinen, deshalb kann der Mensch mit ihnen machen, was er will.

Das war eine völlig absurde Behauptung – wie Descartes selbst wusste, denn er hatte einen Hund und konnte an ihm beobachten, dass auch Tiere Gefühle haben. Aber in Descartes' Sicht der Welt gehörten Menschen eben prinzipiell zu einer anderen Kategorie von Lebewesen als die Tiere. Menschen waren keine Grenzen gesetzt, so sah es die Aufklärung. Während die Tiere nur ihren Instinkten folgen, sind Menschen in der Lage, ihr Schicksal selbst in die Hand zu nehmen. Und kein Gott oder anderes höheres Wesen sollte sie in dieser Freiheit einschränken.

Damit war die Abkehr des Menschen von der übrigen Natur endgültig vollzogen. Auch wenn Monotheismus und Aufklärung nicht in allen Kulturen der Welt eine gleich große Rolle spielten, prägten diese beiden geistigen Strömungen mit ihrer Idee von der Sonderstellung des Menschen die weitere Entwicklung der menschlichen Zivilisation.

Denn auf unserem Weg durch die Jahrhunderte haben wir Menschen tatsächlich keine Grenzen akzeptiert. Wir haben den Planeten bis in den letzten Winkel besiedelt. Wir haben Flüsse begradigt, Berge abgetragen und tiefe Stollen in die Erde getrieben. Heute gibt es keinen Ort auf der Erde mehr, den Menschen nicht auf die eine oder andere Weise beeinflussen. Und es gibt kein Lebewesen mehr, das von menschlichen Aktivitäten unberührt geblieben ist.

Ist das nicht eine unglaubliche Geschichte? Was wir Menschen alles erreicht haben! Trotz aller Widersprüchlichkeiten des Menschen, trotz aller Kriege, die Menschen miteinander geführt haben, gibt es doch gute Gründe, warum wir uns diese Geschichte als Heldengeschichte erzählen. Und trotzdem fehlt in dieser Geschichte etwas ganz Entscheidendes.

Das Zeitalter der Einsamkeit

Häuser, Brücken, Autos, Maschinen, Plastik, Raketen – was haben alle diese technischen Errungenschaften des Menschen gemeinsam? Dass sie technisch sind. Dass sie nicht lebendig sind. Im Jahr 2020 hat die Masse der von uns Menschen produzierten technischen Dinge die Masse aller lebendigen Wesen auf der Erde erstmals übertroffen. Und diese Entwicklung geht weiter. Schritt für Schritt verwandeln wir die Erde in eine Welt aus toten Objekten und verdrängen dabei die meisten lebendigen Geschöpfe.

Im Jahr 2020 hat die Masse der von uns Menschen produzierten technischen Dinge die Masse aller lebendigen Wesen auf der Erde erstmals übertroffen.

Das ist die andere Seite der Heldengeschichte. Im Laufe der Jahrhunderte haben wir Menschen den Rest der Welt immer mehr als auszubeutende Ressource oder als Müllkippe betrachtet. Und wir haben die anderen Lebewesen dabei immer weiter in den Hintergrund geschoben – bis zu dem Punkt, an dem wir damit begonnen haben, uns selbst mit der Welt gleichzusetzen. Wenn man heute von der »Geschichte der Welt« spricht, meint man in der Regel die »Geschichte der Menschheit«, die in Wahrheit aber nur ein winzig kleiner Teil der Geschichte der Welt ist.

Sieht man sich also die Heldengeschichte genauer an, dann erkennt man, dass es eine Geschichte davon ist, wie sich ein Lebewesen – *Homo sapiens* – immer mehr auf sich selbst zurückzieht und sozusagen eine Welt in der Welt erschafft: die Menschenwelt. Eine Welt aus Geld und Büros, aus Flugzeugen und U-Bahnen, aus Theatern und Fußballstadien, aus Videospielen und Smartphones. Und mit dem Internet ist in dieser Welt sogar ein Raum entstanden, in dem überhaupt *alles* menschlich ist, an dem kein anderes Lebewesen mehr Anteil hat.

Zweifellos geht es in der Menschenwelt ziemlich aufregend zu, schließlich tun wir Menschen ganz großartige Dinge. Wir komponieren Musik, schreiben Gedichte, drehen Filme, bauen die irrsten Geräte und zerbrechen uns den Kopf darüber, was einen Menschen eigentlich ausmacht. In der Menschenwelt kann man unglaublich viel tun und erleben.

Aber so ganz glücklich und zufrieden scheinen wir in dieser Welt, die wir uns erschaffen haben, nicht zu sein. Irgendetwas scheint uns zu fehlen. Warum sonst haben wir eine so große Sehnsucht danach, mit fremden Lebewesen Kontakt aufzunehmen? Warum überwachen zahllose Antennen rund um die Welt den Himmel und analysieren Signale aus dem Weltraum, die auf Leben hindeuten könnten? Warum fliegen Milliarden Kilometer von der Erde entfernt zwei Sonden namens *Voyager 1* und *Voyager 2* mit einer Botschaft an mögliche Außerirdische durch die Weiten des Alls? Warum arbeiten wir so intensiv daran, eine »Künstliche Intelligenz« zu erzeugen, die der menschlichen Intelligenz vergleichbar oder sogar überlegen ist? Und warum versuchen wir, in unseren Labors selbst Leben zu erschaffen?

Vielleicht liegt das ja daran, dass wir uns allein fühlen.

Der amerikanische Biologe Edward O. Wilson hat vor einigen Jahren vorgeschlagen, die Zeit, in der wir leben, nicht Anthropozän, sondern Eremozän zu nennen: das Zeitalter der Einsamkeit (*eremos* ist das griechische Wort für einsam). Während wir Menschen immer mehr Ressourcen des Planeten ausbeuten, nimmt die Vielfalt und Buntheit des Lebens immer weiter ab. Was das Leben betrifft, wird es immer öder und stiller und leerer auf der Erde. Bis wir irgendwann mehr oder weniger wirklich allein sind, bis alles in der Biosphäre von uns Menschen auf die eine oder andere Weise *gemacht* ist.

Die Heldengeschichte vom unaufhaltsamen Aufstieg des *Homo sapiens*, die wir uns ständig selbst erzählt haben, hat uns so weit von den anderen Lebewesen auf der Erde entfernt, dass wir sie gar nicht mehr richtig wahrnehmen. Und dass wir uns eingebildet haben, wir könnten mit der Natur – mit dem Planeten Erde – tun und lassen, was wir wollen. Aber das war eine riesige Illusion. Es gibt keine Grenze zwischen »Mensch« und »Natur«, deshalb können wir Menschen auf der Erde auch nicht tun und lassen, was wir wollen. Im Gegenteil: Wenn wir immer mehr Straßen, Flughäfen, Einkaufszentren bauen, immer mehr Flüsse begradigen, Moore trockenlegen, Wälder abholzen, wenn wir immer mehr andere Arten zum Aussterben bringen, dann werden wir eines Tages selbst nicht mehr überleben können, weil die Biosphäre der Erde zusammenbricht.

Die Heldengeschichte hat uns in eine Sackgasse geführt. So haben wir jahrhundertelang die Atmosphäre als Müllkippe verwendet und dort die Abgase hineingeblasen, die aus dem Verfeuern von Kohle, Gas oder Öl entstehen, mit der Folge, dass sich der Planet immer weiter aufgeheizt hat und das globale Klima immer mehr außer Kontrolle gerät. Die Energieerzeugung insbesondere der Länder des Nordens hat eine gigantische Klimakrise verursacht.

Aber hier ist ein interessanter Punkt: Während über die Klimakrise unaufhörlich geredet wird, ist das von uns Menschen verursachte Artensterben kein großes Thema. Als sich Ende 2022 eine große internationale Konferenz mit der »Biodiversitätskrise« befasste, wurde das von der Weltöffentlichkeit kaum zur Kenntnis genommen. Die Mehrheit der Menschen, so scheint es, hat andere Dinge zu tun, als sich mit dem Schutz von Tieren, Pflanzen, Pilzen und Einzellern zu beschäftigen. Offenbar glauben die meisten von uns immer noch, wir Menschen wären etwas *ganz und gar* Besonderes und bräuchten deshalb die anderen Lebewesen nicht.

Doch auch das ist eine riesige Illusion. Auf unserem Weg durch die Jahrtausende haben wir Menschen zwar unglaublich viel erreicht, aber was unseren Platz in der Welt angeht, hat sich in all dieser Zeit nichts geändert. Wir sind heute immer noch die, die wir vor 40.000 Jahren waren, als unsere Vorfahren die ersten Bilder an die Wände ihrer Höhlen gemalt haben: Lebewesen, die mit allen anderen Lebewesen auf der Erde eng verbunden sind.

Und diese Verbundenheit beginnt schon in unseren Körpern.

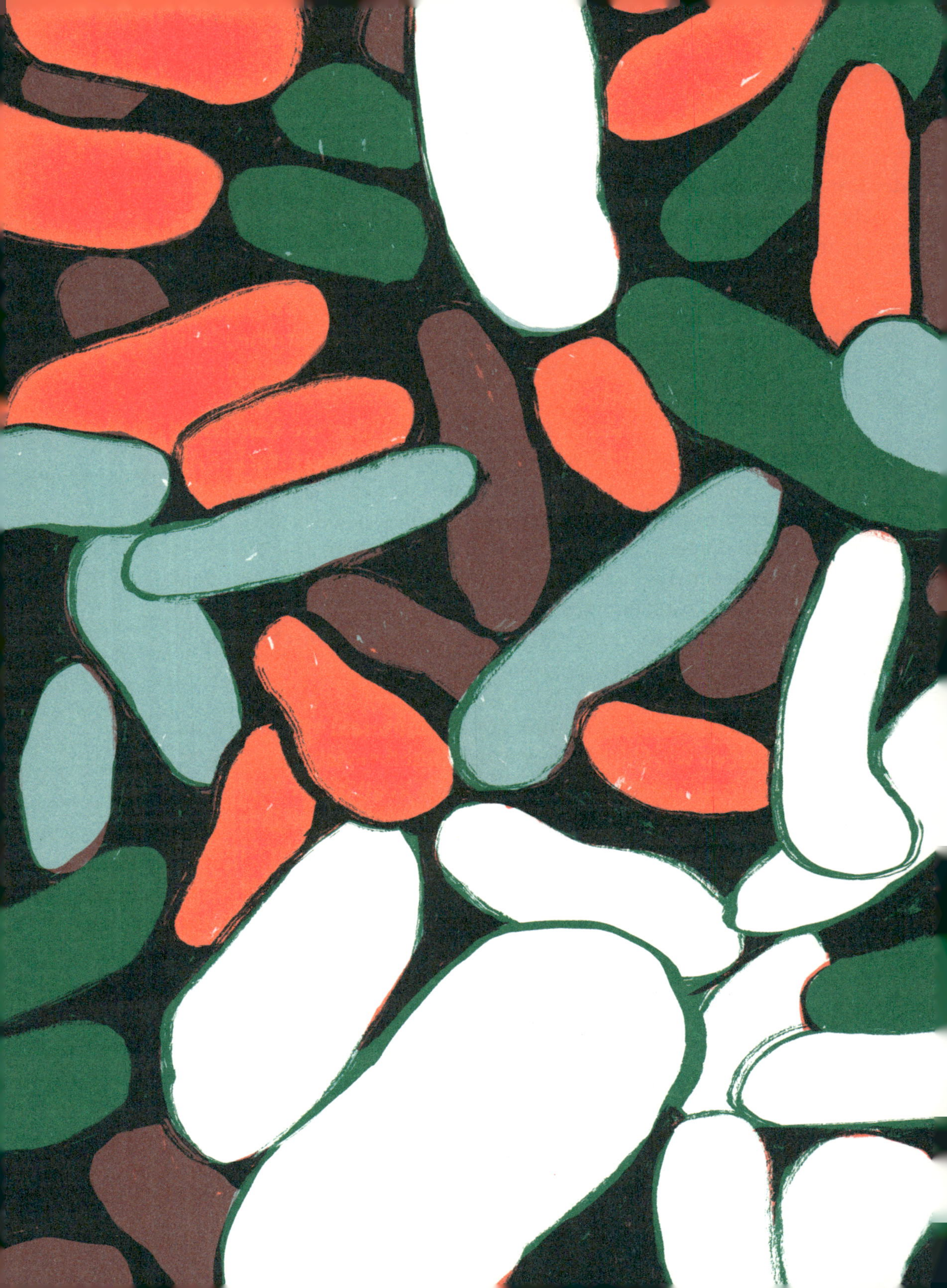

3 | Das Leben in uns

Darmbakterium

BIFIDOBACTERIUM LONGUM INFANTIS

Einmal – einfach so, es hatte keinen besonderen Grund – haben wir uns gefragt, ob Bakterien glücklich sind. Das kann man sich doch mal fragen, oder? Aber kein Biologe, keine Philosophin, kein Lehrer, keine Buchautorin konnte uns diese Frage beantworten. Ja, sie alle fanden die Frage ziemlich bescheuert. Bakterien, sagten sie, wissen überhaupt nicht, was Glück ist.

Doch mit dieser Antwort waren wir nicht zufrieden. Also haben wir beschlossen, die Bakterien selbst zu fragen.

Dafür haben wir uns verkleinert. Erst auf die Größe eines Hundes. Da haben wir lauter Menschenbeine gesehen.

Dann auf die Größe eines Eichhörnchens. Jetzt waren wir so leicht, dass wir auf einem dünnen Ast balancieren konnten.

Dann auf die Größe eines Spatzes, sodass wir uns in einer Hecke verstecken konnten.

Dann auf die Größe einer Hummel. Da konnten wir in Blüten hineinbrummen.

Dann auf die Größe einer Laus. Also so klein, dass wir auf dem Kopf eines Menschen hätten zu Hause sein können.

Und dann wurden wir noch kleiner. Und noch kleiner. Und noch kleiner. Bis wir endlich so groß wie ein Bakterium waren.

Und dann trafen wir ein Bakterium.

Das war eine ziemlich eindrucksvolle Begegnung.

Bakterien sind uralt. Nein, älter als uralt. Sie waren die ersten Lebewesen, die es auf der Erde gab. Und es ist ziemlich wahrscheinlich, dass es auf unserem Planeten immer noch Bakterien geben wird, wenn alles andere Leben, das wir kennen, längst verschwunden sein wird. Denn Bakterien sind wahre Überlebenskünstler. Sie können in vulkanischen Quellen und Salzseen überleben, genauso wie in der Kälte des Weltraums.

Kurzum, so ein Lebewesen zu treffen hat uns erst einmal sprachlos gemacht.

Aber dann stellten wir doch noch unsere Frage: »Sind Bakterien glücklich?«

Das Bakterium sah uns erstaunt an (ja, wirklich, obwohl ein Bakterium keine Augen hat, sah es uns erstaunt an),und wir dachten schon, es würde uns fragen, was Glück ist. Aber das tat es nicht.

Es fragte: »Was ist ein Bakterium?«

Du bist ein Wir

Vielleicht hast du dieses Spiel ja schon einmal mit Freunden gespielt: Jeder bekommt einen Zettel auf die Stirn geklebt, auf dem der Name einer bekannten Person steht. Alle wissen, welcher Name auf deinem Zettel steht – nur du nicht. Und jetzt musst du den anderen so lange Fragen stellen, bis du den Namen herausfindest. Anders gesagt: bis du herausfindest, *wer du bist*.

Was ist das eigentlich: ein Ich?

Man kann bei diesem Spiel jede Menge lernen. Wie man kluge Fragen stellt. Wie man aus den Antworten logische Schlussfolgerungen zieht. Und ganz nebenbei befasst man sich mit einem der größten Probleme der Psychologie. Denn was ist das eigentlich: ein Ich? Woraus setzt es sich zusammen? Was ist notwendig, um es zu erzeugen? Und wie stabil ist so ein Ich?

Natürlich reicht es nicht aus, jemandem einen Zettel auf die Stirn zu kleben, um ein Ich zu erzeugen. Das Ich wird einem ja nicht von außen zugewiesen, sondern ist in uns drin. Das Ich ist unsere Persönlichkeit.

So stellte man sich das auch sehr lange vor: dass im Kopf jedes Menschen sein Ich steckt. Der bereits erwähnte französische Philosoph René Descartes formulierte den berühmten Satz: »Ich denke, also bin ich.« Er sah das Ich also in den Gedanken, im Geist eines Menschen. Vermutlich sehen die meisten von uns das heute immer noch so.

Die Sache ist allerdings etwas komplizierter. Das Ich eines Menschen ist nicht nur von seinem Geist bestimmt. Das erkennt man schon daran, dass Menschen nicht als unbeschriebenes Blatt auf die Welt kommen. Auch wenn sich Babys erst zwischen dem ersten und dem zweiten Lebensjahr im Spiegel erkennen, sich also als ein Ich wahrnehmen, ist in unserem Körper schon jede Menge Ich vorhanden, wenn wir geboren werden – festgelegt in unseren Genen. Etwa unsere Augenfarbe, unsere Anatomie, unsere Neigungen (leider auch die zu bestimmten Krankheiten). Vieles also, was zu einem Ich dazugehört.

Und wenn sich im Laufe des Lebens unser Körper verändert, kann sich auch unser Ich verändern. So gibt es ziemlich spektakuläre Fälle von Menschen, deren Persönlichkeit sich völlig gewandelt hat, nachdem ihr Körper bei einem Unfall verletzt wurde. Das betrifft natürlich insbesondere unser Gehirn, wo die größte Dichte an Nervenzellen herrscht – jenen Zellen, die das Verhalten des Körpers steuern. Vor einigen Jahren zum Beispiel verletzte sich in den USA ein Schüler beim Schulsport so schwer am Kopf, dass er für mehrere Wochen ins Krankenhaus musste. Als er wieder nach Hause kam, war er plötzlich in der Lage, 13 Musikinstrumente zu spielen, obwohl er vorher mit Musik nichts am Hut gehabt hatte. Welche Ursache das genau hatte, konnten sich die Ärzte nicht erklären. Offenbar hatte sich das Gehirn des Jungen durch den Sturz auf eine völlig neue Weise vernetzt.

Es muss aber gar nicht immer so spektakulär zugehen. Und auch nicht immer direkt mit dem Gehirn zu tun haben. Wir alle machen körperliche Veränderungen durch, die unsere Persönlichkeit beeinflussen können. Zum Beispiel beginnt sich mit etwa zwölf Jahren der ganze menschliche Körper umzubauen, und das kann so gravierende Auswirkungen auf unser Verhalten und unseren Charakter haben, dass Eltern ihre Kinder manchmal gar nicht mehr wiedererkennen.

Das heißt nicht, dass ein Ich ausschließlich durch körperliche Vorgänge bestimmt wird. Unsere Familie, die guten oder schlechten Erfahrungen, die wir machen, der Einfluss anderer Menschen, emotionale Erlebnisse – all das beeinflusst unser Ich und prägt unsere Persönlichkeit. Und doch hat vieles davon, was unser Ich ausmacht, direkt mit unserem Körper zu tun. Wir *haben* nicht nur einen Körper, wir *sind* ein Körper. Deshalb ist es auch so wichtig, dass wir uns ein Leben lang um diesen Körper kümmern, ihn richtig ernähren, Sport treiben, ihn immer wieder zur Ruhe kommen lassen. Denn wir werden nie einen anderen Körper haben. Wir werden nie ein anderer Körper *sein*.

Na schön, ich bin also ein Körper. Wenn ich mich im Spiegel anschaue und diesen Körper mit all seinen Eigenheiten und Besonderheiten betrachte, dann kann ich also sagen: Das bin ich. Alles, was meinen Körper ausmacht, gehört untrennbar zu mir. Wie jedes andere Lebewesen bin auch ich ein Lebewesen, das sich selbst gehört. Oder etwa nicht?

Auch diese Sache ist etwas komplizierter. Denn in unserem Körper – so wie im Körper jeder Pflanze, jedes Pilzes und jedes anderen Tieres – existieren unzählige andere Lebewesen, die auf vielfältige Weise mit uns verbunden sind, ohne die wir nicht überleben könnten und die unser Ich beeinflussen.

Eigentlich bist du gar kein Ich. Du bist ein Wir. *Sie* sind immer da. In dir. Um dich herum. Niemand von uns kann für sich allein existieren. Wir können nur am Leben bleiben, weil wir mit den anderen Lebewesen in uns zusammenleben.

Der am dichtesten besiedelte Ort der Welt

Neben den Billionen von körpereigenen Zellen, die Menschen besitzen, leben auf und in uns noch viel mehr Mikroorganismen: Bakterien, Pilze und andere Kleinstlebewesen. Zusammen bilden sie das sogenannte »Mikrobiom«.

Der menschliche Körper ist ein wahrer Tummelplatz von Mikroorganismen, jeder von uns ist sozusagen sein eigener Zoo. Unser Geruch ist deshalb so individuell, weil jeder Mensch seine ganz eigene Mischung aus Mikroorganismen besitzt, die diesen Geruch erzeugt. Wenn wir niesen, geben wir unzählige Lebewesen in die Luft ab. Und wenn wir uns an der Stirn kratzen, vernichten wir auf einen Schlag Millionen unserer winzigen Mitbewohner (die sich allerdings innerhalb kurzer Zeit wieder auf die ursprüngliche Zahl vermehren). Auch wenn du in deinem Zimmer vor dem Computer sitzt, wenn du also meinst, ganz weit weg von der Natur zu sein – mit diesem Aspekt der Natur, dem Mikrobiom, bist du immer verbunden. Und wenn Menschen eines Tages auf dem Mars wohnen sollten, werden sie ihr Mikrobiom dorthin mitnehmen.

Der menschliche Körper ist ein wahrer Tummelplatz von Mikroorganismen, jeder von uns ist sozusagen sein eigener Zoo.

Und das ist gut so. Denn diese Mikroorganismen sind unter anderem dafür zuständig, dass wir ein gesundes Leben führen können: Sie schützen uns vor Krankheiten, kümmern sich um unsere Verdauung und spielen nach neuesten Erkenntnissen auch eine Rolle dabei, ob wir an psychischen Erkrankungen wie Angststörungen oder Depressionen leiden. Sie haben also einen maßgeblichen Anteil an dem, was ein Ich ausmacht.

Wie groß dieser Anteil genau ist, weiß man noch nicht, denn das Mikrobiom eines Menschen ist so individuell wie sein Fingerabdruck. Tief in unseren Körpern geschehen Dinge, die die Wissenschaft gerade erst zu verstehen beginnt.

Zum Beispiel wurden vor einiger Zeit in der menschlichen Muttermilch bestimmte Zuckermoleküle entdeckt, sogenannte »Oligosaccharide«. Zuerst verstand man nicht, warum Frauen nach der Geburt ihres Kindes diese Moleküle produzieren, denn die Säuglinge können sie gar nicht verdauen – sie sind also eigentlich unnötig. Doch dann fand man heraus, dass die Oligosaccharide, die der Körper einer Mutter produziert, gar nicht dafür bestimmt sind, ihr Kind zu ernähren. Sondern sie ernähren ein bestimmtes Bakterium im Darm des Kindes. Dieses Bakterium heißt *Bifidobacterium longum infantis.*

Wenn man *Bifidobacterium longum infantis* unter dem Mikroskop betrachtet (mit bloßem Auge kann man Bakterien in der Regel nicht erkennen), sieht man ein gabelförmiges einzelliges Lebewesen. Deshalb auch der Name. *Bifido* kommt vom lateinischen *bifidus*: gabelförmig. Und *infantis* vom lateinischen *infantia*: Kindheit, weil dieses Bakterium in den Körpern von Säuglingen eine entscheidende Rolle spielt.

Bifidobacterium longum infantis ist ein wirklich winziges Geschöpf. Würde man 30 von ihnen nebeneinanderlegen, käme man gerade einmal auf die Dicke eines menschlichen Haares. Unscheinbarer geht es also kaum. Aber das *Bifidobacterium longum infantis* ist ein echter Superstar unter den Lebewesen, denn ohne es hätten wir Menschen nach der Geburt eine viel geringere Überlebenschance.

Das klingt erst einmal komisch. Wenn man das Wort Bakterium hört, denkt man wahrscheinlich zuerst an Krankheitserreger. Als wir beide Kinder waren, wurden uns zum Beispiel Karius und Baktus vorgestellt: schädliche kleine Gesellen, die die Zähne befallen und die man sich nur mit regelmäßigem Zähneputzen vom Leibe hält. Zahnkaries wird nämlich vor allem durch eine bestimmte Bakterienart mit dem Namen *Streptococcus mutans* verursacht. Und das ist noch ein vergleichsweise harmloses Bakterium. Andere Bakterienarten sind für so schreckliche Krankheiten wie Meningitis, Tuberkulose oder Tetanus verantwortlich, weshalb man sie mit eigens entwickelten Medikamenten, den Antibiotika, bekämpft. Im Mittelalter fielen Millionen von Menschen der Pest zum Opfer, eine Krankheit, die von dem Bakterium *Yersinia pestis* verursacht wird.

Die allerwenigsten Bakterienarten auf der Erde machen Menschen krank.

Aber so furchtbar das auch ist, die allerwenigsten Bakterienarten auf der Erde machen Menschen krank. Die meisten von ihnen sind für das genaue Gegenteil zuständig: dass das Leben, wie wir es kennen, überhaupt erst möglich ist.

So wie die Bifidobakterien in unserem Darm. Sie verdrängen andere Bakterien, die uns krank machen können, und stellen eine chemische Verbindung her, die für die Produktion von Serotonin verantwortlich ist – das sogenannte »Glückshormon«, das für unser psychisches Wohlbefinden sorgt. Sie tragen auch maßgeblich dazu bei, die Nahrung, die wir zu uns nehmen, in einfachere chemische Verbindungen aufzuspalten, sodass wir sie verdauen können. Außerdem sind sie ein wichtiger Bestandteil unseres Immunsystems: Sie produzieren nicht nur lebenswichtige Vitamine, sondern auch Säuren, die Krankheitskeime am Wachsen und Vermehren hindern.

Die Darmflora eines Säuglings besteht zu über 95 Prozent aus solchen Bakterien, darunter jede Menge *Bifidobacterium longum infantis.* Gleich nach der Geburt heften sich diese Bakterien an der Darmschleimhaut fest und vermehren sich so rasch, dass sie in kürzester Zeit zum vorherrschenden Organismus in unserem Darm werden. Sie legen sich sozusagen wie ein großes Pflaster auf die innere Darmwand.

Wenn Mütter ihre Babys stillen, führen sie ihnen also nicht nur wichtige Nährstoffe zu. Sie bauen im Körper der Babys auch eine Welt aus Lebewesen auf, die im besten Fall ein ganzes Leben lang existieren wird. Diese Lebewesen gehören zu einem Menschen wie seine eigenen Körperzellen.

Neben den Bifidobakterien leben im menschlichen Darm noch unzählige andere Arten von Mikroorganismen. Vergleicht man die Anzahl der Lebewesen mit der Größe des Raumes, den sie bewohnen, dann ist der menschliche Darm – oder der Darm irgendeines anderen Säugetieres – der am dichtesten besiedelte Ort der Welt.

In unserem Darm ist also mächtig was los. Und je mehr Mikroorganismen einen Darm besiedeln, desto gesünder ist der Mensch, weshalb man Cocktails mit Bifidobakterien inzwischen auch in der Apotheke kaufen kann. Es gibt sogar Wissenschaftlerinnen und Wissenschaftler, die meinen, dass praktisch *alles* in unserem Körper direkt oder indirekt mit den Vorgängen im Darm zu tun hat. Die Forschung steht hier jedoch erst am Anfang, deshalb sollte man mit solchen Einschätzungen vorsichtig sein.

Je mehr Mikroorganismen einen Darm besiedeln, desto gesünder ist der Mensch.

Trotzdem hat die Erforschung von Mikroorganismen wie *Bifidobacterium longum infantis* jetzt schon unser Verständnis vom Leben auf der Erde – und damit auch vom menschlichen Leben – von Grund auf verändert. Denn das Miteinander des Lebens auf unserem Planeten bezieht sich nicht nur darauf, dass die einzelnen Arten gemeinsam große oder kleine Ökosysteme bilden. Jedes mehrzellige Lebewesen – sei es ein Kaktus oder ein Fliegenpilz, eine Taube, ein Gecko oder ein Mensch – ist auch selbst ein Ökosystem. Kein Lebewesen existiert für sich allein.

Die Welt des Klitzekleinen

Hätte man noch vor wenigen Jahrzehnten behauptet, dass jeder Mensch ein Ökosystem ist, wäre man ausgelacht worden. Die Welt der Bakterien und der anderen Mikroorganismen war lange völlig unbekannt. Man wusste noch nicht einmal, dass es Lebewesen gibt, die zu klein sind, um mit dem menschlichen Auge wahrgenommen zu werden.

Inzwischen weiß man, dass diese winzigen Lebewesen überall in der Biosphäre vorkommen: in den Tiefen der Ozeane, im Erdboden, in der Atmosphäre, in den Körpern anderer Lebewesen. Auch auf den Seiten des Buches, das du gerade in der Hand hältst, leben Mikroorganismen. Vor allem die Vielfalt der Bakterien auf der Erde ist atemberaubend. Bakterien kommen in unterschiedlichsten Formen vor: als Stäbchen, Kugeln, Sterne oder Quadrate. Sie können allein leben oder sich in großen Kolonien organisieren. Bisher sind mehr als 14.000 Bakterienarten bekannt, aber ihre tatsächliche Zahl wird auf mehrere Milliarden geschätzt. Damit sind die Bakterien die mit Abstand artenreichsten Lebewesen auf unserem Planeten.

Bisher sind mehr als 14.000 Bakterienarten bekannt, aber ihre tatsächliche Zahl wird auf mehrere Milliarden geschätzt.

Das alles hat man deshalb erst so spät herausgefunden, weil man lange nicht über die Technologie verfügte, um diese Lebewesen wahrzunehmen. Die ersten Mikroskope wurden Anfang des 17. Jahrhunderts entwickelt, und der erste Mensch, der ein Bakterium durch ein Mikroskop betrachtete, war 1676 der niederländische Naturforscher Antoni van Leeuwenhoek. In einer Flüssigkeit entdeckte er winzige Punkte, die sich lebhaft bewegten, und nannte sie *Dierkens* – Niederländisch für »kleine Tiere«.

Zunächst stieß seine Entdeckung auf wenig Interesse, denn niemand wusste, um was es sich dabei handelte und ob es überhaupt irgendeine Bedeutung für uns Menschen hatte. Dass Leeuwenhoeks *Dierkens* schlimme Krankheiten übertragen konnten, kam niemandem in den Sinn. Das fanden erst im 19. Jahrhundert zwei andere Forscher, der Franzose Louis Pasteur und der Deutsche Robert Koch, heraus.

Damit begann ein neuer Abschnitt in der Erforschung des Lebens auf der Erde. Die Welt des Klitzekleinen wurde entdeckt – die Welt der einzelligen Lebewesen. Man wusste damals zwar schon seit Längerem, dass alle Lebewesen aus Zellen bestehen, denn auch das hatte man unter dem Mikroskop gesehen. Aber dass eine Zelle auch für sich genommen ein eigenes Lebewesen sein kann, war eine atemberaubend neue Erkenntnis. Damit wurde Leben auf der Erde überhaupt erst definiert.

Was heißt das eigentlich: lebendig sein? Zum einen heißt es, dass zwischen der inneren Welt eines Lebewesens und der Außenwelt eine klare Grenze besteht. Diese Grenze ist die Zellmembran. Sie ist der äußere Rand des Lebewesens, aber sie ist nicht undurchlässig, sondern ermöglicht die Aufnahme von Energie und Nährstoffen. Und zum anderen heißt lebendig sein die Möglichkeit, sich fortzupflanzen. Das Leben auf der Erde hat unterschiedliche Methoden der Fortpflanzung entwickelt. Während sich die meisten Mehrzeller fortpflanzen, indem sie ihr Genmaterial miteinander austauschen (das ist die sexuelle Fortpflanzung), pflanzen sich Einzeller fort, indem sie sich teilen: Aus einer Zelle werden zwei und so weiter. Deshalb können sich Bakterien auch so schnell vermehren.

Wenn diese beiden Bedingungen erfüllt sind, dann sprechen wir von Leben. Das ist der Unterschied zwischen einem belebten Subjekt wie einem Walross, einer Ringelblume oder *Bifidobacterium longum infantis* und einem unbelebten Objekt wie einem Stein oder einem Wassertropfen. Auch ein Virus wie das berühmte Coronavirus ist nicht lebendig, obwohl es sich vermehrt und sich seiner Umgebung immer wieder neu anpasst. Ein Virus ist nicht mehr als eine Hülle voll Genmaterial, das erst aktiv wird, wenn es an einer Zelle andockt und sie in seine Gewalt bringt (das geschieht auf mikroskopischer Ebene, wenn wir Schnupfen oder COVID-19 haben). Ein Virus kann sich nicht von alleine vermehren – eine Zelle schon.

Ein Virus ist nicht mehr als eine Hülle voll Genmaterial, das erst aktiv wird, wenn es an einer Zelle andockt.

Das alles ist jedoch nur eine Annäherung, keine exakte Definition von Leben. Das Universum ist voller Rätsel, und manche davon sind so vertrackt, dass wir womöglich nie dahinterkommen werden. Dazu gehört das Rätsel des Lebens. Wir wissen einfach nicht, was Leben genau ist und ob es auf fernen Planeten nicht Lebensformen gibt, die nach ganz anderen Prinzipien funktionieren als die auf der Erde.

Allerdings braucht es ziemlich viel Glück, dass sich auf einem Planeten Leben bildet. Würde die Erde nicht in einem optimalen Abstand, in der sogenannten »habitablen Zone«, um die Sonne kreisen, hätte es dort nie flüssiges Wasser gegeben und damit hätte sich das Leben, wie wir es kennen, gar nicht erst bilden können. Und würde die irdische Atmosphäre nicht die kosmische Strahlung abhalten, hätte das Leben auch nie eine Chance gehabt – denn diese Strahlung vernichtet alles Leben. Würde die Atmosphäre jedoch nicht zumindest ein *wenig* kosmische Strahlung durchlassen, dann gäbe es uns heute ebenfalls nicht, denn diese winzig kleine Dosis an Strahlung, die die Erde erreicht, bewirkt, dass es bei den Lebewesen von der einen Generation zur anderen zu Mutationen kommt – und damit zur Evolution. Und ohne die Evolution wären wir alle heute immer noch Bakterien. Denn mit den Bakterien begann einst das Leben auf der Erde.

Obwohl wir noch nicht wissen, wie das Leben auf unserem Planeten genau entstanden ist, wissen wir, dass es vor etwa dreieinhalb Milliarden Jahren mit Zellen begann, die heutigen Bakterien stark ähnelten. Aus diesen Urzellen entwickelten sich im Laufe der Jahrmillionen jene drei Varianten von Zellen, die bis heute auf der Erde existieren. Man spricht von den drei großen »Domänen« des Lebens: die Prokaryonten (das sind Zellen ohne Zellkern), die Eukaryonten (das sind komplexere Zellen mit Zellkern und anderen Zellorganen) und die Archaeen (das sind ganz besondere Zellen, die auf extreme Lebensräume spezialisiert sind). Alle komplexeren Lebewesen wie Pilze, Pflanzen und Tiere sind Eukaryonten, während einfachere wie die Bakterien zu den Prokaryonten zählen.

Aber »einfach« heißt nicht »bedeutungslos«. Ganz im Gegenteil. Ohne die Bakterien würde es die Biosphäre der Erde nicht geben. Ohne die Bakterien würde es uns nicht geben. Nicht nur weil sich alles komplexere Leben aus den Bakterien entwickelt hat, sondern weil sich die Bakterien selbst im Laufe der Zeit stark verändert haben.

So war es die vermutlich größte Revolution seit der Entstehung des Lebens auf der Erde, als vor rund zwei Milliarden Jahren ein Bakterium in eine andere Zelle eindrang, sich dort festsetzte und dieser Zelle fortan als Energiequelle zu Verfügung stand (diese ehemaligen Bakterien nennt man Mitochondrien). Erst danach waren die Zellen in der Lage, sich so zu spezialisieren, dass sie gemeinsam komplexere Lebensformen bilden konnten.

Noch früher, vor etwa 2,4 Milliarden Jahren, entwickelten die sogenannten »Cyanobakterien« eine Methode, um mittels Sonnenlicht Sauerstoff zu erzeugen. Die Grundlage allen pflanzlichen Lebens, die Fotosynthese, wurde erstmals durch Bakterien entdeckt, und wir Menschen sind späte Nutznießer dieser Entdeckung, denn um am Leben zu bleiben, müssen wir wie alle Tiere unaufhörlich Sauerstoff in unser Blut aufnehmen.

Bakterien haben also überhaupt erst die Voraussetzung für pflanzliches und tierisches Leben auf der Erde geschaffen. Diese winzigen Geschöpfe haben den Lauf der Welt verändert. Und bis heute sind sie dafür zuständig, die Grundlagen des Lebens auf der Erde aufrechtzuerhalten: Sie verarbeiten Salze, Mineralien und viele andere chemische Verbindungen zu Nährstoffen für Pflanzen, Pilze und Tiere. (Es gibt sogar Bakterien, die Eisen oxidieren und Plastik zersetzen können.) Außerdem kümmern sie sich, wie wir gesehen haben, in unserem Körper darum, dass wir ein gesundes Leben führen können.

Wir verdanken es Bakterien wie *Bifidobacterium longum infantis*, dass sich in Millionen von Jahren überhaupt erst eine so bunte Vielfalt von Lebensformen entwickeln konnte. Bakterien und andere Mikroorganismen sind die Basis des Lebens. Obwohl wir Menschen uns kaum stärker von ihnen unterscheiden könnten, sind wir mit diesen winzigen Geschöpfen eng verbunden. Denn das ist das Grundprinzip des Lebens auf der Erde: Es gibt kein Leben ohne anderes Leben. Alle Lebensformen sind miteinander verbunden.

Das Mikrobiom der Erde

Diesen Satz – dass alle Lebensformen miteinander verbunden sind – hört man ziemlich häufig. Meistens allerdings wird er einfach so dahingesagt, als wäre das ohnehin eine Selbstverständlichkeit. Es empfiehlt sich also (wie oft bei Sätzen, die einfach so dahingesagt werden), einmal einen Schritt zurückzutreten und in Ruhe darüber nachzudenken, was er wirklich bedeutet.

Zum einen bedeutet er ganz konkret, dass alles Leben auf dem Planeten miteinander verwandt ist. Wenn man die Geschichte des Lebens auf der Erde zurückverfolgt, landet man irgendwann bei einer einzigen Zelle, die vor Milliarden von Jahren entstanden ist, sich geteilt und damit das Leben gestartet hat. Diese Zelle, der Vorfahre aller Lebewesen, wird LUCA genannt – die Abkürzung für *Last Universal Common Ancestor*, also »Letzter universeller gemeinsamer Vorfahre«. Doch ob es LUCA wirklich gegeben hat oder ob sich nicht mehrere dieser Urzellen gleichzeitig auf der Erde gebildet haben, weiß man nicht. Vielleicht wird man es auch nie wissen.

Aber wir wissen: Auch wenn es Lebensformen gibt, die ganz anders sind als wir Menschen, gibt es keine Lebensform, die eine andere Variante des Lebens repräsentiert. Es gibt nur eine Variante – Lebewesen bestehen entweder aus einer oder mehreren Zellen. Und selbst wenn Lebewesen einander feindlich gegenüberstehen, handeln sie trotzdem alle aus dem gleichen Motiv heraus: Sie wollen sich selbst am Leben erhalten. Sie wollen wachsen und gedeihen und ein Leben führen, das ihnen entspricht. Menschen wollen das, Morcheln wollen das, Gänseblümchen wollen das, und auch *Bifidobacterium longum infantis* will das. Natürlich steht es uns Menschen frei, eine Hierarchie der Lebewesen zu entwerfen und uns selbst dabei an die Spitze zu setzen. Aber so eine Hierarchie hat etwas völlig Willkürliches. Ebenso gut könnte man die Bakterien an die Spitze setzen, denn wie gesagt: Ohne sie würde es uns gar nicht geben.

Es gibt nur eine Variante des Lebens – Lebewesen bestehen entweder aus einer oder mehreren Zellen.

Und zum Zweiten bedeutet der Satz »Alle Lebensformen sind miteinander verbunden«, dass sich die Arten in den vergangenen Jahrmillionen nicht nur entwickelt, sondern auch miteinander *vernetzt* haben. Und zwar von Anfang an. Die Bakterien haben sich in den Urozeanen mit anderen Zellen verbunden, erst dadurch wurden komplexere Lebewesen möglich. Und so ging es weiter: Die ersten Landpflanzen haben sich mit Pilzen verbunden. Pflanzen und Pilze bildeten sogenannte Flechten, die fast schon wie ein einziger Organismus wirken. Und auch in den ersten Tieren wimmelte es bereits vor Mikroorganismen, die diese Tiere vor Krankheiten schützten. So wie heute in uns Menschen – nicht nur in unserem Darm, sondern, wie die Wissenschaft immer mehr herausfindet, überall in unserem Körper.

Das alles hat nichts mit irgendeiner romantischen Vorstellung – dass etwa alle wollen, dass es allen gut geht – zu tun. Bakterien machen sich mit Sicherheit keine Gedanken darüber, ob es uns gut geht. Alles, worüber sich *Bifidobacterium longum infantis* Gedanken macht (wenn man dieses Wort gebrauchen will), ist, wie es sich möglichst ungehindert in unserem Darm ausbreiten kann. Also produziert es Säuren, um andere Bakterien am Wachsen zu hindern. Das heißt, es schützt sich selbst vor Nahrungskonkurrenten. Gleichzeitig schützt es uns damit vor Krankheitserregern – ein Zusammenspiel, das sich ganz offensichtlich bewährt und deshalb im Laufe der Evolution durchgesetzt hat.

Die Verbundenheit der Lebewesen ist ein allgegenwärtiger Aspekt des Lebens auf der Erde und vermutlich des Lebens im Universum überhaupt.

Die Verbundenheit der Lebewesen ist ein allgegenwärtiger Aspekt des Lebens auf der Erde und vermutlich des Lebens im Universum überhaupt. Ein Lebewesen kann erst dann wirklich *leben*, wenn es mit anderen in Verbindung steht. Das gilt für die kleinsten Lebewesen genauso wie für die größten. Das gilt für Bakterien genauso wie für Menschen.

Wir Menschen tun uns also wirklich keinen Gefallen, wenn wir immer mehr Arten zum Aussterben bringen. Denn die Biosphäre, wie wir sie kennen, gibt es nur mit den anderen Lebewesen, nicht ohne. So winzig und unscheinbar die Bakterien auch sein mögen, auch sie sind durch die von uns verursachte Naturzerstörung bedroht. Das sogenannte »Mikrobiom der Erde« – die Gesamtmasse der mikroskopisch kleinen Lebewesen – sorgt nicht nur dafür, dass komplexeres Leben auf dem Planeten überhaupt erst möglich ist, es erhält dieses Leben auch aufrecht.

Wir wissen nicht, wie sich dieses Mikrobiom der Erde genau zusammensetzt, denn wir kennen nur die allerwenigsten Mikroorganismen, die es auf dem Planeten gibt. Wenn du ein Stück Erde in die Hand nimmst, blickst du auf unzählige Arten von Lebewesen, von denen noch niemand je gehört hat. Aber wir wissen, dass immer mehr von ihnen verschwinden – und damit auch die Pflanzen und Tiere bedroht sind, die von diesem Mikrobiom abhängen.

Wenn du also wieder einmal hörst, wie jemand den Satz »Alle Lebensformen sind miteinander verbunden« einfach so dahinsagt, hake doch mal nach, ob dieser Jemand den Satz auch wirklich verstanden hat. Denn er beinhaltet das Wichtigste, was man über unseren Planeten und die Geschöpfe, die ihn bewohnen, wissen muss. Er beinhaltet das, was man nie vergessen darf: Jedes Ich, auch das menschliche, ist ein Wir. Jedes Lebewesen ist Teil eines riesigen, engmaschigen und die ganze Erde umspannenden Netzwerkes und leistet seinen Beitrag zu einem gemeinsamen Ganzen.

Das gilt sogar für Ungeheuer.

4| Wunderbare Ungeheuer

Weißspitzenriffhai

TRIAENODAN OBESUS

Auf Hawaii ist ein Hai nicht nur ein Hai. Auf Hawaii ist ein Hai ein Aumakua. Sprich das einmal aus, bevor wir weitererzählen: Aumakua. Und noch mal mit einer kleinen Pause dazwischen: Au...makua.

Ein wunderschönes Wort, nicht wahr? Im Hawaiianischen bedeutet »au« eine bestimmte Zeitdauer. Und »makua« bedeutet Vorfahre.

Ein Aumakua ist ein Gott. Genauer gesagt: ein persönlicher Gott, ein Familiengott. Auf Hawaii sind Götter die Geister der Vorfahren, die als Tiere zu ihren Familien zurückkehren, um über sie zu wachen. Aumakuas können Eulen, Falken, Kraken oder Eidechsen sein. Oder Haie.

Ein Aumakua bleibt für mehrere Generationen bei seiner Familie. Er weist ihr den Weg. Er beschützt sie. Er warnt sie vor Gefahren. Während die Falken zu den Familien in den Bergen kommen, kommen die Haie zu den Familien an den Küsten.

Ein Hai-Aumakua ist der Wächter des Ozeans. Er treibt die Fische zusammen, damit die Menschen sie fangen können. Er bringt die Gekenterten zurück ans Ufer. Jede Familie hat einen bestimmten Hai als Aumakua. Ein Tigerhai, ein Hammerhai, ein Sandbankhai oder ein Riffhai. Und der Hai hat in jeder Familie einen Kahu – einen Menschen, der für ihn verantwortlich ist. Der Kahu geht ans Meer, fährt mit dem Boot hinaus und füttert den Hai.

Denn Aumakuas erscheinen nicht nur in Träumen, sondern auch in der Wirklichkeit. Sie sind die Verbindung zwischen den Menschen und der größeren Welt um sie herum. Die Welt der Tiere und Bäume. Die Welt des Mondes und der Sterne. Wenn der Hai-Aumakua erscheint, verbindet er die Menschen mit dem Ozean.

Wenn der Aumakua erscheint, ist das ein gutes Zeichen. Wenn er nicht erscheint, stimmt etwas nicht. Dann ist die Natur – das Land, die Luft, das Meer, all die lebendigen Wesen – in Unordnung. Und wenn die Natur in Unordnung ist, sind die Menschen in Unordnung. Denn die Natur ernährt die Menschen. Sie ist die Erde unter ihren Füßen und das Wasser, aus dem das Leben kommt. Ohne die Natur gibt es nichts.

Auf Hawaii lebten die Menschen sehr lange in der Vorstellung einer tiefen geistigen Verbindung mit der Natur. Die Kinder lernten es von klein auf. Jetzt lernen es nur noch wenige.

Die Aumakuas erscheinen nicht mehr.

Mit einem Hai schwimmen

Nein, wir beide sind noch nie mit einem Hai geschwommen. Bisher hat sich dazu keine Gelegenheit ergeben. Aber selbst wenn wir einmal diese Gelegenheit hätten, würden wir wohl zweimal darüber nachdenken, bevor wir uns dazu entscheiden, in einem Gewässer zu schwimmen und zu tauchen, in dem auch Haie ihre Bahnen ziehen.

Vielleicht wird ja auch dir bei diesem Gedanken etwas mulmig zumute. Schließlich gelten Haie als Tiere, die uns Menschen prinzipiell feindselig gegenüberstehen. Die meisten Menschen sehen in Haien gefräßige Bestien, die sich nichts sehnlicher wünschen, als einen Schwimmer oder eine Schnorchlerin zu verspeisen, die nichts ahnend an ihnen vorbeikommen.

Der weiße Hai und spätere Filme trugen vermutlich mehr zum schlechten Image der Haie bei als irgendein Zeitungsbericht.

Dieses extrem schlechte Image, das wir von Haien haben, hat viel damit zu tun, dass man sehr lange praktisch nichts über sie wusste. Und über die wenigen Fälle, in denen Haie Menschen attackierten und manchmal auch töteten, wurde so dramatisch berichtet, dass sich der Eindruck verfestigte, Haie seien alle schreckliche Monster. (Das englische Wort für Hai *shark* wurde lange immer nur mit räuberischen Haien in Verbindung gebracht, nie mit harmlosen Arten, von denen es viel mehr gibt.) Und dann kam 1975 Steven Spielbergs Film *Der weiße Hai* in die Kinos, in dem ein großer weißer Hai eine amerikanische Küstenstadt terrorisiert.

Der weiße Hai und spätere Filme wie *Shallow*, *Deep Blue Sea* oder *Meg* trugen vermutlich mehr zum schlechten Image der Haie bei als irgendein Zeitungsbericht, denn in diesen Filmen sind Haie nichts weiter als bösartige Fressmaschinen, die es zu töten gilt, bevor sie uns Menschen töten. Die aus dem Meer ragende Haiflosse ist das todbringende Signal, das die Badenden veranlasst, fluchtartig das Wasser zu verlassen. Auch wir haben *Der weiße Hai* vor vielen Jahren gesehen und, wer weiß, vielleicht hat der Film in uns eine Angst vor Haien erzeugt, die wir bisher nicht losgeworden sind.

Wenn du schwache Nerven hast, solltest du dir solche Filme ohnehin nicht ansehen. Aber auch nicht, wenn du etwas über Haie erfahren willst.

Denn diese Filme haben mit der Realität nicht viel zu tun. Es stimmt natürlich, dass Haie mit ihrem kalten, fast leblosen Blick und ihren vielen Zähnen etwas Unheimliches und Bedrohliches an sich haben. Aber Haiattacken auf Menschen sind ausgesprochen selten. Jährlich kommt es weltweit zu etwa 50 bis 80 solcher Angriffe. Über die wird von den Medien groß berichtet, aber gemessen daran, dass Millionen von Touristinnen und Touristen in aller Welt regelmäßig in Gewässern baden, in denen auch Haie vorkommen, ist das eine verschwindend geringe Zahl. Menschen fallen nämlich gar nicht in das Beuteschema von Haien – wenn Haie einen Menschen attackieren, dann vor allem deshalb, weil sie ihn für etwas anderes, zum Beispiel eine Robbe, halten.

Dass Haie unheimlich und bedrohlich aussehen, sollte uns also nicht davon abhalten, ihnen einmal in ihrem natürlichen Lebensraum zu begegnen. Denn eine solche Begegnung kann ein ganz großartiges Erlebnis sein.

So hat es uns jedenfalls eine Freundin geschildert. Mit Schnorchel und Flossen ist sie mit einer Tauchgruppe vor der Nordostküste Sri Lankas um die kleine Insel Prison Island geschwommen, um das dortige Korallenriff zu bewundern. Korallenriffe sind die Hotspots der Meere – extrem artenreiche Unterwasserwelten, in denen sich Rochen, Meeresschildkröten, Krebse, Seesterne, Schwämme und viele andere Meereslebewesen tummeln. Und Haie. Genauer gesagt: Riffhaie. Diese Haie sind sehr ortstreu und halten sich monate- oder jahrelang in einem bestimmten Riffgebiet auf.

Und so dauerte es auch nicht lange, bis einer dieser Riffhaie auftauchte. Unsere Freundin erinnerte sich genau an diesen Moment: »Mein erster Gedanke war: Hilfe, ist der groß! Der zweite Gedanke war: Aber nicht so groß, wie man es aus Filmen kennt. So schnell er auftauchte, war er auch wieder weg, verschwunden im Nebel des tiefen Wassers.«

Doch damit war die Begegnung mit den Haien für sie noch nicht zu Ende. Sie erzählte weiter: »Der nächste Hai, den wir sahen, war ein ziemlich gemütlicher Riffbewohner, der uns kaum Beachtung schenkte, was mir ganz recht war. Anmutig und kraftvoll glitt er an uns vorüber. Vor lauter Staunen schwamm ich langsamer und dachte darüber nach, was es wohl noch alles in dieser faszinierenden Welt gab. Aber ich wurde schnell aus meinen Gedanken gerissen, denn aus der Nebelwand kam ein weiterer Hai direkt auf mich zu. Erst ungefähr zwei Meter vor mir bog er ab und glitt an mir vorbei. Ich weiß nicht, ob er mich überhaupt eines Blickes gewürdigt hat, aber das war einer der magischsten Momente meines Lebens.«

Und unserer Freundin war noch etwas anderes sehr wichtig: »Die Bewohner des Riffs haben mir viele Wunder der Natur gezeigt und mir ist klar geworden, dass sie in kein Aquarium, in keine Plastiktüte, auf keinen Teller der Welt gehören. Das Einzige, was ihnen gerecht wird, ist der Ozean.«

Haie – eine Schlüsselart

Der Hai, dem unsere Freundin vor Sri Lanka begegnete, war ein Weißspitzenriffhai mit dem wissenschaftlichen Namen *Triaenodon obesus*. *Triaenodon* leitet sich von dem griechischen Wort *triaina* für Dreizack ab – die Zähne dieser Haie sind nämlich wie ein Dreizack geformt. Und *obesus* ist Lateinisch für »wohlgenährt«.

Die Entdecker des Weißspitzenriffhais, die seiner Art in der ersten Hälfte des 19. Jahrhunderts diesen Namen gegeben haben, hätten ihn ebenso gut *Triaenodon saevus* nennen können (*saevus* für »grimmig«). Denn das Maul des Weißspitzenriffhais ist stark nach unten gebogen, sodass er immer einen grimmigen, schlecht gelaunten Eindruck macht. Aber dieser Eindruck täuscht: Menschen gegenüber verhält sich der Weißspitzenriffhai praktisch nie

Das Maul des Weißspitzenriffhais ist stark nach unten gebogen, sodass er immer einen grimmigen, schlecht gelaunten Eindruck macht.

aggressiv. Mit einer Körperlänge von durchschnittlich eineinhalb Metern ist er auch kein sehr großer Hai. (Zum Vergleich: Große weiße Haie werden etwa vier Meter lang. Ein Walhai, der größte Fisch überhaupt, kann bis zu 20 Meter lang werden.)

Weißspitzenriffhaie haben einen schlanken Körper mit kurzem, breitem Kopf und einer runden Schnauze. Sie sind graubraun gefärbt und haben schwarze Flecken, während ihr Bauch und die Spitzen der Rücken- und der Schwanzflosse weiß sind. Wie alle Haie haben sie ganz unglaubliche Fähigkeiten. Zum Beispiel können sie den Herzschlag eines Fisches erfassen, der sich bis zu 15 Zentimeter im Sand vergraben hat – nicht durch ihr Gehör, das eher schlecht ausgeprägt ist, sondern durch die Wahrnehmung elektromagnetischer Felder. Haie haben außerdem einen feinen Geruchssinn. Sie nehmen auf mehrere Kilometer Entfernung wahr, wenn sich die chemische Zusammensetzung des Wassers verändert. Generell sind Haie sehr neugierige Geschöpfe, die sich nicht nur für ihre Beute interessieren, sondern auch für vieles andere, was im Meer geschieht.

Weißspitzenriffhaie kommen im indopazifischen Raum fast überall vor: von der Ostküste Afrikas bis zur Westküste Panamas. Wie schon ihr Name sagt, leben sie vor allem an Korallenriffen, wo sie tagsüber meistens in Höhlen und Spalten ruhen und nachts in Gruppen kleinere Fische jagen. Nur die wenigsten Haie sind Einzelgänger wie etwa der große weiße Hai. Gewöhnlich leben sie in Gruppen und bilden wie Delfine komplexe Sozialstrukturen.

Die meisten Haie leben im offenen Meer, aber auch Korallenriffe sind bei Haien als Lebensraum sehr beliebt, weil sie dort, wenn es sich um ein intaktes Riff handelt, reichlich Nahrung und viele Möglichkeiten finden, sich ihrerseits vor Feinden zu verstecken. Es gibt Riffe, an denen sich so viele Haie versammeln, dass es scheint, als würden sie auf einem Förderband dahingleiten: ganze Schwärme von Haien.

Korallenriffe sind nicht nur das Zuhause vieler Meereslebewesen, sondern in gewisser Weise selbst ein Lebewesen. Sie bestehen aus Billiarden von winzigen Korallentierchen, die im Laufe von Millionen von

Jahren hier gelebt, sich vermehrt haben und gestorben sind. Unzählige Generationen von Korallen waren am Bau eines solchen Riffs beteiligt. Korallenriffe können enorme Dimensionen annehmen. Das Great Barrier Reef vor der Westküste Australiens ist sogar vom Weltraum aus sichtbar – es ist nicht nur das größte Korallenriff der Erde, es ist die größte von Lebewesen geschaffene Struktur auf unserem Planeten überhaupt.

Das Wasser rund um die Korallenriffe ist besonders nährstoffreich, deshalb sind sie eine wahre Quelle der Artenvielfalt. Schätzungen zufolge können Korallenriffe bis zu einer Million Pflanzen- und Tierarten eine Heimat bieten – von Seewespen und Fangschreckenkrebsen über Seesterne und Mantas bis hin zu Delfinen und Seekühen. Einige Wissenschaftlerinnen und Wissenschaftler meinen, dass es sogar noch viel mehr sind. Korallenriffe sind sozusagen die Regenwälder des Meeres: Ökosysteme, die vor unterschiedlichen Lebensformen zu vibrieren scheinen.

Das Great Barrier Reef vor der Westküste Australiens ist nicht nur das größte Korallenriff der Erde, es ist die größte von Lebewesen geschaffene Struktur auf unserem Planeten überhaupt.

Obwohl man, wie bei den Regenwäldern, sehr wenig darüber weiß, wie viele unterschiedliche Arten es an einem Korallenriff wirklich gibt und auf welche Weise sie dazu beitragen, dieses Ökosystem aufrechtzuerhalten, hat man inzwischen herausgefunden, dass manche Arten dabei eine ganz besondere Rolle spielen: die sogenannten »Schlüsselarten«. Die gibt es nicht nur an Korallenriffen, sondern in jedem Ökosystem, ob Dschungel, europäischer Mischwald, Wattenmeer oder Moor. Wie der Name schon sagt, sind sie der Schlüssel zu einem funktionierenden Ökosystem.

Es gibt drei Varianten von Schlüsselarten.

Wenn zum Beispiel Biber mit ihren Dämmen Flüsse aufstauen oder Elefanten Bäume entwurzeln und in der Landschaft Pfade anlegen, dann erzeugen sie damit die grobe Struktur eines Ökosystems, die sich maßgeblich auf die Lebensbedingungen aller anderen Arten auswirkt. Solche Schlüsselarten nennt man Ökosystem-Ingenieure.

Dann gibt es Ökosysteme, deren Bestehen davon abhängig ist, dass zwei oder mehrere Arten eng miteinander kooperieren. Am bekanntesten ist das Zusammenwirken von Bienen und Blumen. Blumen sind auf Bienen angewiesen, um ihren Pollen zu verteilen, während Bienen den Nektar der Blumen als Nahrung benötigen (in manchen Ökosystemen übernehmen auch Kolibris die Aufgabe der Bienen). Ohne Bestäuber keine Pflanzen und ohne Pflanzen keine Bestäuber – zahlreiche Ökosysteme der Erde sind von diesem Zusammenspiel abhängig.

Und schließlich gibt es die Jäger-Schlüsselarten. Das sind Tiere, die an der Spitze der Nahrungskette eines Ökosystems stehen und den Nahrungskreislauf regulieren und stabilisieren. Tiger, Wölfe oder Adler sind Jäger-Schlüsselarten. Gemessen an der Gesamtzahl der Lebewesen in einem Ökosystem sind die Jäger-Schlüsselarten nur wenige Individuen, aber ohne sie würde das Ökosystem insgesamt nicht funktionieren.

Wenn die Schlüsselarten aus einem Ökosystem verschwinden, hat das katastrophale Konsequenzen. Viele andere Arten werden an den Rand des Aussterbens gedrängt oder sterben sogar ganz aus. Es kann auch passieren, dass sich einige Arten in einem nie da gewesenen Maß vermehren und den anderen Arten schaden. Oder Arten, die früher keinen Zugang zu dem Ökosystem hatten, dringen plötzlich ein. Im schlechtesten Fall hört das Ökosystem insgesamt auf zu bestehen.

Ein sehr bekanntes Beispiel für eine so dramatische Veränderung ist der Fall des Seeotters, eine Jäger-Schlüsselart, die in den Buchten der Westküste Nordamerikas einst sehr zahlreich vorkam. Um an sein Fell zu gelangen, wurde der Seeotter von den europäischen Siedlern so intensiv gejagt, dass er kurz vor dem Aussterben stand. Überall dort, wo er verschwand, vermehrten sich die Seeigel, die zu den wichtigsten Beutetieren der Seeotter gehören, explosionsartig. Die Seeigel fraßen nach und nach den Tang und die Algen auf, bis von der Vegetation auf dem Meeresgrund praktisch nichts mehr übrig war und damit auch die meisten anderen Arten verschwanden. In den Buchten entstanden Unterwasserwüsten.

Um diese wertvollen Ökosysteme wiederherzustellen, wurden Seeotter vielerorts wieder angesiedelt. Sie jagten und fraßen die Seeigel, sodass sich der Tang und die Algen erholen konnten und sich die ursprüngliche Artenvielfalt wieder einigermaßen herstellte. Vergleichbare Wiederansiedlungsprogramme von Jägerarten, die aus einem bestimmten Ökosystem verschwunden waren, gibt es einige rund um die Welt. Nicht alle davon sind erfolgreich – deshalb ist es auf jeden Fall klüger, eine Jägerart von vorneherein zu schützen, bevor es zu spät ist.

In den Ozeanen stehen die Haie an der Spitze der Nahrungskette. Da die Meere aber nicht so gut erforscht sind wie das Land und die Küstenregionen, war lange unklar, ob sie wirklich eine Schlüsselart sind. So ganz genau weiß man das heute immer noch nicht, aber es steht fest, dass Haie ihre jeweiligen Ökosysteme stabilisieren und widerstandsfähig halten. Sie sorgen dafür, dass die Nahrungskette im Gleichgewicht bleibt und das System nicht kippt.

Wiederansiedlungsprogramme von Jägerarten, die aus einem bestimmten Ökosystem verschwunden waren, gibt es einige rund um die Welt.

Wenn beispielsweise *Triaenodon obesus* aus der Lebensgemeinschaft eines Korallenriffs verschwindet, vermehrt sich seine Beute, etwa Barsche, so stark, dass sich die Zahl der pflanzenfressenden Fische, die von den Barschen gefressen werden, extrem verringert. Das wiederum hat zur Folge, dass sich viel zu viele Unterwasserpflanzen ausbreiten, die etliche andere kleine Lebewesen verdrängen. Es ist der entgegensetzte Ablauf wie bei den Seeottern, denn jetzt wachsen an den Riffen zu viele Pflanzen, nicht zu wenige. Doch das Ergebnis ist dasselbe: Am Ende wird das Korallenriff zu einer öden Unterwasserlandschaft mit nur wenigen Lebewesen.

Im Unterschied zu Jäger-Schlüsselarten wie Wölfen, Adlern und Seeottern, die das Land oder die Küstenregionen bewohnen und in vielen Ländern unter strengem Artenschutz stehen, gibt es bisher noch keinen weitreichenden Schutz von Haien. Tatsächlich zählen Haie zu den am meisten gefährdeten Arten der Erde. Filme wie *Der weiße Hai* wollen uns glauben machen, dass im Ozean Haie die größte Bedrohung für den Menschen sind. Das ist nicht nur Unsinn, sondern das Gegenteil ist richtig: Wir Menschen sind die größte Bedrohung für den Hai. Ja, wir Menschen sind die größte Bedrohung für die Meere überhaupt.

Mensch und Meer

Ohne Wasser gäbe es kein Leben auf der Erde. Wasser ist der entscheidende Bestandteil einer Zelle, der immer wieder erneuert werden muss – deshalb müssen alle Lebewesen auf die eine oder andere Weise Flüssigkeit zu sich nehmen. Dabei gab es zu Beginn gar kein Wasser auf dem Planeten. Sämtliche Wassermoleküle, die auf der Erde existieren, wurden einst von Asteroiden in Form von Kristallen hierhertransportiert, und glückliche Umstände wie eine ausreichende Schwerkraft führten dazu, dass das Wasser nicht nur auf der Erde blieb, sondern sich auch verflüssigte. Dieses Glück hatte der Mars übrigens nicht. Fast alles Wasser, das es dort einmal gab, ist wieder im Weltraum verschwunden, und so ist der Mars heute ein Wüstenplanet ohne jedes Leben.

> **Unsere Erde ist ein Wasserplanet. Zwei Drittel ihrer Oberfläche sind von Ozeanen bedeckt, die durchschnittlich 4.000 Meter tief sind.**

Unsere Erde dagegen ist ein Wasserplanet. Zwei Drittel ihrer Oberfläche sind von Ozeanen bedeckt, die durchschnittlich 3.800 Meter tief sind. Der allergrößte Teil der Biosphäre besteht also aus Salzwasser, und nach allem, was wir wissen, ist das Leben auch dort entstanden – in der Umgebung heißer Quellen am Meeresgrund.

Und in den Meeren hat sich das Leben weiterentwickelt. Nicht nur in Form von Bakterien oder anderen Kleinstlebewesen, sondern die größten und irrsten Tiere, die es im Laufe der Erdgeschichte gegeben hat, waren Meerestiere. Auch das größte heute noch lebende Tier, der Blauwal, findet sich im Meer.

Das liegt einerseits daran, dass riesige Tiere wie der Blauwal im Wasser nicht so schwer an ihrem Eigengewicht tragen müssen wie an Land. Es liegt aber auch daran, dass der Nahrungs- und damit der Energiefluss im Meer ganz anders verläuft als auf dem Land. Auf dem Land besteht die mit Abstand größte Masse des Lebens aus Pflanzen. Im Ozean dagegen gibt es viel weniger Pflanzen, dort ernähren sich die allermeisten Lebewesen von Plankton, mikroskopisch kleinen, einzelligen Algen, die ein viel geringeres Gesamtgewicht haben als die Tiere, von denen sie gefressen werden. Ein Kabeljau frisst vor allem Plankton, der Kabeljau wird vom Seehund gefressen, der Seehund wiederum von einem Hai – mit jeder Stufe der Nahrungskette steigen also im Meer Größe und Gewicht der Tiere deutlich an. (Allerdings gibt es auch sehr große Tiere wie Wale, die sich ausschließlich von kleinen Organismen wie Krill, Krebsen oder Plankton ernähren.)

Etliche der riesigen unglaublichen Tiere, die es in den Weltmeeren einmal gab, existieren heute nicht mehr. Sie wurden im Laufe der Jahrmillionen von der Evolution aussortiert. Aber nicht die Haie. Seit 400 Millionen Jahren schwimmen sie in den Meeren. Das ist doppelt so lang, wie die Dinosaurier existierten, und über hundertmal länger, als es die Gattung *Homo* gibt. Haie zählen zu den sogenannten »alten Dynastien«, zu denen etwa auch Spinnen oder Asseln gehören – Lebensformen, die im wahrsten Sinne des Wortes seit Urzeiten auf der Erde existieren.

Haie traten erstmals im Erdzeitalter Devon als kleine Knorpelfische, sogenannte »Cladodonten«, auf (so benannt nach ihrem mehrzackigen Zahn). Sie spalteten sich schon sehr früh in zahlreiche Arten auf und besiedelten sämtliche Weltmeere. Und während viele andere Tierarten durch Katastrophen wie Vulkanausbrüche ausstarben, konnten sich die Haie von jedem dieser Ereignisse erholen und immer wieder neue Varianten bilden. Sie überstanden sogar das Massensterben am Ende des Dinosaurierzeitalters. Heute ist der Artenreichtum der Haie so groß, wie er es vermutlich immer gewesen ist.

Wie ist ihnen das gelungen? Warum überleben manche Spezies so lange und andere nicht? Die Antwort ist ziemlich einfach: weil manche Spezies in der Lage sind, sich besser an veränderte Bedingungen und neue Lebensräume anzupassen als andere. Und Haie sind wahre Meister der Anpassungsfähigkeit.

Als unsere Freundin vor Sri Lanka dem Weißspitzenriffhai begegnete, wusste sie zwar gleich, was für ein Tier sie da vor sich hatte: einen Hai. Aber was für einen Hai? Tatsächlich gibt es unter den 500 bekannten Haiarten größere Unterschiede als bei den Vögeln. Viele Haie sehen gar nicht mehr aus, wie man sich einen Hai gemeinhin vorstellt. Es gibt Tigerhaie, Koboldhaie, Leuchthaie, Sägehaie, Hammerhaie, Kragenhaie, Fuchshaie und sogar Schokoladenhaie. Die meisten Haie leben etwa 20 bis 30 Jahre lang, aber auch hier gibt es ganz besondere Arten. Kürzlich wurde im eiskalten nordischen Meer ein Grönlandhai entdeckt, der an die 400 Jahre alt ist – das Wirbeltier mit der längsten bekannten Lebensspanne. Wer sich also dafür interessiert, was die Evolution aus der Grundform eines Lebewesens alles machen kann, sollte sich unbedingt mit Haien beschäftigen.

Das alles ist noch nicht allzu lange bekannt. Wie so viele andere Meereslebewesen sind auch Haie bis heute weitgehend unerforscht. Überhaupt wissen wir nur sehr wenig über das Leben in den Ozeanen – die meisten Arten, die neu entdeckt werden, sind Meeresgeschöpfe. Zwar ist alles Leben einst aus dem Meer gekommen, was man beim Menschen übrigens noch daran erkennt, dass ein menschlicher Embryo Kiemenbögen ausbildet (die sich dann allerdings nicht wie bei Fischen zu Kiemen weiterentwickeln). Aber wir Menschen sind inzwischen so sehr mit dem Land verbunden, dass wir zu den Meeren und ihren Bewohnern ein ziemlich seltsames Verhältnis haben.

Einerseits scheinen uns die Meere magisch anzuziehen – warum sonst machen so viele Menschen Urlaub an Stränden oder Küsten? Andererseits behandeln wir die Meere wie Müllkippen. So treiben inzwischen in den Weltmeeren Millionen von Tonnen Plastikmüll. Welche Auswirkungen das auf die Meerestiere hat, scheint den meisten von uns weitgehend egal zu sein, so wie wir den Geschöpfen der Meere, wenn wir nicht gerade Angst vor ihnen haben, generell ziemlich gleichgültig gegenüberstehen. Wir sehen in ihnen vor allem eines: eine Jagdbeute.

Insbesondere die Haie werden von uns Menschen erbarmungslos gejagt. Entweder wird gezielt nach ihnen gefischt, oder sie landen beim Fang von anderen Fischen als sogenannter Beifang an den Haken und in den Netzen. Dieses massenhafte Abschlachten von Haien hat in den letzten Jahrzehnten nicht etwa ab-, sondern zugenommen: Pro Jahr werden an die 100 Millionen Haie in den Weltmeeren gefangen (die eine Hälfte gezielt, die andere als Beifang) und getötet. In nur wenigen Jahrzehnten haben wir Menschen es geschafft, 90 Prozent aller Haie zu vernichten. Auch *Triaenodon obesus* steht inzwischen auf der Roten Liste der bedrohten Arten. Fast überall wird er mit Schleppnetzen und Langleinen gejagt, und da sich Haie nur sehr langsam vermehren, ist sein Bestand stark geschrumpft.

Haie werden wegen ihres Fleisches, ihres Öls und ihrer Haut gejagt. Vor allem aber, weil man in asiatischen Ländern wie China und Thailand ihre Flossen isst – als Suppe. Der überwiegende Teil der Haie stirbt also durch das sogenannte *finning*. Dabei werden den Haien erst die Flossen abgehackt, bevor sie lebend ins Meer zurückgeworfen werden, wo sie qualvoll sterben. *Finning* ist inzwischen in Europa und den USA verboten, woanders aber weiterhin erlaubt.

***Finning* ist inzwischen in Europa und den USA verboten, woanders aber weiterhin erlaubt.**

Haifischflossensuppe (haben uns Leute gesagt, die sie einmal probiert haben) schmeckt eigentlich nach gar nichts. Sie hat in manchen Ländern Asiens vielmehr eine symbolische Bedeutung: Wer sich diese Suppe leisten kann, hat es in der Gesellschaft zu etwas gebracht – so wie in Europa das Essen von Austern oder Kaviar. Die wenigsten Menschen, die Haifischflossensuppe essen, werden sich Gedanken darüber machen, dass Haie stark bedroht sind. Und noch weniger sind sich bewusst, *was* sie da eigentlich essen: eine der ältesten und wichtigsten Tierarten der Welt, die wir viel zu lange fälschlicherweise als Monster betrachtet haben.

Haie mit Gefühlen

Damit wollen wir nicht sagen, dass Haie Kuscheltiere sind und du jetzt sofort ans Meer fahren, die Taucherbrille aufsetzen und mit ihnen um die Wette schwimmen sollst. Selbstverständlich muss man im Umgang mit Haien vorsichtig sein – so wie man mit allen Tieren vorsichtig umgehen sollte, nicht nur mit denen, die uns Menschen gefährlich werden können. Wenn wir im Meer schwimmen oder tauchen, sind wir im Lebensraum der Meeresgeschöpfe zu Gast und sollten uns entsprechend verhalten. Aber wenn man ihnen behutsam und respektvoll begegnet, dann kann man mit eigenen Augen sehen, was für großartige Lebewesen sich in den Ozeanen der Erde tummeln.

So wie die Naturschützerin und Tauchlehrerin Cristina Zenato, die auf den Bahamas lebt und eine ganz besondere Beziehung zu einem weiblichen Riffhai namens Grandma pflegt. Für Cristina sind Haie Individuen mit bestimmten Vorlieben, Gefühlen und einer Persönlichkeit. Kein Hai ist wie der andere. »Grandma«, sagt sie, »hat ein sanftes Wesen, und wenn sie gern gestreichelt werden möchte, nähert sie sich mir auf ihre ganz eigene Art. Meistens möchte sie unbedingt zu mir. Sogar wenn jemand anderes mit mir unten ist, der Futter mitgebracht hat, und ich noch ein Stück weiter weg bin, kommt sie zu mir als Erstes. Manchmal, wenn ich sie gerade losgelassen habe, dreht sie sich gleich wieder um und kommt zurück auf meinen Schoß.«

> **Wenn wir im Meer schwimmen oder tauchen, sind wir im Lebensraum der Meeresgeschöpfe zu Gast und sollten uns entsprechend verhalten.**

Ein Hai – ein Fisch – mit Gefühlen? Kaum zu glauben. Wir Menschen stehen den Meereslebewesen so distanziert gegenüber, dass die meisten von uns Fische für glitschige, geistlose Geschöpfe halten, die nur als Nahrungsmittel einen Wert haben. Deshalb wurden Fische in der Vergangenheit rund um die Welt so intensiv bejagt, dass sich viele ihrer Bestände nie wieder davon erholt haben.

Und immer noch werden die Meere leer gefischt. Bei Haien ist die Situation inzwischen so dramatisch, dass vor Kurzem auf einen Schlag 60 Haiarten auf die Liste der geschützten Arten gesetzt wurden. Das heißt, sie dürfen nur noch so bejagt werden, dass die Bestände insgesamt nicht zurückgehen. Aber eigentlich gibt es keinen vernünftigen Grund, warum man Haie überhaupt jagen sollte. So wie andere Schlüsselarten auch – Wölfe, Adler oder Seeotter – sollten sie unter den strengstmöglichen Schutz gestellt werden.

Leider jedoch konzentriert man sich, wie in vielen anderen Bereichen, auch im Artenschutz vor allem auf jene Tiere, für die wir Menschen am meisten Sympathie empfinden. Und da hatten die Haie bisher sehr schlechte Karten. Dass sie wunderschöne, empfindungsfähige und für die Ökosysteme der Meere unglaublich wichtige Geschöpfe sind – das beginnen wir Menschen nur langsam zu begreifen.

Immerhin sagte kürzlich sogar Steven Spielberg, der Regisseur von *Der weiße Hai*, in einem Interview, dass es ihm sehr leidtue, wenn Haie durch seinen Film jahrzehntelang ein so schlechtes Image hatten. Und immer mehr junge Menschen, wie zum Beispiel die Hawaiianerin Ocean Ramsey, sind von diesen Tieren so begeistert, dass sie mit ihnen tauchen und in Internet-Videos über sie aufklären. Wie unsere Freundin sagte, die vor Sri Lanka mit *Triaenodon obesus* geschwommen ist: »Sie gehören in kein Aquarium, in keine Plastiktüte, auf keinen Teller der Welt. Das Einzige, was ihnen gerecht wird, ist der Ozean.«

Haie sind eine Schlüsselart für maritime Ökosysteme.

Haie sind eine Schlüsselart für maritime Ökosysteme – ohne die Weißspitzenriffhaie gäbe es viele bunte Korallenriffe nicht in der Form, wie wir sie kennen. Aber Haie sind noch mehr. Sie sind ein Symbol für unsere Beziehung zu den Meereslebewesen insgesamt. Gigantische Tintenfische, die Schiffe attackieren, monströse Wale, die ganze Bootsbesatzungen verschlingen, oder eben riesige Haie, die nur darauf aus sind, Menschen zu verspeisen – alle diese Geschöpfe aus Mythen und Sagen oder Filmen existieren nur in unserer Fantasie. Es gibt keine Ungeheuer auf der Erde. Oder anders gesagt: Sollte es Ungeheuer geben, dann nur wunderbare Ungeheuer, die wie alle anderen Lebewesen ihren Beitrag zum großen Ganzen der Biosphäre leisten.

Es gibt allerdings Lebewesen, deren Image noch schlechter ist als das der Haie. Und die gleichzeitig eine noch größere Bedeutung für die Biosphäre haben. Ja, ohne die es die Biosphäre, wie wir sie kennen, überhaupt nicht geben würde.

Das ist wirklich eine sehr unglückliche Kombination.

5| Die Herrscher des Planeten

Gemeiner Mistkäfer

GEOTRUPES STERCORARIUS

Das Wichtigste ist eine Lupe. Sie muss nicht groß sein, eine kleine Handlupe genügt. Am besten eine zum Einklappen, damit sie gut in deine Hosentasche passt. Oder eine mit Schnur, damit du sie dir um den Hals hängen kannst.

Natürlich brauchst du auch noch ein paar andere Sachen. Eine Regenjacke, falls das Wetter schlecht wird. Einen Rucksack für Proviant. Eine Flasche Wasser. Feste Schuhe. Aber das Wichtigste ist die Lupe.

Dann öffnest du deine Haustür ... und gehst raus. Geh auf eine große Wiese. Oder in einen Wald. Oder an einen Fluss. Oder an einen Teich. Geh dorthin, wo es mehr Grün als Grau gibt, mehr Pflanzen als Autos. Dorthin, wo es am besten gar keine Autos gibt.

Dort schaust du dich um. Beobachtest. Wartest. (Ein wenig Geduld brauchst du übrigens auch.) Und dann, wenn du etwas winzig Kleines über den Boden oder durch das Gras laufen siehst, näherst du dich diesem Lebewesen ganz vorsichtig, nimmst die Lupe in die Hand und siehst es dir damit an. Es kann eine Ameise sein. Oder ein Grashüpfer. Oder ein Regenwurm.

Oder ein Mistkäfer.

Ohne Lupe betrachtet, sind Mistkäfer kleine metallisch schimmernde Kugeln. Das allein ist schon etwas Besonderes, denn nur wenige Tiere schimmern metallisch. Aber erst wenn du ihn mit der Lupe betrachtest, wenn du ganz nahe herankommst und ihn in seiner Welt beobachtest, siehst du ihn wirklich.

Ein Mistkäfer ist nicht nur eine Kugel, sondern besteht aus drei Teilen: dem Hinterleib, dem Halsschild und dem Kopf. Über dem Hinterleib liegen zwei Flügel, die ihn schützen, die sogenannten Deckflügel. Und darunter liegen zwei weitere Flügel, mit denen er jederzeit losfliegen könnte.

Und du siehst noch mehr. Du siehst die sechs behaarten, unterschiedlich langen Beinchen, die sich besonders gut zum Graben eignen. Du siehst die zwei rötlich braunen Fühler, die in kleinen Kügelchen enden. Du siehst die Mundwerkzeuge, die man Mandibeln nennt. Du siehst die Facettenaugen an den Seiten.

Ein Mistkäfer ist ein kleines Wunder. Und weißt du was? Du bist von solchen Wundern umgeben. Du musst nur rausgehen. Dorthin, wo es mehr Grün als Grau gibt.

Und vergiss die Lupe nicht.

Die Erde summt und brummt

Nehmen wir einmal an, eines Tages besuchen Außerirdische die Erde. Das ist zugegebenermaßen ziemlich unwahrscheinlich – aber nicht, weil sich auf anderen Planeten kein Leben bilden kann. Wenn die Bedingungen dafür stimmen, kann sich Leben überall bilden, und nach neuesten Schätzungen gibt es in unserer Galaxis Millionen von Planeten, auf denen Leben möglich wäre. Ein Besuch von Außerirdischen ist deshalb unwahrscheinlich, weil die Entfernungen im Weltraum so riesig sind, dass es Tausende von Jahren braucht, um von einem Sonnensystem zum anderen zu gelangen. Es kann also gut sein, dass dort draußen etliche außerirdische Zivilisationen existieren, aber dass wir ihnen nie begegnen werden.

Aber lassen wir das mal kurz außer Acht. Außerirdische kommen also die Erde besuchen. Mit wem würden sie wohl als Erstes Kontakt aufnehmen? Glaubt man den vielen Science-Fiction-Filmen, die in den vergangenen Jahrzehnten gedreht wurden, dann ist die Antwort klar: mit uns Menschen, mit *Homo sapiens*. Zwar nehmen die Aliens in diesen Filmen nicht immer auf freundschaftliche Weise Kontakt mit uns auf, aber es sind die Menschen, an die sie sich richten. Weil die Menschen eben auf der Erde den Ton angeben. Weil sie die Herrscher des Planeten sind. So jedenfalls sehen das die Science-Fiction-Filme. Und so sehen das vermutlich auch die meisten Menschen.

Was für ein Irrtum!

Gut, aus dem Weltraum betrachtet, könnte man diesen Eindruck vielleicht bekommen. Wir Menschen haben der Erde unverkennbar unseren Stempel aufgedrückt. Wir haben riesige Städte gebaut, die nachts in künstlichem Licht erstrahlen. Wir haben die Landfläche in unzählige Äcker und Felder aufgeteilt, auf denen unsere Nahrung wächst. Wir haben Millionen Kilometer an Straßen rund um die Welt gelegt, auf denen unsere Autos fahren. Das ist schon ziemlich eindrucksvoll.

Aber so eindrucksvoll das alles auf die Aliens auch wirken mag, wenn sie *wirklich* als Erstes mit den Lebewesen Kontakt aufnehmen wollen, die auf der Erde den Ton angeben, dann würden sie sich nicht an uns Menschen, sondern an die Insekten wenden. Die Insekten sind die eigentlichen Herrscher des Planeten.

Das merkt man ihnen nicht gleich an. Insekten gehören zum Stamm der »Arthropoden« und das sind in aller Regel ziemlich kleine Tiere. Manche von ihnen sind sogar so winzig, dass man sie nur mit einer Lupe erkennen kann. Neben den Insekten werden auch Spinnentiere (wie Spinnen oder Skorpione), Krebstiere (wie Krebse oder Milben) sowie Tausendfüßer zu den Arthropoden gezählt. Bei aller Unterschiedlichkeit haben diese Tiere eines gemeinsam: Sie haben keine Knochen, sondern ein sogenanntes Außen- oder Exoskelett aus Chitin, das in mehrere Segmente unterteilt ist, weshalb man sie auch Gliederfüßer nennt.

Die Insekten sind die eigentlichen Herrscher des Planeten.

Und es gibt jede Menge von ihnen. Innerhalb des Tierreichs stellen die Arthropoden mit 80 Prozent die allergrößte Gruppe. Und innerhalb der Gruppe der Arthropoden wiederum sind 80 Prozent Insekten. Das heißt, an die zwei Drittel aller Tiere auf dem Planeten Erde sind Insekten: Bienen, Wespen, Fliegen, Käfer, Ameisen, Libellen, Mücken, Grillen, Schmetterlinge, Wanzen, Motten und so weiter. Auf allen Kontinenten summt und brummt, krabbelt und wuselt es. Allein die Zahl der Ameisen wurde unlängst von Forschern auf 20 Billiarden geschätzt – das ist mehr als die Biomasse aller Vögel und Säugetiere zusammengerechnet.

Insekten sind die artenreichste Tiergruppe. Neben ihrem Exoskelett zeichnen sie sich dadurch aus, dass sie in der Regel sechs Beine haben und ihr Körper in drei Abschnitte – Kopf, Brust und Hinterleib – geteilt ist, aber davon abgesehen sind sie unglaublich vielfältig. Die Wissenschaft kennt etwa eine Million Arten von Insekten, das ist mehr als die Hälfte aller beschriebenen Lebewesen überhaupt, und man geht davon aus, dass es allein in den Regenwäldern noch Millionen weiterer bisher unentdeckter Insektenarten gibt.

Aber unsere Außerirdischen würden nicht deshalb zuerst mit den Insekten Kontakt aufnehmen, weil diese Tiere insgesamt so zahlreich sind oder weil es so viele verschiedene Arten von ihnen gibt. Wenn es nach der Anzahl gehen würde, kämen die Bakterien und andere Mikroorganismen an erster Stelle, von denen es vermutlich Milliarden Arten gibt. Nein, die Außerirdischen würden mit den Insekten Kontakt aufnehmen, um herauszufinden, wie man einen Planeten so gestaltet, dass er als Lebensraum *funktioniert*. Denn genau das tun sie. Ohne die Insekten wären die Kontinente der Erde für Landlebewesen wie uns Menschen unbewohnbar.

Ohne die Insekten wäre die Erde eine öde Welt.

Der Tanz des Mistkäfers

Wissen wir Menschen diese enorme Leistung, die Insekten für uns und alle anderen Lebewesen erbringen, zu schätzen? Nehmen wir sie überhaupt wahr? Eher nicht.

Nur die allerwenigsten Menschen interessieren sich für das, was Insekten an Positivem bewirken. So wie die Haie haben die Insekten ein ziemlich schlechtes Image. Aber während uns große Tiere wie Haie immerhin durch ihre körperliche Präsenz beeindrucken, gelten Insekten, wenn sie uns Menschen nahe kommen, als ungebetene Gäste. Mücken verbreiten schlimme Krankheiten wie Malaria, Wespen und Bienen bedrohen uns mit ihren Stacheln, Kakerlaken gelten als Hinweis auf Schmutz, Ameisen können ein Picknick verderben, Heuschrecken fressen unsere Felder kahl und Zecken haben es auf unser Blut abgesehen. Dieses schlechte Image der Insekten reicht ziemlich weit zurück – schon in der Bibel sind drei der großen Plagen, die Ägypten heimsuchen, Insektenplagen.

Das schlechte Image der Insekten reicht ziemlich weit zurück – schon in der Bibel sind drei der großen Plagen, die Ägypten heimsuchen, Insektenplagen.

Es gibt natürlich Ausnahmen. Schmetterlinge etwa haben wir in unser Herz geschlossen; sie sehen wunderschön aus und gelten als Frühlingsboten. Auch Marienkäfer finden wir niedlich und betrachten sie als Glückssymbol. Und viele Menschen können sich für Honigbienen begeistern (wenn sie nicht gerade von ihnen gestochen werden). Aber davon abgesehen bringen wir Menschen den Insekten nur wenig Sympathie entgegen. Wenn wir sie nicht gleich als Ungeziefer betrachten, gelten sie insgesamt als merkwürdige Geschöpfe, die keinen richtigen Nutzen haben und die man einfach nicht in seinem Haus oder seiner Wohnung haben will.

Das sagt etwas nicht sehr Schmeichelhaftes über uns Menschen aus. Wir nehmen das, was andere Lebewesen für uns leisten, oft für selbstverständlich. Ja, wir *wissen* oft gar nicht, was sie eigentlich genau für uns leisten. Wie ein Bekannter von uns einmal gesagt hat: »Ist ja schön, dass die Bienen die Pflanzen bestäuben, aber was hat das mit uns zu tun?«

Nun, es hat etwas mit uns zu tun. Sogar sehr viel. Würden Insekten wie Bienen, Wespen oder Hummeln nicht die Pflanzen bestäuben, könnten sich diese nicht vermehren. Unzählige Pflanzenarten würden aussterben. In der Folge würden die Vögel und andere Tiere aussterben, die sich von den Knospen und Früchten dieser Pflanzen ernähren. Und dann würden die Tiere aussterben, die sich wiederum von den pflanzenfressenden Tieren ernähren. Und so weiter. Ohne die Bestäuber würde das gesamte Nahrungsnetz auf der Erde zusammenbrechen, von dem wir Menschen ebenso abhängen wie alle anderen Lebewesen. (Übrigens sind auch viele Mückenarten wichtige Bestäuber. Ohne Mücken würde es keine Schokolade mehr geben, denn Mücken sind die einzigen Bestäuber der Kakaopflanzen.)

Und das Bestäuben ist nur eine der Leistungen, die Insekten erbringen. Sie tun noch viel mehr. Ameisen und Bodenkäfer zum Beispiel wälzen den Boden rund um die Pflanzenwurzeln um, zersetzen abgestorbenes Gewebe und verwandeln es in Nährstoffe, die die Pflanzen für ihr Wachstum benötigen. Außerdem sind Insekten, allein schon weil es so viele von ihnen gibt, eine wichtige Nahrungsquelle für viele andere Tiere wie Vögel, Reptilien, Amphibien und Säugetiere.

Die Insekten sind sozusagen im Maschinenraum der Welt tätig. Sie wühlen und schuften, räumen auf und putzen, sorgen dafür, dass es eine bunte Vielfalt von Pflanzen auf der Erde gibt. Die Insekten halten den Planeten am Laufen. Warum interessiert uns das nicht?

Vielleicht deshalb, weil das, was viele Insekten tun, aus Menschensicht ziemlich unappetitlich ist.

Zum Beispiel die Mistkäfer. Diese Lebewesen – der Name kommt ja nicht von ungefähr – lieben Mist. Genauer gesagt: Sie lieben den Kot von Pflanzenfressern wie Kühen, Pferden oder auch Hasen. Dieser Kot enthält neben dem verdauten Gras nämlich winzig kleine Organismen wie Bärtierchen oder Milben, und darauf haben es die Mistkäfer abgesehen. Frischer Kot auf einer Wiese oder einem Feld übt eine geradezu magische Anziehungskraft auf sie aus. Nicht alle Mistkäferarten bevorzugen denselben Kot, einige Arten haben sich auf den Kot einer bestimmten Tierart spezialisiert, doch es ist eben trotzdem Kot. Wenn du ein Mistkäfer bist, besteht deine Welt also vor allem aus Scheiße. Igitt! Das will man wirklich nicht so genau wissen.

Die Insekten sind sozusagen im Maschinenraum der Welt tätig. Sie wühlen und schuften, räumen auf und putzen.

Mistkäfer aber gehören zu den wichtigsten Insekten. Und nicht nur das. Würde man eine Liste der wichtigsten Tiere der Erde überhaupt erstellen, stünden die Mistkäfer dort ziemlich weit oben.

Mistkäfer gibt es fast überall auf der Welt. Man findet sie nicht nur an irgendwelchen fernen Orten wie Madagaskar, Feuerland oder Indonesien, sondern gleich um die Ecke. Auf dem nächsten Feld. Oder im nächsten Wald. Wenn du Glück hast, entdeckst du sogar welche in deinem Garten. Von den bekannten 150 Arten von Mistkäfern leben etwa 60 in Europa. Darunter der Gemeine Mistkäfer *Geotrupes stercorarius*.

Stercorarius bedeutet so viel wie »der, der ausmistet«. Und *Geotrupes* sind Käfer, die den Kot von Tieren zu kleinen Kugeln formen, die sie in Löchern im Boden deponieren. Die Kugeln sind sowohl Nahrungsquelle als auch der Ort, an dem die Käfer ihre Eier ablegen.

Die Käfer der Art *Geotrupes stercorarius* sind etwa 12 bis 20 Millimeter lang, haben einen ovalen Körper und sind meistens schwarz oder dunkelbraun gefärbt. Häufig schimmern sie metallisch. Die Männchen haben große, nach vorne ragende Hörner an ihrem Kopf, die Weibchen haben kleinere Hörner oder auch gar keine. Und diese Käfer machen der Bezeichnung *stercorarius* wirklich alle Ehre. Sie misten aus – buchstäblich.

Wenn eine Kuh oder ein Pferd einen Kothaufen fallen lässt, dann kommen die Mistkäfer und rollen ihn in kleinen Portionen weg, um ihn zu verspeisen. Wobei sie den Mist nicht wahllos in sich hineinstopfen, sondern ihre feinen Mundwerkzeuge sortieren die Pflanzenfasern aus, pressen das Wasser heraus und verzehren die übrig bleibenden Mikroorganismen. Das bedeutet, dass Mistkäfer eine zentrale Rolle für das ökologische Gleichgewicht in Böden und Wiesen spielen. Ohne sie würden die Böden an zu vielen Mikroorganismen ersticken. Wie der berühmte Insektenforscher Jean-Henri Fabre einmal sagte, haben Mistkäfer »das wichtige Amt, den Erdboden rein zu halten«. Und davon profitieren alle anderen Landlebewesen – auch wir Menschen.

Mistkäfer wie *Geotrupes stercorarius* erbringen nicht nur diese enorme Leistung, sie sind auch sonst faszinierende Geschöpfe, mit denen man sich ein Leben lang beschäftigen kann (manche Insektenforscherinnen und -forscher widmen sich tatsächlich nur den Mistkäfern). Zum Beispiel kommunizieren sie untereinander mit Tönen, die sie erzeugen, indem sie über ihre Beine streichen – sie verwandeln ihren Körper sozusagen in ein Musikinstrument. Und auf ihren Wegen durch die Landschaft orientieren sie sich nicht nur an chemischen Spuren wie Gerüchen, sondern auch an den Sternen und dem Licht von Sonne und Mond. Sie führen dafür sogar einen Tanz auf.

Das stimmt wirklich. Bevor und während die Käfer eine Mistkugel in ihr Versteck rollen, klettern sie häufig auf die Kugel und drehen sich dort um die eigene Achse. Forscher vermuten, dass sie sich dadurch tagsüber über den Stand der Sonne informieren und nachts über die Ausrichtung der Milchstraße (was natürlich nur funktioniert, wenn der Himmel nicht bedeckt ist). Diese Information benötigen sie, um so schnell wie möglich und in gerader Linie von dem Kothaufen wegzukommen, wo sie ihre Kugel geholt haben, und sie damit vor anderen Käfern und sonstigen Nahrungskonkurrenten in Sicherheit zu bringen.

Wenn man Mistkäfer nur lange genug beobachtet, kommt man darauf, dass sie sehr viel mit uns Menschen zu tun haben – obwohl oder gerade weil ihre Welt vor allem aus Scheiße besteht. Im alten Ägypten galten Mistkäfer, insbesondere die aus der Familie der Skarabäen, sogar als heilig. Und das Volk der Toba, das auf der indonesischen Insel Sumatra lebte, war der Ansicht, dass ein Mistkäfer einen großen Ball Materie vom Himmel herabrollte und daraus die Erde erschuf.

Im alten Ägypten galten Mistkäfer, insbesondere die aus der Familie der Skarabäen, sogar als heilig.

Ob die Erde wirklich von einem Mistkäfer erschaffen wurde – nun, das ist eine Sache des Glaubens. Aber ganz offensichtlich ahnten Menschen schon vor langer Zeit, dass diese kleinen Geschöpfe sehr wichtig für die Welt sind. Und diese Ahnung hat sich bestätigt.

Der Tag, an dem die Mistkäfer verschwinden

Die große Insektenvielfalt auf der Erde ist über Jahrmillionen entstanden. Die ersten, anfangs noch flügellosen Insekten sind als Fossilien aus dem Zeitalter des Devons belegt und die ersten Insekten mit Flügeln, auch das zeigen versteinerte Exemplare, sind im Karbon entstanden. Es wird angenommen, dass sich die Vorläufer der heutigen Mistkäferarten in der Kreidezeit entwickelten. Im Laufe der Erdzeitalter haben sich die Insekten in viele verschiedene Formen weiterentwickelt, haben die großen Massenaussterben überstanden und sind heute in beinahe allen Lebensräumen der Erde zu finden.

Seit langer Zeit arbeiten die Insekten also daran, die Welt so zu gestalten, dass sie für andere Lebewesen wie uns Menschen bewohnbar ist. Sie sorgen dafür, dass die Pflanzen wachsen und gedeihen. Sie dienen als Nahrung für unzählige Tiere, von denen wir Menschen uns ernähren. Sie sind dafür verantwortlich, dass die Erde unter unseren Füßen fruchtbar bleibt.

Eine Welt ohne oder mit nur ganz wenigen Insekten mag für einige Menschen eine angenehme Vorstellung sein – schließlich wird man dann ja nicht mehr gestochen. Tatsächlich wäre es aber ein Albtraum. Wenn eine Schlüsselart wie der Wolf oder der Weißspitzenriffhai verschwindet, verändert sich das Ökosystem, zu dem diese Art gehört, grundlegend. Wenn aber wichtige Insektenarten verschwinden, hört das dazugehörige Ökosystem insgesamt zu funktionieren auf. Und wenn *alle* Insekten verschwinden, würde es die Biosphäre, wie wir sie kennen, nicht mehr geben.

Wenn aber wichtige Insektenarten verschwinden, hört das dazugehörige Ökosystem insgesamt zu funktionieren auf.

Würden alle Insekten von einem Tag auf den anderen aussterben, würde die Erde buchstäblich verrotten. Überall würden sich abgestorbene Pflanzen ansammeln und die Nährstoffkreisläufe blockieren. Und dann würde das Leben auf unserem Planeten nach und nach verschwinden. Als Erstes würden die meisten Fische, Amphibien, Reptilien und Vögel aussterben, dann die Mehrzahl der Blütenpflanzen und mit ihnen die meisten Wälder. In der Folge würden die Landwirbeltiere bis auf wenige Ausnahmen verschwinden. Die Zahl der Pilze würde zunächst stark zunehmen, aber nach einer Weile würden sie ebenfalls aussterben.

Und irgendwann in diesem Prozess würden auch wir Menschen verschwinden. Das könnte ziemlich schnell gehen. Manche Experten meinen, dass die Menschheit ohne die Insekten nicht länger als einige Monate überleben könnte, denn all das, wovon wir uns ernähren, wäre plötzlich nicht mehr vorhanden: die Früchte an den Bäumen, die Pflanzen auf den Feldern, die Tiere in den Ställen.

Gäbe es keine Insekten mehr, würde die Erde so aussehen wie vor etwa 500 Millionen Jahren. Das Land wäre von flachen Matten aus Grünpflanzen bedeckt, nur hier und da stünden Gruppen kleiner Bäume und Büsche. Tiere würde es so gut wie gar keine geben – und daran, dass einmal ein Tier namens Mensch existierte, würde sich niemand mehr erinnern.

Das ist natürlich ein sehr düsteres Szenario. Es ist nicht wahrscheinlich, dass sämtliche Insekten von einem Tag auf den anderen verschwinden. Aber auch wenn nur eine Gattung von Insekten ausstirbt oder ihre

Zahl in bestimmten Regionen stark abnimmt, würden wir Menschen große Probleme bekommen.

Wenn es keine Wildbienen mehr gäbe, würden unzählige Blütenpflanzen nicht mehr bestäubt werden. Die Erträge wichtiger Obst- und Gemüsesorten würden um bis zu 90 Prozent schrumpfen, es würde also deutlich weniger Nahrung für uns Menschen geben. Auch Vögel und viele kleine Säugetiere würden leiden, denn ohne die Bestäubung würde ihnen ebenfalls die Nahrung ausgehen.

Wenn es keine Ameisen mehr gäbe, würden die Waldökosysteme zusammenbrechen, denn Ameisen reinigen die Wälder von Aas und regulieren die Zahl von Schädlingen. Zugleich verbreiten sie die Samen von Pflanzen und sind Nahrung für größere Tiere wie Vögel oder Auerwild.

Und wenn es keine Mistkäfer mehr gäbe?

Der Tag, an dem die Mistkäfer verschwinden, wäre ein schwarzer Tag in der Geschichte der Erde. Es würde nicht lange dauern, bis das Land unter einer dichten Schicht aus Tierkot begraben wäre. Es würde ziemlich stinken, aber das könnte man ja noch ertragen. Viel entscheidender ist, dass das Land nicht mehr fruchtbar wäre. Denn die Mistkäfer räumen den Kot nicht nur weg, sie führen auch einen erheblichen Teil der darin enthaltenen Nährstoffe zurück in den Boden, die ihm die Pflanzen und die pflanzenfressenden Tiere entzogen haben. Und durch ihre Grabtätigkeit sorgen sie für eine bessere Belüftung der Erde, verteilen die Samen der Pflanzen und reduzieren Schädlinge, die die Pflanzen befallen könnten.

Mistkäfer räumen den Kot nicht nur weg, sie führen einen erheblichen Teil der darin enthaltenen Nährstoffe zurück in den Boden.

Mistkäfer bereiten also im wahrsten Sinne des Wortes den Boden für alle anderen Lebewesen, und was geschieht, wenn sie fehlen, hat die Menschheit schon einmal erlebt.

Als im 19. Jahrhundert jede Menge Rinder per Schiff nach Australien gebracht wurden, wo es zuvor nie welche gegeben hatte, stand man dort plötzlich vor einem riesigen Problem. In Australien existierten keine Käfer, die den Kot der Rinder zersetzen konnten – die australischen Mistkäfer waren auf den harten Kot von Beuteltieren spezialisiert. Die einzigen Insekten, die sich für den Rinderkot interessierten, waren die Fliegen, die sich daraufhin explosionsartig vermehrten. Und da die Fliegen den Mist nicht wegmachten, sondern ihn nur als Ablageplatz für ihre Eier verwendeten, blieb er eben liegen und machte das Weideland unbrauchbar. Der Mist erstickte das Gras und ließ es verfaulen.

Die Landschaft Australiens war also buchstäblich voller Mist, und das Problem konnte nur dadurch gelöst werden, dass man viele unterschiedliche Mistkäferarten aussetzte. Die machten sich dann gleich an die Arbeit und räumten die Felder auf.

Nun könnte man natürlich sagen, dass es von vorneherein nicht sehr sinnvoll war, Rinder nach Australien zu bringen. Es ist generell nicht sehr sinnvoll, Arten in Ökosystemen anzusiedeln, wo sie eigentlich nicht hingehören. Die Pointe der Geschichte ist jedenfalls, dass Australien ohne die Mistkäfer in einer ziemlich beschissenen Situation gewesen wäre. So wie die ganze Welt in einer ziemlich beschissenen Situation wäre, wenn es keine Mistkäfer mehr gäbe. Oder keine anderen Insekten.

Aber zum Glück gibt es ja noch ganz viele von ihnen. Zum Glück summt und brummt, krabbelt und wuselt es auf der Erde wie eh und je.

Oder etwa nicht?

Das große Sterben der Kleinen

Noch vor 20 Jahren haben wir beide und die meisten anderen Menschen auf der Welt gedacht, dass es immer Insekten auf der Erde geben wird. Oder besser gesagt: Wir und alle anderen haben uns die Frage, ob es irgendwann keine Insekten mehr geben könnte, überhaupt nicht gestellt. Einfach, weil es so unglaublich viele von ihnen gab.

Wenn wir im Frühling über die Wiesen liefen, waren sie überall um uns herum: in der Luft, im Gras, in der Erde. Wenn wir abends auf der Terrasse das Licht einschalteten, kamen sie sofort in Scharen angeflogen. Und nach einer langen Autofahrt war die Windschutzscheibe über und über mit toten Insekten bedeckt. Wir konnten uns eine Welt ohne Insekten überhaupt nicht vorstellen. Mit anderen Worten: Wir haben Insekten für selbstverständlich genommen.

Klar, es gibt sie heute immer noch. Sie summen in den Wiesen, schwirren um die Lampen und ab und zu fügen sie uns schmerzhafte Stiche zu. Aber es sind viel, viel weniger als früher. Im Laufe der vergangenen Jahrzehnte hat die Zahl der Insekten in etlichen Ländern der Erde, auch in Deutschland, massiv abgenommen. So massiv, dass man inzwischen vom großen Insektensterben spricht.

Ein Insektensterben ist wissenschaftlich nicht so leicht zu erforschen. Denn Insekten zu zählen – und das auch noch über einen langen Zeitraum hinweg – ist eine sehr mühsame Angelegenheit. Es gab keine entsprechenden Studien in den vergangenen Jahrzehnten, und so hatte die Wissenschaft sehr lange nur vereinzelte Hinweise darauf, dass immer mehr Insekten verschwinden. Wann immer aber die Forscher diese Hinweise in der Öffentlichkeit angesprochen haben, wurden sie nicht besonders ernst genommen, denn im Garten oder am Badesee sahen die Menschen ja noch ganz viele dieser kleinen Tierchen. Die meisten Menschen hatten das Gefühl, dass es genauso viele Insekten gab wie immer. Aber tatsächlich nahm ihre Zahl immer mehr ab.

Im Laufe der vergangenen Jahrzehnte hat die Zahl der Insekten in etlichen Ländern der Erde, auch in Deutschland, massiv abgenommen.

Das ist ein Phänomen der menschlichen Psyche, das du dir unbedingt merken solltest: Nur weil man das Gefühl hat, dass sich etwas auf eine bestimmte Weise verhält, heißt das noch lange nicht, dass es auch *wirklich* so ist. Weil es immer wieder auch kalte Winter gibt, haben viele Menschen zum Beispiel das Gefühl, dass sich das Klima auf der Erde gar nicht wirklich erwärmt, dass es die menschengemachte Klimakrise also gar nicht gibt. In Wahrheit wird es langfristig aber immer wärmer auf der Erde – mit katastrophalen Folgen.

Genauso ist es mit den Insekten, die wir um uns herum sehen. Je nachdem, wo man sich gerade aufhält, kann man schnell das Gefühl bekommen, dass alles in Ordnung ist. Tatsächlich aber schrumpft die

Zahl der Insekten insgesamt dramatisch. Und viele Insektenarten verschwinden ganz.

Sollte es daran noch irgendwelche Zweifel von Menschen geben, die das *Gefühl* haben, dass es so viele Insekten wie immer gibt, dann kann man sie darauf hinweisen, dass das große Insektensterben inzwischen auch wissenschaftlich bestätigt ist. Ein Verein von Insektenkundlern im nordrhein-westfälischen Krefeld hat sich über einen Zeitraum von 27 Jahren die Mühe gemacht, in einem bestimmten Gebiet regelmäßig den Bestand der dort vorkommenden Insekten zu zählen. Das Ergebnis wurde 2017 veröffentlicht und schlug ein wie eine Bombe, denn der Bestand an Insekten war im Untersuchungszeitraum um mehr als 75 Prozent zurückgegangen. Über zwei Drittel aller Insekten waren in diesem Gebiet verschwunden – und dabei handelte es sich nicht etwa um ein Maisfeld oder ein Industriegelände, wo ohnehin nur wenig Insekten vorkommen, sondern um ein Landschaftsschutzgebiet.

Kann man aus dieser »Krefelder Studie« ableiten, dass die Insekten weltweit kurz vor dem Aussterben stehen? Nein, kann man nicht. Es gibt sehr große Unterschiede zwischen den Ländern und Kontinenten. Aber in einigen Regionen der Welt ist der Bestand der Insekten so gefährdet, dass bestimmte Abläufe in der Natur, von denen wir Menschen gedacht haben, sie würden auf immer und ewig funktionieren, schon erheblich gestört sind. In manchen Regionen Chinas zum Beispiel müssen die Menschen die Blüten von Obstbäumen selbst bestäuben, weil es dort keine Wildbienen mehr gibt. Und in Kalifornien werden Bienenvölker mit Lastwagen von einem Obstanbaugebiet ins andere transportiert, weil in vielen Gebieten alle Bestäuber verschwunden sind.

Auch in Deutschland ist der Rückgang der Insekten längst spürbar. Viele Vogelarten wie etwa Schwalben, Meisen, Finken oder Sperlinge, die insbesondere in der Brutzeit auf die Insekten als Nahrungsquelle angewiesen sind, sind in ihrem Bestand gefährdet, einige von ihnen sind bereits ganz verschwunden. Aber auch andere Tiere wie Fledermäuse, Reptilien und sogar Fische (wenn sie sich von Insektenlarven ernähren) leiden unter dem Rückgang der Insekten.

Neben den Wildbienen sind vom großen Insektensterben vor allem Wiesenschmetterlinge, Motten, Wespen und Ameisen betroffen. Auch die Zahl der Mistkäfer hat in den vergangenen Jahrzehnten stark abgenommen. Von einigen Mistkäferarten wird angenommen, dass sie sogar ganz ausgestorben sind – jedenfalls hat man sie schon seit Langem nicht mehr gesehen. Seit Millionen von Jahren kümmern sich die Mistkäfer darum, den Planeten sauber zu halten, und als Dankeschön machen wir Menschen es ihnen zunehmend unmöglich, auf der Erde zu leben.

Wir Menschen sind für das große Insektensterben verantwortlich – niemand sonst.

Denn wir Menschen sind für das große Insektensterben verantwortlich – niemand sonst. Wir versiegeln die Landschaft mit Häusern und Straßen und nehmen den Insekten damit die Lebensräume weg (jeden Tag wird in Deutschland eine Fläche von über 70 Fußballfeldern zubetoniert). Etliche industrielle Chemikalien, die wir in die Umwelt ausbringen, sind tödlich für sie. Und wir reduzieren die Pflanzenvielfalt, auf die sie angewiesen sind.

Vor allem aber tragen wir Menschen durch die Art und Weise, wie wir unsere Nahrung produzieren, zum großen Insektensterben bei. Denn ganz besonders betroffen sind jene Lebensräume von Insekten, die von landwirtschaftlich genutzten Ackerflächen umgeben sind. Die Art und Weise, wie wir uns ernähren, hat gravierende Konsequenzen für die Insekten.

Und für alle anderen Lebewesen der Erde auch.

6| Ein Geschenk der Erde

Küchenlinse

LENS CULINARIS

Linsen hast du wahrscheinlich schon einmal gegessen. Aber weißt du eigentlich, wie eine Linse genau aussieht? Wie eine Linse riecht? Wie sich eine Linse anfühlt, wenn man sie zwischen den Fingern rollt? Weißt du, was eine Linse wirklich ist?

Klar, Linsen sind etwas, das man im Supermarkt kaufen kann. Etwas, das es zum Mittag- oder Abendessen gibt. Aber was wissen wir sonst über Linsen?

Es ist sehr merkwürdig, wie wenig wir über die Lebewesen wissen, die wir essen. Schließlich ist es ja nicht irgendeine Beziehung, die wir zu ihnen haben. Wir töten sie. Wir schlucken sie herunter. Wir verdauen sie. Wir scheiden sie in anderer Form wieder aus. Wir verleiben sie uns im wahrsten Sinne des Wortes ein. Da könnte man sich doch ein wenig für sie interessieren, oder?

Schon aus Höflichkeit ihnen gegenüber.

Hier also mal fünf Höflichkeitsregeln für unser Essen. Sie gelten für alles, was wir essen. Auch für Linsen.

Die erste Regel: Lerne die Lebewesen gut kennen, die sich um dein Wohlbefinden kümmern, sodass du in der Lage bist, dich einmal um ihr Wohlbefinden zu kümmern.

Die zweite Regel: Sei dir immer darüber im Klaren, dass du es bist, der sie zum Leben braucht – nicht andersherum.

Die dritte Regel: Iss nur das, was du wirklich benötigst. Lass etwas für andere übrig, wenn das notwendig ist.

Die vierte Regel: Wirf nie etwas weg, was man noch essen kann.

Und dann noch die fünfte Regel: Bedanke dich bei der Erde für das, was sie dir gibt, und gib ihr etwas dafür zurück.

Herrje! Das klingt ja alles unglaublich spießig und bestimmt fragst du dich gerade, was der Quatsch soll. Wieso um Himmels willen sollst du dich bei der Erde bedanken? Und ihr dann auch noch etwas zurückgeben? Das ist doch gaga. Die Erde ist doch genau dafür da: damit wir das von ihr nehmen, was wir brauchen.

Aber … ist das wirklich so?

Wirklich?

Denk mal darüber nach.

Sei so höflich.

Die Sache mit dem Essen

Lebewesen können nur entstehen und existieren, wenn sie sich mit Energie versorgen. Das ist ein zentrales Merkmal des Lebens auf der Erde – und in unserem Universum überhaupt. Eines der grundlegenden Gesetze des Universums lautet nämlich, dass sich natürliche Prozesse immer in Richtung eines möglichst energiearmen, ungeordneten Zustands bewegen. Deshalb kann es kein sogenanntes »Perpetuum Mobile« geben: eine Apparatur, die ohne Energiezufuhr von außen ewig weiterläuft. Auch ein Lebewesen benötigt eine ständige Zufuhr von Energie, um lebendig zu sein – um weiterzuexistieren. Jedes Bakterium braucht Energie, jede Pflanze braucht Energie, jedes Tier braucht Energie. Und natürlich auch jeder Mensch.

Das Essen ist der Dreh- und Angelpunkt der menschlichen Existenz.

Im Laufe der Evolution haben sich unterschiedliche Varianten der Energiezufuhr entwickelt. Viele Bakterien nutzen die Energie chemischer Verbindungen. Pflanzen fangen die Energie der Sonne ein. Und Tiere versorgen sich mit Energie, indem sie die Energie anderer Lebewesen in sich aufnehmen: indem sie andere Lebewesen essen. So tun das auch wir Menschen.

Das Essen ist der Dreh- und Angelpunkt der menschlichen Existenz. Nirgendwo anders ist unsere Verflechtung mit der Natur so eng. Selbst wenn wir Essen als lästige Pflicht empfinden und uns lieber mit anderen Dingen beschäftigen wollen – wir müssen essen, damit unsere Körper funktionieren.

Auch in der Entwicklung unserer Zivilisation hat Essen eine entscheidende Rolle gespielt. Es bildet die Grundlage vieler religiöser und gesellschaftlicher Rituale, es war (und ist heute immer noch) der Auslöser von Revolutionen, und es ist ein unerschöpfliches Gesprächsthema, was man nicht zuletzt an den unzähligen Koch- und Diätbüchern und den vielen Fernseh-Kochshows erkennt.

Und so ist es kein Wunder, dass das Essen auch eine große Rolle in der Heldengeschichte vom unaufhaltsamen Aufstieg des *Homo sapiens* spielt, die wir uns seit Langem erzählen. Genauer gesagt: eine bestimmte Form der Essensbeschaffung. Die Jagd auf wilde Tiere.

Vor Zehntausenden von Jahren haben die Menschen die Tiere, die sie gejagt haben, an die Wände ihrer Höhlen gemalt: Mammuts, Wisente, Hirsche, Pferde und andere mehr. Die kunstvollen Bilder zeugen davon, dass sie diese Tiere nicht nur als Beute gesehen haben, sondern von ihnen fasziniert waren. Aber in der Heldengeschichte geht es weniger um diese Faszination, sondern vor allem darum, dass sich »der Mensch« mit Geschick und Einfallsreichtum immer mehr Fleisch beschafft hat, sich damit immer mehr Energie zugeführt hat und durch diese Energie noch geschickter und einfallsreicher wurde. Kurz gesagt: Das Jagen und Töten wilder Tiere wurde in der Heldengeschichte nicht nur zu einer menschlichen Eigenschaft erklärt, sondern auch zu einem der maßgeblichen Gründe für den Erfolg von *Homo sapiens*.

Das Jagen und Töten wilder Tiere wurde in der Heldengeschichte zu einem der maßgeblichen Gründe für den Erfolg von Homo sapiens erklärt.

Wie vieles in der Heldengeschichte ist das nicht ganz falsch. Zweifellos haben Menschen in der Frühzeit nach wilden Tieren gejagt (so intensiv, dass viele der damals lebenden Großtierarten ausgestorben sind). Vor allem in den kalten Regionen, wo es kaum andere Formen der Ernährung gab. In den meisten anderen Weltgegenden aber bestand die menschliche Nahrung zum überwiegenden Teil aus wilden Gemüsepflanzen, Nüssen und Früchten.

Wir Menschen sind nämlich sogenannte »Omnivoren«: Lebewesen, die fast alles essen. Fleisch spielt dabei allenfalls eine Nebenrolle, für unsere Ernährung ist Obst und Gemüse viel wichtiger. Ja, ein menschlicher Körper hat in der Regel kein Problem damit, wenn er gar kein Fleisch zu sich nimmt – so wie sich auch die meisten anderen Tiere auf der Erde von Pilzen, Pflanzen oder Mikroorganismen ernähren und nicht von tierischem Fleisch.

Aber das Sammeln von Früchten, Nüssen oder Wurzeln spielt in der Heldengeschichte praktisch keine Rolle. Wahrscheinlich deshalb, weil sich daraus einfach keine spannende Geschichte machen ließ. Was war es aber für ein Abenteuer, wenn die Jäger mit ihren Wurfspeeren zur Jagd gingen und ein wildes Tier erlegten! *Das* waren die Geschichten, die man sich an den Lagerfeuern erzählte. Und man erzählte sie sich so lange, bis sich irgendwann die Überzeugung verfestigte, Menschen seien eben vor allem Fleischesser – das sei immer so gewesen und das würde immer so sein.

Auch heute hört man diesen Satz noch oft: »Menschen brauchen Fleisch für eine richtige Ernährung.« Wir beide sprechen da aus eigener Erfahrung, denn wir ernähren uns vegetarisch, das heißt, wir essen weder Fleisch noch Fisch. Das ist überhaupt nichts Besonderes. Zu jeder Zeit der Menschheitsgeschichte gab es Vegetarier und ganz bestimmt kennst du auch welche (oder bist sogar selbst Vegetarierin oder Vegetarier). Die Gründe dafür mögen unterschiedlich sein – manche Menschen sind es aus persönlichen, andere aus gesundheitlichen und wieder andere aus politischen Gründen. Aber sich vegetarisch zu ernähren ist ganz normal.

Trotzdem werden wir immer wieder darauf angesprochen, als würden wir etwas Seltsames tun. Während Fleisch und Fisch zu essen als selbstverständlich gilt. Ist es aber nicht. Dass man fast täglich Fleisch isst, ist überhaupt etwas ziemlich Neues. Bis weit in das 20. Jahrhundert hinein war ein Fleischgericht für die meisten Menschen in den Regionen, in denen Pflanzen und Früchte wachsen, etwas sehr Seltenes.

Dass wir Menschen so intensiv über unsere Ernährung diskutieren, dass es in manchen Familien zwischen Vegetarierinnen und Fleischessern sogar zu heftigen Auseinandersetzungen kommt, liegt also nicht darin begründet, was ein Mensch wirklich benötigt, um sich mit Energie zu versorgen. Sondern es hat kulturelle oder soziale Gründe.

Die Sache mit dem Essen ist offenbar ziemlich kompliziert. Und das betrifft nicht nur das Essen von Fleisch.

Die zerstörerischste menschliche Aktivität

Der gesamte Speiseplan der Menschheit ist nicht das Ergebnis einer bewussten, sorgfältig durchdachten Auswahl. Sondern die Folge eines auf der einen Seite zufälligen und auf der anderen Seite von politischen und wirtschaftlichen Interessen geprägten Prozesses.

So sind wir immer noch von den wenigen Pflanzenarten abhängig, die unsere Vorfahren vor etwa 12.000 Jahren domestiziert haben, als sie damit begannen, Felder zu bestellen und aus Pflanzen wie Wildemmer, Wildeinkorn oder Wildgerste für den Menschen ertragreichere Pflanzen zu züchten: die sogenannten »Kulturpflanzen«.

Frühe Spuren von Ackerbau hat man in vielen Regionen der Erde gefunden: im Nahen und Mittleren Osten, im tropischen Asien, am Horn von Afrika und im mittelamerikanischen Hochland. Von diesen Regionen breiteten sich jene Kulturpflanzen rund um die Erde aus, die noch heute zum allergrößten Teil die Grundlage unserer Ernährung bilden. 90 Prozent der Weltproduktion an pflanzlichen Nahrungsmitteln basieren auf nur 20 Arten. Und fast 60 Prozent basieren sogar auf nur vier Arten: Weizen, Mais, Reis und Soja.

Frühe Spuren von Ackerbau hat man in vielen Regionen der Erde gefunden.

Die Landwirtschaft hat die ersten Hochkulturen der Menschheit ermöglicht – in Mesopotamien vor über 5.000 Jahren, in Ägypten einige Jahrhunderte später, in China vor 4.000 Jahren –, indem sie die dauerhafte Ernährung Zehntausender Menschen sicherte und den Wohlstand einer Gesellschaft steigerte. Kein Wunder also, dass viele andere Kulturen genau jene Pflanzenarten übernahmen, die sich leicht anbauen ließen und für hohe Erträge sorgten. Und immer, wenn Menschen neue Regionen oder Kontinente erschlossen, brachten sie ihre bevorzugten Kulturpflanzen mit.

Diese Vorgehensweise zieht sich durch die gesamte Menschheitsgeschichte. Wären etwa die europäischen Siedler in Nordamerika dem nicht gefolgt und hätten den Weizen nicht auf den neuen Kontinent mitgebracht, dann würden sich die Amerikanerinnen und Amerikaner heute von Sonnenblumen, Pekannüssen, Heidelbeeren oder Muskatellertrauben ernähren – Nahrungsmittel, die im Norden Amerikas ihren Ursprung hatten. Sehr gerne übernahmen die Siedler allerdings südamerikanische Kulturpflanzen wie den Mais, der wie Weizen hohe Erträge brachte.

Eine ähnliche Entwicklung gab es beim Obst. Der Speiseplan der Menschen im Norden wird von einigen wenigen Fruchtarten wie Äpfeln, Birnen, Erdbeeren oder Pfirsichen dominiert. Was Südfrüchte angeht, essen die Menschen weltweit vor allem Bananen, obwohl in den tropischen Regionen Tausende weitere Arten von Früchten zur Verfügung stehen würden, die aber nur sehr wenig genutzt werden.

Und auch bei der Fleischproduktion konzentrieren wir uns auf einige wenige Arten. Wie bei den Kulturpflanzen setzen sich die Nutztiere, die wir in Ställen oder auf Weiden halten, größtenteils aus jenen Tierarten zusammen, die unsere Vorfahren in Europa und Asien vor Tausenden von Jahren domestizierten. Das war anfangs eine kleine Auswahl an Huftieren: Pferde, Rinder, Esel, Kamele, Schweine und Ziegen. Später, als die Menschen damit begannen, Tiere in Massen zu züchten und in großen Schlachtbetrieben industriell zu verarbeiten, wurde diese Auswahl noch kleiner. Über 90 Prozent der Tiere, die heute auf der Welt gegessen werden, sind Rinder, Schweine und Geflügel.

Das alles ist ein riesiges Problem. Dass wir uns bei der Ernährung von weltweit inzwischen mehr als acht Milliarden Menschen auf ganz wenige pflanzliche und tierische Lebewesen konzentrieren, schadet der Biosphäre in einem gigantischen Ausmaß. Es trägt wesentlich zur Klimakrise bei und ist eine der entscheidenden Ursachen für das Aussterben unzähliger Arten.

Die Art und Weise, wie wir Menschen unsere Ernährung organisieren, ist die zerstörerischste menschliche Aktivität, die es je auf der Erde gegeben hat.

Zugegeben, das klingt ziemlich hart. Vor allem, wenn man daran denkt, wie schwer es vielen Bäuerinnen und Bauern rund um die Welt fällt, sich ihren Lebensunterhalt zu verdienen. Aber wenn man die Situation nüchtern betrachtet, dann kann man nur zu dieser Erkenntnis kommen.

Denn um all den Weizen, Mais, Reis und Soja für Milliarden von Menschen – und für Milliarden von Nutztieren, die wiederum von Menschen gegessen werden – zu produzieren, sind rund um die Welt riesige Felder mit sogenannten »Monokulturen« entstanden: Felder, auf denen nur ganz bestimmte Pflanzen wachsen dürfen. Um das Wachstum dieser Pflanzen zu fördern, werden die Felder mit Stickstoff und anderen Substanzen gedüngt. Und was immer das Wachstum stört, gilt als »Schädling« oder »Unkraut« – Eigenschaften, die es in der Natur eigentlich gar nicht gibt – und wird mit chemischen Mitteln wie Pestiziden (die bestimmte Insekten und Pilze töten) und Herbiziden (die bestimmte andere Pflanzen töten) bekämpft.

Das alles führt dazu, dass etliche Pflanzen-, Insekten- und Pilzarten verdrängt oder ganz zum Aussterben gebracht werden. Aber auch viele Vogelarten und Säugetiere wie Igel, Feldhasen oder Feldhamster gelten aufgrund landwirtschaftlicher Aktivitäten als bedroht – manche Tierarten sind inzwischen schon ganz verschwunden.

Hinzu kommt, dass im Süden der Erde weite Teile der Regenwälder, also die artenreichsten Gebiete überhaupt, gerodet werden, um daraus Anbauflächen für Mais und Soja und vor allem Weideland für Rinder zu machen, deren Fleisch dann nach Europa oder in die USA exportiert wird. Obwohl die domestizierten Rinder, die wir von unseren Vorfahren übernommen haben, für das Leben in den meisten Regionen der Erde völlig ungeeignet sind, werden immer mehr von ihnen gezüchtet. Weil Menschen eben so gerne Fleisch essen – oder meinen, sie müssen Fleisch essen, um sich richtig zu ernähren. Nicht zuletzt wegen des hohen Fleischkonsums ist der größte Regenwald der Erde, der brasilianische Amazonasregenwald, in den vergangenen Jahrzehnten um über 20 Prozent geschrumpft. Wenn aber ein Regenwaldgebiet gerodet wird, ist die dortige endemische Artenvielfalt für immer verloren.

Dabei müsste das alles überhaupt nicht so sein. Für unsere pflanzliche Ernährung würden Tausende Pflanzenarten zur Verfügung stehen, von denen viele den heute bevorzugten Nutzpflanzen weit überlegen sind: etwa die Goa-Bohne aus Neuguinea, Amarant aus Mittel- und Südamerika oder die Dioscoreophyllum-Beere aus Westafrika. Das alles sind Wildarten, die man regional auf kleinen Flächen mit Erfolg anbauen könnte, ohne dass daraus riesige Monokulturen mit hohem Düngemittel- und Pestizideinsatz entstehen müssen. Hier und da wird das auch gemacht, aber in einem viel zu geringen Ausmaß. Noch wird weltweit viel zu viel wirtschaftlicher und politischer Druck ausgeübt, großflächig Weizen, Mais oder Soja anzubauen.

Wenn wir Menschen und die anderen Lebewesen auf der Erde eine gute Zukunft haben wollen, dann müssen wir die Art und Weise, wie wir uns ernähren, völlig verändern.

Und was den Fleischkonsum, das größte aller Probleme, betrifft: Dass vielen Menschen Fleisch gut schmeckt, ist keine Rechtfertigung dafür, so viel Fleisch zu essen, wie es die Menschheit gerade tut. Eigentlich gibt es überhaupt keine Rechtfertigung dafür, denn wenn wir noch mehr Rinder züchten und dafür ursprüngliche Landschaften wie Regenwälder roden, dann ist es nur eine Frage der Zeit, bis diese Ökosysteme zusammenbrechen. Der Amazonasregenwald etwa steht inzwischen kurz davor, kein funktionierender Regenwald mehr zu sein. Er verwandelt sich immer mehr in eine Savanne.

Es mag für viele von uns schwierig sein, das zu akzeptieren, aber es führt kein Weg daran vorbei: Wenn wir Menschen und die anderen Lebewesen auf der Erde eine gute Zukunft haben wollen, dann müssen wir die Art und Weise, wie wir uns ernähren, völlig verändern.

Das kann mit Anbaumethoden geschehen, die auf kleineren Flächen viel weniger Düngemittel oder chemische Gifte einsetzen (oder gar keine Gifte). Das kann auch mit neuen technischen Entwicklungen geschehen (seit geraumer Zeit etwa wird daran geforscht, ob man Fleisch im Labor herstellen kann). Und es kann dadurch geschehen, dass wir uns für unsere Ernährung wieder Lebewesen zuwenden, die diese Probleme nicht mit sich bringen. Das sind oft Lebewesen, die wir eigentlich gut kennen, aber ein bisschen aus den Augen verloren haben.

Zum Beispiel die Linsen.

Warum nicht mal Linsen?

Linsen sind auf einem durchschnittlichen europäischen Speiseplan nichts allzu Exotisches. Linsen haben die meisten von uns schon irgendwann einmal gegessen: als Linsensuppe, Linseneintopf, Linsenblini oder auch als Linsensalat. Aber sie sind in Europa bei Weitem nicht so verbreitet wie die Kulturpflanzen, von denen sich die Menschheit seit Jahrtausenden hauptsächlich ernährt.

Das war früher anders. In Mitteleuropa waren Linsen ein ganz wichtiges Nahrungsmittel für die breite, vor allem auch ärmere Bevölkerung. Im Laufe der 1960er-Jahre, als die Menschen immer mehr Fleisch aßen, bekamen Linsen aber das Image eines »Arme-Leute-Essens«. Und als in den 1970er-Jahren die Tiefkühlprodukte die Supermärkte eroberten, wurden die Linsen zusammen mit anderen Hülsenfrüchten, den sogenannten »Leguminosen« wie Erbsen und Bohnen, ganz an den Rand gedrängt. Linsen wurden in Europa kaum mehr angebaut.

In Mitteleuropa waren Linsen ein ganz wichtiges Nahrungsmittel für die breite, vor allem auch ärmere Bevölkerung.

Das hatte zur Folge, dass die Saatgutfirmen nicht mehr in Linsensamen investierten und etliche alte Linsensorten, die von den Landwirten seit Generationen kultiviert worden waren, verschwanden. Die meisten Linsen, die heute in Europa gegessen werden, kommen aus Indien oder Kanada, in Deutschland wachsen Linsen gerade mal auf ein Prozent der Agrarfläche.

Das ist ziemlich schade – und ein gutes Beispiel dafür, wie kulturelle Vorurteile unseren Speiseplan prägen. Denn eigentlich ist die Küchenlinse *Lens culinaris* eine ganz großartige Pflanze.

Die Gattung *Lens* gehört zu den sogenannten Schmetterlingsblütlern: krautige Pflanzen, deren Stängel flaumig behaart sind, deren Blätter wie Kelche geformt und deren Blüten wie Schmetterlinge aussehen. Die Hülsenfrüchte von *Lens culinaris* sind bei ihrer Reife hellbraun gefärbt und enthalten ein bis drei Samen (meistens zwei). Diese Samen sind das, was wir essen. Sie sind wie ein Diskus geformt und können je nach Sorte unterschiedlich gefärbt sein. Ein Glas voll unterschiedlicher Linsensorten sieht aus wie ein Glas voll bunter Bonbons.

Lens culinaris stammt vermutlich von der wilden *Lens orientalis* ab und zählt zu den ältesten Kulturpflanzen überhaupt. In Griechenland wurden 7.000 Jahre alte Spuren von domestizierten Linsen gefunden. Kein Wunder, denn Linsen sind wahre Tausendsassas: In einem warmen und trockenen Klima wachsen sie fast überall. Sie brauchen nur wenig Wasser und benötigen kaum Dünger. Sie düngen sich gewissermaßen selbst, indem sie den Stickstoff, den sie für ihr Wachstum benötigen, aus der Luft ziehen. Im Gegensatz zu Mais oder Reis laugen Linsen den Boden auch nicht aus, sondern lockern ihn auf und führen ihm sogar Nährstoffe zu.

Linsen sind nicht nur für den Boden gut, sondern auch für uns Menschen: Sie sind extrem gesund, da sie überdurchschnittlich viel Eiweiß, Phosphat, Zink und Vitamin B enthalten und relativ wenig Kalorien haben. Das heißt, sie könnten Fleisch wunderbar ersetzen (100 Gramm Linsen enthalten etwa so viele Kalorien wie 150 Gramm mageres Fleisch oder 150 Gramm Vollkornbrot). Wer sich vegetarisch ernähren will, tut gut daran, regelmäßig Linsen zu essen.

Linsen gelten seit Jahrhunderten auch als Heilpflanzen. Zu einem Brei verarbeitet, wurden sie im Mittelalter zur Vorbeugung und Heilung von allerlei Krankheiten wie Gicht oder Hauterkrankungen eingesetzt (im Mittelmeerraum und Orient macht man das heute immer noch).

Und woran man beim Essen natürlich immer als Erstes denkt: Schmeckt es? Uns beiden und Millionen Menschen rund um die Welt schmecken Linsen jedenfalls sehr gut, egal welche Sorte, ob Tellerlinsen, Berglinsen, Belugalinsen oder Puy-Linsen. Linsen sind für die unterschiedlichsten Gerichte verwendbar. Man kann sie zu Mehl oder Nudeln verarbeiten, und inzwischen gibt es sie auch als Brotaufstrich oder Burgerbratlinge. Wir haben auch schon ein Linsenmüsli probiert. Aber wenn du Lust hast, dir einmal ein Linsengericht zu kochen, dann empfehlen wir ein Rote-Linsen-Dal. Das ist ein typisches Gericht aus Indien, für das du außer den Linsen nur Zwiebeln, Knoblauch, Ingwer, Kokosmilch, Gemüsebrühe, passierte Tomaten und einige Gewürze benötigst. Das geht schnell und schmeckt köstlich!

Warum es also nicht mal mit Linsen versuchen? Mit viel mehr Linsen? Eigentlich spricht nichts dagegen, sondern alles dafür. Linsen sind keine Wunderwaffe und auch kein Allheilmittel gegen die vielen Zerstörungen, die wir Menschen auf der Erde anrichten, aber sie könnten einen enormen Beitrag dazu leisten, das Artensterben zu reduzieren, das durch die Monokulturen, den Dünger- und Gifteinsatz und den Flächenverbrauch für die Tierhaltung verursacht wird. Linsen sind ein Geschenk der Erde, das wir Menschen nur nutzen müssen.

Trotzdem setzen wir weiter auf die althergebrachten Kulturpflanzen und züchten weiter viel zu viele Nutztiere für unseren Fleischkonsum, obwohl wir längst wissen, dass dadurch immer mehr andere Tier- und Pflanzenarten aussterben. Was ist da los? Was ist unser Problem?

Was Essen eigentlich bedeutet

Unser Problem ist, dass wir uns über unsere Ernährung viel zu wenig Gedanken machen. Das klingt erstmal komisch, denn ständig wird ja über das Essen geredet – wie man sich gesund und ausgewogen ernährt, welche Diät man machen soll, welche Zusatzstoffe man unbedingt vermeiden sollte, und so weiter.

Aber dabei geht es praktisch immer nur darum, was für uns Menschen gut ist. Oder genauer gesagt: für die Menschen der Gegenwart. Die anderen Lebewesen spielen dabei genauso wenig eine Rolle wie die Menschen der Zukunft. Das sollten sie aber, denn wenn wir die Art und Weise, wie wir uns ernähren, so weiterbetreiben, dann werden immer mehr Pflanzen- und Tierarten aussterben, werden etliche Ökosysteme zusammenbrechen und zukünftige Generationen werden große Probleme haben, überhaupt noch Nahrung zu produzieren.

Wir sollten uns also viel mehr Gedanken über das Essen machen.

Und *andere* Gedanken als bisher: Wir sollten uns fragen, was Essen eigentlich bedeutet.

Denn was wir essen, ist nicht irgendetwas. Fast alles, was wir als Nahrung zu uns nehmen, hat einmal gelebt. Das gilt nicht nur für Fleischesser. Auch Vegetarier wie wir beide essen andere Lebewesen – wir unterscheiden nur zwischen Pflanzen und Tieren, aber wenn man es genau nimmt, dann ist das eine ziemlich willkürliche Unterscheidung. Selbst wenn wir uns vegan, also ausschließlich von pflanzlichen Produkten, oder sogar nur von Früchten ernähren würden (was dem Körper auf Dauer nicht sehr gut tun würde), wären es immer noch andere Lebewesen.

Und *andere* Gedanken als bisher: Wir sollten uns fragen, was Essen eigentlich bedeutet.

In Aristoteles' Systematik der Lebewesen auf der Erde waren die Pflanzen auf der untersten Stufe angesiedelt. Und dort blieben sie auch für eine lange Zeit. Bis heute sehen viele Menschen in Pflanzen einfach nur Vegetation: Lebewesen, die weder denken noch fühlen, sondern einfach nur wachsen. Inzwischen hat man aber ganz erstaunliche Dinge über die Fähigkeiten der Pflanzen herausgefunden. Die ältesten fossilen Überreste von Pflanzen sind an die 500 Millionen Jahre alt. Das waren Algen, die in feuchten Umgebungen lebten. Bald darauf begannen die Pflanzen, in unterschiedlichen Formen die ganze Landfläche zu besiedeln, und trugen maßgeblich dazu bei, die Erde für andere Geschöpfe lebensfreundlich zu gestalten. Die Evolution hat Pflanzen zwar nicht mit einem Gehirn ausgestattet, aber sie sind überaus schlau, wenn es darum geht, ihr Überleben zu sichern. Wenn wir Pflanzen essen, essen wir also hoch spezialisierte Lebewesen.

Wer weiß, vielleicht wird ja irgendwann einmal eine Methode erfunden, wie man aus nicht lebendiger Materie Nahrung erzeugt. Oder wir Menschen entwickeln uns in ferner Zukunft zu Geschöpfen, die sich wie die Pflanzen vom Licht der Sonne ernähren. Das wäre ziemlich interessant, aber solange das nicht so ist, benötigen wir eben die anderen Lebewesen, um uns zu ernähren.

Und genau daran sollten wir immer denken: dass sie Lebewesen sind. Sie sind keine Fernseher oder Smartphones oder anderen leblosen Produkte, die wir nutzen und von denen wir wollen, dass sie möglichst billig sind. Da wir uns aber viel zu wenig Gedanken über unsere Ernährung machen, sehen die meisten Menschen auch im Essen ein Produkt, das möglichst billig sein soll. Die Linsen sind dafür ein sehr gutes Beispiel.

Obwohl Linsen wie viele andere Hülsenfrüchte gut für den Boden sind, sind sie nicht leicht anzubauen. Linsen sind Rankenpflanzen, das heißt, sie können aus eigener Kraft nicht stehen, sondern benötigen andere Pflanzen, an denen sie sich hochranken können. Deshalb werden sie in einer Mischkultur mit Hafer, Gerste oder einem anderen Getreide angebaut. Außerdem werden die Linsen einer Pflanze nicht alle gleichzeitig reif – zuerst reifen die Früchte am unteren Ende des Stängels, dann nach und nach alle bis ganz oben. Man kann sie nicht alle auf einmal ernten. Und nach der Ernte müssen die Linsen auch noch von dem anderen Getreide getrennt und gesäubert werden. Um eine bestimmte Menge Linsen zu ernten, sind also viel mehr Schritte nötig als bei einer vergleichbaren Menge Weizen oder Mais.

Das ist der Hauptgrund, warum Linsen in Deutschland und anderen Ländern nicht in großem Stil produziert werden: der Anbau und die Ernte sind zu aufwendig. Anders gesagt: Mit Linsen kann man auf den Märkten für Nahrungsmittel nicht genug verdienen. Deshalb setzen die meisten Landwirtinnen und Landwirte auf Pflanzen wie Mais, Weizen oder Gerste, die günstiger zu ernten sind und mit denen man besser kalkulieren kann. Aber das hat nicht nur mit den Landwirten zu tun, ganz im Gegenteil: Es hat vor allem mit uns Konsumentinnen und Konsumenten zu tun. Wir sehen in Lebensmitteln viel zu oft eine Billigware.

Mit Linsen kann man auf den Märkten für Nahrungsmittel nicht genug verdienen.

Offenbar denken wir nicht daran, was ein Lebensmittel eigentlich ist – nicht nur ein Mittel *zum* Leben, sondern auch ein Mittel *aus* Leben. Während viele Menschen auf der Welt Hunger leiden, werden noch verwendbare Lebensmittel in den reichen Ländern in großen Mengen weggeworfen, ein Drittel in Deutschland, bis zu 50 Prozent in den USA. Das ist doch verrückt, oder?

Aber die Sache mit dem Essen ist insgesamt ziemlich verrückt.

Es ist verrückt, dass so viele Menschen heute immer noch meinen, sie bräuchten unbedingt das Fleisch von Tieren, um ihren Körper mit der notwendigen Energie zu versorgen. Und es ist verrückt, dass wir auf ganz wenige Kulturpflanzen setzen, um uns und die Tiere, die wir essen, zu ernähren. Gigantische Rinderfarmen und Monokulturen führen dazu, dass der Boden rund um die Welt immer nährstoffärmer wird und immer mehr Flächen verloren gehen, die andere Arten als Lebensräume benötigen.

Von Agrarexperten ist in diesem Zusammenhang manchmal zu hören, dass »es anders eben nicht geht«, dass man die vielen Menschen auf der Erde nicht anders ernähren könne. Aber diese Argumentation wird von keiner wissenschaftlichen Studie bestätigt. Und sie ist auch sonst ziemlich absurd, weil wir bald *fast keinen* Menschen mehr werden ernähren können, wenn wir so weitermachen. Wenn immer mehr Arten aussterben, wird die Nahrungskette irgendwann zusammenbrechen.

Dabei stellt uns die Natur eine wahre Schatzkammer an vor allem pflanzlichen Alternativen zur Verfügung. Viele dieser Alternativen sind ungewohnt – wir müssen erst wieder herausfinden, was man alles mit ihnen machen kann und wie gut sie eigentlich schmecken. Und oft sind sie, wie *Lens culinaris*, aufwendiger zu kultivieren als die altbekannten Kulturpflanzen. Aber das sollte es uns wert sein. Das *muss* es uns wert sein. Ein Feld, auf dem Linsen wachsen, mag wirtschaftlich nicht so ertragreich sein wie ein Maisfeld, aber es liefert eine hochwertigere Nahrung. Und es ist, anders als ein Maisfeld, ein Feld voll unterschiedlicher Lebewesen. Ein Feld voller Leben. Pflanzen wie *Lens culinaris* sind wirklich Geschenke der Erde.

Und die Erde macht uns noch viel mehr Geschenke.

7 | Magier des Lebens

Shiitake

LENTINUS EDODES

Eine Pilzexpertin – man nennt sie Mykologinnen – hat uns einmal gesagt, dass Pilze die Welt retten. Wie sie das denn meine, fragten wir sie, aber da war sie leider schon wieder weg. Sie müsse zu den Pilzen, sagte sie.

Mykologinnen und Mykologen sind sehr interessante und sympathische Menschen, aber sie sind oft auch etwas verschroben. Kein Wunder, sie beschäftigen sich tagein, tagaus mit Pilzen. Wie seltsam ist das denn?

Aber was die Mykologin gesagt hatte, machte uns natürlich neugierig. Wieso sollen gerade Pilze die Welt retten? Und überhaupt: Welche Pilze meinte sie eigentlich?

Pilze können so viele Formen annehmen. Manche sehen aus wie ein Hut. Andere wie ein Becher oder eine Schüssel. Und wieder andere sind verzweigt wie ein Hirschgeweih. Außerdem ist das, was wir einen Pilz nennen, in Wahrheit nur ein Teil des Pilzes. Der viel, viel größere Teil liegt unter der Erde – ein riesiges Netz aus Pilzfäden, das den Boden durchdringt und sich mit den Wurzeln der Bäume verbindet, sodass man gar nicht richtig sagen kann, was Baum und was Pilz ist.

Es gibt allerdings auch winzig kleine Pilze – so klein, dass sie sich in den Ritzen unserer Haut ansiedeln, im Inneren eines Blattes leben oder vom Wind über die Meere getragen werden.

Wenn die Mykologin also keinen bestimmten Pilz meinte, sondern Pilze an sich, dann muss es etwas geben, das alle Pilze tun. Und es muss etwas sein, was nur Pilze tun – kein anderes Lebewesen. Keine Pflanze, kein Tier und natürlich auch kein Mensch.

Wir dachten sehr lange darüber nach, während wir im Herbst durch die Wälder und über die Wiesen streiften und nach Pilzen in allen Formen und Farben Ausschau hielten. Der Herbst ist nämlich die Zeit der Pilze.

Und irgendwann kamen wir darauf. Ja, die Mykologin hatte wirklich recht! Wenn es eines Tages keine Pilze mehr geben sollte, dann können die Pflanzen und Tiere und Menschen einpacken. Pilze retten tatsächlich die Welt.

Jetzt fragst du dich vermutlich, wie sie das tun. Was es ist, das nur Pilze tun können. Und wir würden es dir auch gerne sagen. Aber wir müssen leider weg.

Wir müssen zu den Pilzen.

Der König der Heilpilze

Wir schreiben, so ungefähr, das Jahr 1.000 nach unserer Zeitrechnung. Bei einem seiner Streifzüge durch die Wälder an der chinesischen Südwestküste fällt dem Mönch Wu San Kwung auf, dass an den Holzscheiten, die er einige Tage zuvor mit seiner Axt geschlagen und im Wald liegen gelassen hatte, ein bräunlicher Pilz gewachsen war. Das war eine sensationelle Entdeckung! Man kannte zwar allerlei Pilze in den Wäldern und wusste natürlich, dass sie auch an Bäumen wuchsen, aber dass sie besonders gut auf geschlagenem Holz wachsen, war eine ganz neue Erkenntnis. Damit legte Wu San Kwung den Grundstein für die erste Pilzzucht – lange bevor man in anderen Ländern herausfand, dass sich Pilze überhaupt züchten lassen. Während die Pilzzucht in Europa noch relativ jung ist, hat sie in asiatischen Ländern wie China und Japan eine sehr lange Tradition.

Während die Pilzzucht in Europa noch relativ jung ist, hat sie in asiatischen Ländern wie China und Japan eine sehr lange Tradition.

Ob sich die Geschichte von Wu San Kwung wirklich genau so zugetragen hat, weiß niemand, denn die Berichte darüber stammen aus einer viel späteren Epoche. Aber bis heute wird dieser legendäre Mönch in China jedes Jahr mit einem Festtag geehrt. Fast jeder chinesische Ort, an dem Pilze gezüchtet werden, hat eine Statue zu seinen Ehren, und sogar ein Tempel erinnert an seine Errungenschaften.

Die Verehrung gilt aber nicht nur Wu San Kwung, sondern auch dem Pilz, den er fortan gezüchtet hat. Denn das war ein ganz besonderer Pilz. Die Chinesen nennen ihn Xiang Gu (der »duftende Pilz«), aber weltweit bekannt wurde er im Laufe der Jahrhunderte unter seinem japanischen Namen Shiitake. *Take* ist Japanisch für Pilz und *shii* ist der Pasaniabaum, an dessen Stamm dieser Pilz am liebsten wächst. Manchmal wird er deshalb auch Pasaniapilz genannt.

Der Shiitake hat den wissenschaftlichen Namen *Lentinus edodes*. Pilze der Gattung *Lentinus* (vom lateinischen *lentus*: zäh) sind Baumbewohner, die im Holz eine Weißfäule erzeugen. Und *edodes* bedeutet so viel wie essbar. Der Shiitake ist von Natur aus in den Wäldern Chinas, Japans und Koreas zu finden. Er ist nicht sehr groß oder hat sonst irgendein besonders auffälliges Merkmal. Sein Hut ist bräunlich gescheckt, darunter sind weiße oder cremefarbene Lamellen. Wenn man im Wald nicht gezielt nach dem Shiitake Ausschau hält, würde man ihn kaum bemerken.

Aber dieser Pilz hat es in sich. Er beinhaltet wertvolle Eiweiße, Vitamine und Mineralstoffe, stärkt das menschliche Immunsystem und lindert körperliche Beschwerden wie Bluthochdruck, Magengeschwüre, Gicht, Diabetes und Leberleiden. Im alten Asien war der Shiitake ein fester Bestandteil der Medikamente, die von den Ärzten verabreicht wurden. Chinesische Kaiser sollen große Mengen des Pilzes gegessen haben, weil sie sich davon ein längeres Leben versprochen haben – oder sogar Unsterblichkeit.

Im alten Asien war der Shiitake ein fester Bestandteil der Medikamente, die von den Ärzten verabreicht wurden.

Das mit der Unsterblichkeit hat zwar nicht funktioniert, aber weil der Shiitake so gesund ist (und wunderbar würzig schmeckt), ist er heute aus der asiatischen Küche nicht mehr wegzudenken. Er gilt als der König der Heilpilze, und längst hat man seine medizinischen Kräfte auch in anderen Teilen der Welt entdeckt. Man kann ihn in Europa in jeder Apotheke als Pulver oder in Form von Kapseln kaufen. Versuchsweise wird er inzwischen sogar in der Behandlung von Krebserkrankungen eingesetzt, um das Immunsystem zu stimulieren und die Tumorbildung zu vermindern.

Kein Wunder also, dass man jenen Mann verehrt, der der Legende nach entdeckt hat, wie man den Shiitake züchtet. Denn um die Heilkräfte dieses Pilzes zu nutzen, braucht man kein Labor und keine Fabrik, sondern man baut ihn einfach auf einigen frisch gesägten Holzscheiten, auf Sägemehl oder Holzpellets an.

Oder noch einfacher: Man geht in den Wald und hält nach diesem Pilz Ausschau (wilde Shiitake wachsen in Europa vor allem in Eichenwäldern). Die Natur stellt ihn uns Menschen frei zur Verfügung. Das ist sehr nett von ihr, nicht wahr?

Gut oder böse?

Aber warte mal, ist *nett* eigentlich ein Wort, das zur Natur passt?

Viele Menschen sind dieser Überzeugung. Sie meinen, dass die Natur nicht nur nett zu uns Menschen ist, sondern dass die Natur ganz prinzipiell etwas Harmonisches und Versöhnliches hat. »In der Natur ist alles im Einklang«, sagen sie. »Die Natur ist das Paradies, das wir Menschen irgendwann einmal verloren haben. Wenn wir uns also wieder in die Natur einfügen, wird alles gut.« Natur ist für diese Leute eine Art Zauberwort für ein besseres, gesünderes und glücklicheres Leben. Und insgesamt hat der Begriff Natur ja auch einen ziemlich guten Klang – deshalb werden etliche Produkte damit beworben, dass sie nur aus »natürlichen Zutaten« bestehen.

Es gibt aber auch die entgegengesetzte Sichtweise: dass die Natur überhaupt nicht nett, sondern grausam und brutal ist. »In der Natur«, sagen die Leute, die dieser Überzeugung sind, »herrscht ein nie endender Konkurrenzkampf zwischen den Lebewesen. Ein Kampf um Nahrung, Lebensräume und vor allem ums Überleben. Die Natur kennt keine Sentimentalität und kein Mitleid. Fressen und gefressen werden ist das Motto der Natur.« Das führt so weit, dass einige Menschen regelrecht Angst vor der Natur haben. (Manchmal dient diese Sichtweise aber auch dazu, das eigene grausame Verhalten gegenüber anderen Menschen zu rechtfertigen.)

Beide Sichtweisen sagen viel mehr über uns Menschen aus als über die Natur.

Das liegt zum einen daran, dass wir Menschen uns einbilden, wir seien irgendwann aus der Natur »ausgetreten« und könnten sie jetzt sozusagen von außen betrachten und bewerten. Das ist ein großer Irrtum! Menschen sind immer noch ein fester Bestandteil der natürlichen Welt (und werden es vermutlich auch immer sein). Zwischen Mensch und Natur existiert keine Grenze. Wir können uns also nicht einfach hinstellen und sagen, die Natur dort draußen ist so oder so, denn die

Natur ist genauso in uns drinnen: in unseren Wohnungen, in unseren Körpern. Menschen *sind* Natur.

Und zum anderen liegt es daran, dass wir Menschen nicht nur dazu neigen, einzelne Lebewesen zu anthropomorphisieren, also zu vermenschlichen, sondern auch die Natur als Ganzes. Das heißt, wir übertragen unsere ethischen Vorstellungen von »gut« und »böse«, von »nett« und »grausam« auf den Rest der natürlichen Welt. Das ist der größtmögliche Anthropomorphismus – und er zeigt, wie sehr uns Menschen das Wissen über die Abläufe in der Natur abhandengekommen ist.

Denn weder das eine noch das andere ist richtig. Die Natur ist nicht nett. Aber sie ist auch nicht grausam. Sie ist mit unseren ethischen Bewertungen und Vorstellungen überhaupt nicht zu fassen. Das macht diese Bewertungen und Vorstellungen nicht weniger wichtig: Wenn sich Menschen anderen Menschen oder anderen Lebewesen gegenüber grausam verhalten, dann ist das falsch und darf nicht geschehen. Aber mit dieser ethischen Brille können wir nicht auf die übrige natürliche Welt blicken.

Die Natur kann etwas Wunderbares sein, aber sie ist alles andere als eine Idylle.

Die Natur kann etwas Wunderbares sein, aber sie ist alles andere als eine Idylle. Um ihr Weiterleben und den Fortbestand ihrer Art zu sichern, kommt es vor, dass sich Lebewesen Methoden bedienen, die man beim besten Willen nicht als nett bezeichnen kann. Das gilt für alle Arten, ob Pflanzen, Tiere, Bakterien oder Menschen. Und für Pilze gilt es ganz besonders.

Zum Beispiel dieser Pilz: *Ophiocordyceps unilateralis*. Er kommt in tropischen Wäldern vor und hat im Laufe der Evolution die Strategie entwickelt, eine bestimmte Ameisenart für sein Überleben zu nutzen. Er setzt sich an der Ameise fest, indem er Sporen auf ihr ablegt, und nach einer Weile beginnt er, den Körper der Ameise immer mehr zu kontrollieren. Bis diese schließlich gar keinen Ameisenwillen mehr besitzt und nur noch das tut, was der Pilz von ihr verlangt – seine Weiterverbreitung zu ermöglichen. Das geht so: Der Pilz zwingt die Ameise, auf eine Pflanze zu klettern (was sie normalerweise nie tun würde) und sich an einem Blatt festzubeißen. Während die Ameise an dem Blatt festhängt, wächst der Pilz in ihrem Inneren so lange an, bis er den Kopf oder die Beine der Ameise durchdringt und einen Fruchtkörper bildet. Ist dieser Fruchtköper voll entwickelt, platzen die Sporen heraus und regnen auf herumlaufende Ameisen herab – womit das Ganze von Neuem beginnt.

Pilze, die sich solcher Methoden bedienen, nennt man Zombie-Pilze, weil sie ihre Opfer willenlos machen. *Ophiocordyceps unilateralis* war die Inspiration für die pilzbefallenen Zombies im Computerspiel *The Last of Us* (das Spiel gibt es inzwischen auch als Fernsehserie), aber Zombie ist generell ein ziemlich treffender Begriff, denn auf den ersten Blick würde man diese Pilze wohl als »böse« bezeichnen. So wie viele andere Pilzarten auch.

Pilze der Gattung *Batrachochytrium* zum Beispiel sind dafür verantwortlich, dass in den vergangenen Jahrzehnten unzählige Amphibienarten, vor allem Frösche und Salamander, ausgestorben sind. *Batrachochytrium* infiziert die Haut von Amphibien und beeinträchtigt ihre Fähigkeit, Wasser zu regulieren, sodass viele Tiere sterben. Kein Krankheitserreger hat derart massiv zum weltweiten Artenverlust beigetragen wie diese Pilze. Wir Menschen sind nicht verantwortlich dafür, dass es *Batrachochytrium* gibt (Pilze dieser Gattung existieren schon seit Millionen von Jahren), aber über die globalen Handelsströme verbreiten wir sie rund um die Welt.

Ein anderes Beispiel: Der Pilz *Chalara fraxinea*, dessen Hauptfruchtform auch unter dem Namen Falsches Weißes Stängelbecherchen bekannt ist und aus Asien stammt (wo er keine Probleme verursacht), sorgt seit vielen Jahren dafür, dass in ganz Europa junge Eschen schnell absterben und alte Bäume lange vor sich hin siechen. Die Pilzsporen infizieren die Blätter der Esche und dringen von dort in die Triebe vor. Die Blätter welken, die Rinde verfärbt sich orange, und schließlich stirbt der Trieb ab.

Natürlich haben wir alle auch schon von Giftpilzen gehört, die man auf keinen Fall essen darf: etwa den Knollenblätterpilz oder den Fliegenpilz. Und mit so unappetitlichen Dingen wie Fußpilz oder Hautpilz, die man unbedingt wieder loswerden will, hat der eine oder andere vielleicht ebenfalls bereits Bekanntschaft gemacht.

Wenn man sich das alles vor Augen führt, könnte man zu dem Schluss kommen, dass Pilze ziemlich garstige Lebewesen sind. Allerdings ist der Shiitake ebenfalls ein Pilz und er ist überhaupt nicht garstig, ganz im Gegenteil: Er hilft uns Menschen. Sollen wir Pilze denn jetzt als gut oder als böse bezeichnen? Oder sollen wir sie in gute und böse Pilze unterteilen?

Am besten weder das eine noch das andere. Wie die Natur insgesamt sind Pilze nicht gut und auch nicht böse. Sie sind einfach nur *sie selbst*. Und es kommt darauf an, was wir Menschen daraus machen.

Was ist eigentlich ein Pilz?

Zombie-Pilze wie *Ophiocordyceps unilateralis* sind übrigens gar nicht so selten, sie kommen recht häufig vor. Und sie wenden die Methode, Ameisen oder andere Insekten zu kontrollieren, um sich fortzupflanzen, schon seit Millionen von Jahren an.

Solche und etliche andere spannende Informationen über Pilze hat man aber erst kürzlich herausgefunden, weil viele Pilze so klein sind, dass sie selbst mit feinsten Mikroskopen nur schwer identifiziert werden können. Erst als die Wissenschaft damit begonnen hat, das Erbgut der unterschiedlichen Lebewesen zu analysieren, wurden immer mehr Pilzarten entdeckt. Heute wissen wir, dass Pilze praktisch überall sind: im Boden, in der Luft, in der Wohnung, auf und in unseren Körpern.

Weltweit sind über 100.000 Pilzarten bekannt, aber man schätzt, dass es bis zu fünf Millionen gibt (damit sind Pilze ähnlich artenreich wie die Insekten). Es existiert kaum ein Ort auf der Erde, an dem man keine Pilze findet, ob in den Meeren, in den Wüsten oder in den Polarregionen. Und wann immer sich ein neues Ökosystem bildet, wenn etwa eine neue Vulkaninsel entsteht, dann sind Pilze die ersten Lebewesen, die sich dort – in Form von Flechten, einer engen Lebensgemeinschaft aus Pilzen und Algen – ansiedeln und die Grundlage für weitere Lebewesen bilden. So wie das Leben, wie wir es kennen, ohne Bakterien und Insekten nicht vorstellbar ist, so ist es auch ohne Pilze nicht vorstellbar.

Der eigentliche Pilz, der die Fruchtkörper hervorbringt, ist ein labyrinthartiges Gewebe unter der Erde, das als »Myzel« bezeichnet wird.

Und doch wissen wir nur wenig über Pilze, viel weniger jedenfalls als über Pflanzen und Tiere, weil die meisten von ihnen im Verborgenen leben. Und das im wahrsten Sinne des Wortes. Denn das, was wir gemeinhin als Pilz bezeichnen, die Stiele mit dem kleinen oder großen Hut, sind lediglich die Fruchtkörper des Lebewesens Pilz. Das heißt, sie sind nur ein kleiner Teil von ihm. Der eigentliche Pilz, der die Fruchtkörper hervorbringt, ist ein labyrinthartiges Gewebe unter der Erde, das als »Myzel« bezeichnet wird.

Ein Myzel kann sich über mehrere Quadratkilometer erstrecken und massenhaft Fruchtkörper produzieren. Im amerikanischen Bundesstaat Oregon gibt es einen Hallimasch-Pilz, dessen Myzel sich über eine Fläche von neun Quadratkilometern ausbreitet und schätzungsweise 600.000 Kilogramm wiegt – er gilt damit als der größte lebende Organismus der Welt.

Ein Myzel kann jahrelang in einem Baumstamm oder im Boden eines Hauses wachsen, bis irgendwann die äußeren Temperatur- und Feuchtigkeitsbedingungen stimmen und es erstmals einen Fruchtkörper bildet. Oft weiß man also gar nicht, ob man sich gerade in der Nähe eines Pilzes aufhält oder nicht. Pilze sind nicht so leicht erfahrbar wie die bunte, vielfältige Welt der Pflanzen und Tiere. Die meisten wachsen entweder dort, wo wir sie nicht sehen können, oder sie sind so klein, dass wir sie mit bloßem Auge nicht wahrnehmen können.

Deshalb haben wir Menschen uns mit Pilzen lange Zeit ziemlich schwergetan. Aristoteles sah in Pilzen eine Form von Pflanzen – eine Sichtweise, die sich jahrhundertelang gehalten hat. Carl von Linné bemerkte im 18. Jahrhundert zwar, dass sich Pilze anders als Pflanzen nicht von Sonnenlicht ernähren, sondern von anderen Lebewesen, aber erst 1969 wurden Pilze zu einer eigenen Gruppe von Organismen erklärt. Seither spricht man nicht nur von »Flora«, die Gesamtheit der Pflanzenarten in einem bestimmten Gebiet, und »Fauna«, die Gesamtheit der Tierarten, sondern auch von »Funga« – eben die Gesamtheit der Pilze (*fungus* ist Lateinisch für Pilz).

Völlig zu Recht, denn Pilzen fehlen praktisch alle spezifischen Merkmale von Pflanzen wie Wurzeln, Blätter oder Samen. Pilze vermehren sich auch ganz anders als Pflanzen. Die meisten von ihnen vermehren sich sexuell – über Sporen, die von einem Pilzfruchtkörper freigesetzt werden und mit den Sporen eines anderen Pilzes derselben Art verschmelzen. Im Gegensatz zu Pflanzen bestehen die Zellwände von Pilzen auch nicht aus Zellulose, sondern aus Chitin, einem Stoff, der die Panzer von Schalentieren, Insekten und Spinnen bildet. Streng genommen sind Pilze also enger mit Tieren als mit Pflanzen verwandt. Aber letztlich sind Pilze Pilze: eine eigene Lebensform mit ganz speziellen Eigenheiten und Fähigkeiten, die keine anderen Lebewesen besitzen.

Pilze sind die großen Verwandler unter den Lebensformen der Erde. Sie ernähren sich nicht von Sonnenstrahlen wie Pflanzen, aber sie verleiben sich ihre Nahrung auch nicht ein wie Tiere. Sondern sie *absorbieren* ihre Nahrung. Sie wandeln organisches Material in lösliche Verbindungen um, die sie dann in sich aufnehmen. Anders gesagt: Sie verdauen ihre Nahrung, *bevor* sie sie essen.

Das macht Pilze zu den fleißigsten und wichtigsten Recyclern der Welt. Sie heften sich an tote Lebewesen, Exkremente oder abgefallene Blätter, zersetzen sie, nehmen ihre Nährstoffe auf und führen diese Nährstoffe dann in den Boden zurück, wodurch sich neue fruchtbare Erde bildet – die Grundlage für jedes Pflanzenwachstum. Pilze wachsen deshalb so gerne an umgestürzten Baumstämmen oder frisch geschnittenem Holz, weil sich darin Stoffe befinden, die sie für ihr Wachstum und ihre Fortpflanzung verwenden können: Was einmal ein Baum war, verwandelt sich Schritt für Schritt in das Myzel und den Fruchtkörper eines Pilzes.

Pilze können auch lebende Bäume befallen und, wie im Fall der Eschen, einer Baumart große Probleme bereiten, aber trotzdem sind sie für ein Ökosystem unverzichtbar. Ohne Pilze würden die Wälder und andere Ökosysteme an den Unmengen abgestorbenen organischen Materials ersticken. Während sich Insekten wie Mistkäfer lediglich um ein bestimmtes organisches Material wie den Kot von Tieren kümmern, zersetzen Pilze nahezu alles. Sie sind sogar in der Lage, einige der widerstandsfähigsten nicht organischen Substanzen – von Steinen über Rohöl bis zu Plastik – abzubauen.

Schon das macht Pilze einzigartig und unverzichtbar für das Leben auf der Erde. Aber es kommt noch etwas ebenso Wichtiges hinzu: Pilze bilden sogenannte »symbiotische Lebensgemeinschaften« mit Pflanzen, von denen beide Lebensformen profitieren. Das funktioniert so: Die Fäden des Pilzmyzels umgeben die Wurzeln einer Pflanze und erzeugen so eine Art Mantel, mit dem die Wurzeln leichter Nährstoffe und Wasser aus dem Boden aufnehmen können. Dem Pilz wiederum ermöglicht diese Strategie, dass er aus den Wurzeln energiereiche Zucker und andere Nährstoffe herauslösen kann, die die Pflanzen durch Fotosynthese produziert haben.

Dieses Zusammenspiel zwischen Pilzen und Pflanzen, das man als »Mykorrhiza« oder »Pilz-Wurzel« bezeichnet, war lange völlig unbekannt. Inzwischen weiß man, dass es fast überall vorkommt, wo es Pilze und Pflanzen gibt – rund 90 Prozent aller Landpflanzen leben in solchen symbiotischen Gemeinschaften! Und man weiß, dass es die Biosphäre in ihrer heutigen Form überhaupt erst hervorgebracht hat. Vor 500 Millionen Jahren konnten die Pflanzen den Übergang von Wasser zum Land nur deshalb vollziehen, weil sie mit Pilzen zusammenwirkten, die ihnen als Wurzelsysteme dienten – lange bevor sie von der Evolution mit eigenen Wurzeln ausgestattet wurden.

Unter dem Boden eines Waldes verbinden sich die Wurzeln der Bäume und das Myzel der Pilze nämlich zu einem riesigen Netzwerk, das man auch »Wood Wide Web« nennt.

Ohne die Mykorrhiza würde die Welt heute völlig anders aussehen. Wälder, wie wir sie kennen, würde es zum Beispiel nicht geben. Unter dem Boden eines Waldes verbinden sich die Wurzeln der Bäume und das Myzel der Pilze nämlich zu einem riesigen Netzwerk, das man auch

»Wood Wide Web« nennt (in Anlehnung an das Internet, dem »World Wide Web«). Ein Wald ist nicht nur eine Ansammlung von Bäumen, die nebeneinander in der Erde wachsen – ein Wald ist die Verbindung unterschiedlichster Lebewesen, die so eng ist, dass diese Lebewesen fast miteinander verschmelzen.

Wie ein solches »Wood Wide Web« wirklich funktioniert, wie eng das Zusammenspiel von Pilzen und Bäumen tatsächlich ist und wer dabei genau was macht, ist noch unbekannt (Bakterien zum Beispiel sind, wie man herausgefunden hat, ebenfalls ein wichtiger Bestandteil dieses Netzwerkes). Aber es steht fest, dass erst die speziellen Fähigkeiten der Pilze die lebendige Welt, wie wir sie kennen, möglich gemacht haben. Und dass sie diese Welt aufrechterhalten.

Denn Pilze sind wahre Magier des Lebens. Sie verwerten nicht nur ihre Nahrung auf einzigartige Weise, sie machen daraus auch etwas sehr Wertvolles für andere Lebewesen.

Nicht zuletzt für uns Menschen.

Mit der Natur zusammenarbeiten

Dass Pilze Heilkräfte haben, erkannten Menschen schon vor langer Zeit. Als man den »Ötzi« untersuchte, die über 5.000 Jahre alte, aber sehr gut erhaltene Leiche eines Mannes, die im Alpenraum entdeckt wurde, fand man in der Tasche, die er bei sich hatte, kleine Stücke eines Birkenporlings – ein Pilz, der eine entzündungshemmende Wirkung hat.

Man nimmt an, dass die meisten Kulturen der Vergangenheit wussten, dass sich bestimmte Pilzarten als Arznei eignen, denn bei indigenen Völkern hat sich dieses Wissen bis heute erhalten. Die australischen Aborigines zum Beispiel behandelten Wunden mit Schimmelpilzen. Was heute eine Ärztin oder ein Arzt in einem Krankenhaus ist, war einst der Schamane oder Druide eines Volkes, die Kräuterfrau eines Dorfes oder einzelne Mönche und Nonnen in mittelalterlichen Klöstern wie die berühmte Hildegard von Bingen aus dem 12. Jahrhundert. In allen Gegenden und Völkern der Welt gab es Medizinfrauen und Medizinmänner, die von den heilenden Eigenschaften bestimmter Pflanzen und Pilze Kenntnis hatten. Sie wurden nicht nur aus religiösen Gründen geachtet, sondern weil sie genau wussten, wie man sich die Kräfte der Natur zunutze macht.

Auch die moderne Medizin hat längst die heilende Wirkung von Pilzen erkannt. 40 Prozent aller pharmazeutisch produzierten Medikamente beinhalten Pilzwirkstoffe, und eine der großen Sternstunden in der Geschichte der Medizin ist mit einem Pilz verbunden: 1928 entdeckte der britische Mediziner Alexander Fleming, dass der Schimmelpilz *Penicillium chrysogenum* eine Bakterien tötende Substanz produziert. Damit war das erste moderne Antibiotikum erfunden: das Penicillin, das seither Millionen Menschenleben gerettet hat.

1928 entdeckte der britische Mediziner Alexander Fleming, dass der Schimmelpilz *Penicillium chrysogenum* eine Bakterien tötende Substanz produziert.

Auch wenn die Medizin heute eine hochtechnische Angelegenheit ist, sind wir bei der Arzneimittelherstellung sehr häufig auf wild lebende Organismen angewiesen. Sogar das Aspirin, das am häufigsten verwendete Arzneimittel der Welt, basiert auf einem pflanzlichen Wirkstoff, den man im Echten Mädesüß, einem Rosengewächs, entdeckt hat. So erfindungsreich wir Menschen auch sein mögen, wir können nur die allerwenigsten natürlichen Substanzen künstlich herstellen.

Aber wozu sollten wir das auch tun? Andere Lebewesen erledigen das ja für uns. Und zwar noch viel mehr, als wir denken.

All die Heilsubstanzen von Pilzen und Pflanzen, die wir entdeckt haben, sind nämlich nur ein winziger Teil der Menge, die uns zur Verfügung stehen *könnte*. Bis heute hat man noch keine fünf Prozent aller Blütenpflanzen der Erde auf ihre heilende Wirkung untersucht – und bei Pilzen sind es noch viel weniger. Was gäbe es da alles zu erforschen und zu entdecken!

Die Natur stellt uns eine riesige Apotheke bereit. Aber anstatt sie konsequent zu nutzen, zerstören wir sie. Mit jeder Pilz- und Pflanzenart, die durch Waldrodung, Bodenversiegelung oder Vergiftung mit

Herbiziden und Fungiziden verloren geht, geht auch eine womöglich wertvolle Substanz verloren, die wir gegen schlimme Krankheiten einsetzen könnten und die in keinem Labor der Welt erfunden werden kann.

Die Natur stellt diese Apotheke nicht bereit, weil sie so selbstlos oder nett ist. Alles in der Natur ist das Ergebnis eines Prozesses, in dem Bakterien, Pilze, Pflanzen und Tiere im Laufe von Jahrmillionen ihre ganz eigenen Strategien entwickelt haben, um ihre Art so lange wie möglich zu erhalten. Wenn Zombie-Pilze Insekten befallen und die Kontrolle über sie übernehmen, dann ist das eine dieser Strategien. Und wenn sich Pilze und Pflanzen in einer Mykorrhiza miteinander verbinden, die zum beiderseitigen Vorteil ist, dann ist das eine andere.

Jede Lebensform hat im Laufe der Evolution Strategien entwickelt, um sich gegen Krankheiten zu wehren. Natürliche Organismen sind hervorragende Laboranten.

Dasselbe gilt für die heilenden Substanzen der Natur, die wir Menschen uns zunutze machen können. Alle Lebewesen, auch Pilze, können krank werden, und jede Lebensform hat im Laufe der Evolution Strategien entwickelt, um sich gegen diese Krankheiten zu wehren. Natürliche Organismen sind hervorragende Laboranten. Jede Pflanzen-, Tier- und Pilzart hat über eine sehr lange Zeit hinweg mit chemischen Substanzen experimentiert, um herauszufinden, welche davon ihren besonderen Bedürfnissen entsprechen. Wenn wir Arzneimittel anwenden, die aus Shiitake-Pilzen produziert werden, nutzen wir eine Problemlösung, auf die der Shiitake schon vor Millionen von Jahren gestoßen ist, und er hatte Millionen von Jahren Zeit, diese Lösung zu verbessern und zu verfeinern.

Im Vergleich dazu sind wir Menschen eine extrem junge Lebensform. Warum sollten wir also nicht etwas von der Erfahrung und dem Wissen der Altvorderen lernen?

Da wir Menschen uns aber einbilden, wir seien irgendwann aus der Natur »ausgetreten«, meinen wir, wir könnten es besser als die anderen Lebewesen, schließlich haben wir ja Labors und Fabriken, die alles herstellen, was wir so zum Leben und für unsere Gesundheit benötigen. Das ist nicht nur ein großer Irrtum – es ist einfach dumm.

Das heißt nicht, dass du jetzt sorglos alle Substanzen zu dir nehmen sollst, die uns die Natur als Medikamente zur Verfügung stellt. Und vor allem nicht in zu hoher Dosis. Wenn man zum Beispiel zu viel Shiitake isst, kann es zu einem sehr unangenehmen Hautausschlag kommen. Das gilt für alle medizinischen Substanzen. Wenn man zu viel von ihnen zu sich nimmt, das erkannte im 16. Jahrhundert schon der berühmte Arzt Paracelsus, können sie zu Gift werden.

Gesundheit ist ein sehr schwieriges Thema. Neben der Ernährung gibt es kaum ein anderes Feld, über das so heftig gestritten wird, wie Krankheiten und wie man sie am besten behandelt. Wie beim Essen zeigt sich auch bei der Gesundheit, dass wir Menschen eng mit der natürlichen Welt um uns herum verflochten sind und dass es keinen Sinn ergibt, diese natürliche Welt mit irgendwelchen menschlichen Kategorien von »gut« und »böse« zu belegen. Es kommt schlicht und einfach darauf an, sie zu verstehen und mit ihr zusammenzuarbeiten. Mit den Tieren. Mit den Pflanzen. Mit den Bakterien. Mit den Pilzen.

Was voraussetzt, dass wir diese Lebewesen nicht wahllos töten und zum Aussterben bringen, sondern ihnen den Raum zum Leben lassen, den sie benötigen.

Und das wiederum setzt voraus, dass wir sie überhaupt wahrnehmen.

8 | Die Welt anders erfahren

Goldene Seidenspinne

NEPHILA CLAVIPES

Eines Morgens erwachte der zwölfjährige Franz aus unruhigen Träumen und fand sich in seinem Bett in eine Spinne verwandelt. Hast du so etwas schon einmal erlebt? Wahrscheinlich nicht. Passiert ja auch nicht ständig, dass man sich in eine Spinne verwandelt. Aber an diesem Morgen war es bei Franz eben so.

Das Erste, was er dachte, war: Wow, wie cool! Jetzt bin ich Spiderman. Jetzt krabble ich die Wände hoch, schwinge mich mit meinen Seidenfäden von Haus zu Haus, baumle kopfüber von den Dächern. Jetzt jage ich die Bösen mit meinen Spinnenkräften. Fange sie mit meinem Netz. Die werden Augen machen. Die ganze Stadt wird Augen machen. Nein, die ganze Welt wird Augen machen. Das wird ein toller Tag!

In diesem Moment klopfte es an der Tür. »Franz«, rief es – es war seine Mutter. »Franz, es ist Viertel vor sieben. Zeit zum Aufstehen.«

»Ja, ich komme«, rief Franz zurück. Das heißt, er meinte, es zu rufen, aber er war sich nicht sicher, ob er überhaupt eine Stimme hatte. Er war ja jetzt eine Spinne, und er wusste gar nicht, wie Spinnen kommunizierten. Aber das würde er schon herausfinden.

Erst mal musste er raus aus dem Bett. Was gar nicht so einfach war. Er setzte ein Spinnenbein vor das andere, aber immer wieder stolperte er über eines der Beine. Acht Beine sind wirklich sehr unpraktisch – jedenfalls wenn man zwei gewohnt ist. Außerdem türmte sich die Bettdecke vor ihm auf wie ein Hochgebirge. Es würde ewig dauern, bis er auch nur das Fußende des Bettes erreicht hatte. Leicht genervt strich er sich mit einem Bein über seine Mundwerkzeuge. Dann krabbelte er weiter.

Da öffnete sich die Tür und seine Mutter kam herein. Sie sah sich im Zimmer um und murmelte: »Wo ist er nur? Wahrscheinlich schon aufgestanden.« Plötzlich wurden ihre Augen ganz groß. »Igitt, eine Spinne! Na, du hast ja Nerven, in Franz' Bett herumzukrabbeln. Warte nur, ich hole den Staubsauger!« Und schon lief sie los, um den Staubsauger zu holen.

Franz, der gerade die Hälfte des Bettes erreicht hatte, blieb stehen, schwenkte seinen Spinnenkopf hin und her und dachte: Oje! Das könnte auch ein ziemlich ätzender Tag werden.

Ein scheinbar leichtes Experiment

Eigentlich hörte es sich ganz leicht an. »Stellt euch vor, ihr wärt eine Spinne«, sagte die junge Wissenschaftlerin, die das Experiment beaufsichtigte. Also stellten wir uns vor, wir wären eine Spinne. Aber was dann folgte, war eine ziemlich verstörende Erfahrung.

Das war im Herbst 2022 auf einer zweitägigen Veranstaltung, die unter dem Motto »Die Welt durch andere Augen sehen!« stand. Es ging dort um die Sinne der unterschiedlichen Lebewesen auf der Erde. Man konnte jede Menge spannender Vorträge dazu hören, wie andere Lebewesen die Welt um sich herum wahrnehmen – eben oft ganz anders als wir Menschen. Und es gab auch einige praktische Experimente zum Thema Sinne, an denen die Besucherinnen und Besucher teilnehmen konnten. Zum Beispiel konnte man mit Aromastoffen Düfte kreieren, die für bestimmte Tiere oder Pflanzen charakteristisch sind. Man konnte auch durch ein Labyrinth aus gläsernen Wänden gehen und dabei lernen, wie unsere Sinne interagieren. Und man konnte sich eine virtuelle Brille aufsetzen und damit erleben, wie es sich anfühlt, wie ein Vogel durch die Luft zu schießen.

Und dann war da noch das Experiment, an dem wir teilnahmen. In einem Kellerraum war ein großes Netz aus dicken Seilen geknüpft worden, sozusagen ein überdimensionales Spinnennetz, das den halben Raum vom Boden bis zur Decke füllte. Die Idee war, sich in diesem Netz wie eine Spinne zu verhalten. Das hieß nicht, dass man zur Decke hochklettern sollte (das hätte man natürlich auch tun können), sondern es ging vor allem darum, die Welt wie eine Spinne *wahrzunehmen*.

Das fanden wir beide extrem spannend – gerade weil wir, wie die meisten Menschen, ein etwas distanziertes Verhältnis zu Spinnen haben. Jedenfalls überkommt uns nicht gleich der Drang, sie zu streicheln, wenn wir eine sehen. Wir wissen natürlich, dass Spinnen in der Regel völlig harmlos sind, aber was diese Vertreter der Familie der Arthropoden angeht, sind wir trotzdem lieber vorsichtig. Man weiß ja nie.

Gleichzeitig sind Spinnen unglaublich faszinierende Lebewesen. Ebenso wie die Haie gehören die Spinnentiere *(Arachnida)* zu den alten Dynastien, das heißt, sie haben alle dramatischen Veränderungen der Erdgeschichte überstanden und sich immer weiterentwickelt. Spinnen gibt es seit fast 400 Millionen Jahren und man nimmt an, dass sie schon immer Seidenfäden produziert haben, um damit ihre Eier einzuhüllen, ihre Unterkünfte zu bauen oder sich nach unten abzuseilen. Einige Arten bauen damit auch die berühmten Spinnennetze, mit denen sie Insekten fangen.

So wie die Spinne, in die wir uns verwandeln sollten: *Nephila clavipes*. *Nephila* ist eine Gattung von Seidenspinnen, und mit *Nephila clavipes* wird die Goldene Seidenspinne (oder auch Goldene Radnetzspinne) bezeichnet, die vor allem in den USA, der Karibik und Argentinien vorkommt. Die Netze von Spinnen der Gattung *Nephila* sind so reißfest und manchmal auch so groß, dass sich sogar kleine Vögel darin verfangen können. Auf manchen karibischen Inseln wurden sie sogar als Fischernetze verwendet.

Dass diese Spinnen so große Netze bauen können, glaubt man zunächst gar nicht, wenn man sie sieht. In dem Kellerraum, in dem das Experiment stattfand, stand auch ein Glas mit einigen Exemplaren von *Nephila clavipes*. Im Gegensatz zu Vogelspinnen oder Taranteln sind sie eher klein. Die Körper ausgewachsener Weibchen werden zwischen zweieinhalb und vier Zentimeter lang, die Männchen sind noch kleiner (zum Vergleich: Der Körper einer Vogelspinne kann bis zu 12 Zentimeter lang werden). Sie wirken allerdings größer, als sie sind, weil ihre Beine extrem lang sind. Ihre Oberseite ist gefärbt, manchmal orange, manchmal olivfarben, und trägt zehn bis zwölf sehr auffällige gelbe Punkte. Wenn man *Nephila clavipes* länger betrachtet, merkt man, wie schön Spinnen sein können.

Aber wir hatten damals nicht viel Zeit, sie näher zu betrachten, denn es ging ja darum, zu einer Spinne zu *werden*. Das Experiment ging los. Wir mussten uns mit beiden Händen an dem großen Netz aus Seilen festhalten. Dann setzte man uns einen Kopfhörer auf, aus dem Dschungelgeräusche kamen. Und dann wurde uns noch eine schwarze Augenbinde umgebunden. Die meisten Spinnen haben zwar acht Augen, aber sie sehen ziemlich schlecht. Der wichtigste ihrer Sinne ist der Tastsinn – mit den Härchen an ihren Beinen und an ihrem Kiefer können sie die feinsten Erschütterungen und Schwingungen spüren. Spinnen nehmen die Welt vor allem über Vibrationen wahr, und mit unseren Augenbinden und Kopfhörern waren auch wir jetzt praktisch ausschließlich auf unseren Tastsinn angewiesen.

Spinnen haben zwar acht Augen, aber sie sehen ziemlich schlecht.

Irgendwo im Netz – wo genau, sahen wir natürlich nicht – wurde ein großes Stofftier platziert. Es stellte ein Insekt dar, das sich dort verfangen hatte, und gab elektrische Schwingungen von sich, die wie Vibrationen durch das Netz liefen – für eine Spinne das Signal, dass in ihrem Netz eine Beute gelandet war.

Unsere Aufgabe war es nun, zu dieser Beute zu gelangen. Wir sollten uns, mit beiden Füßen auf dem Boden, am Netz entlanghangeln, bis wir das Stofftier erreichten, und uns dabei ausschließlich an den Vibrationen orientieren, die wir in unseren Händen spürten und die immer stärker wurden, je näher wir der Beute kamen – und immer schwächer, je mehr wir uns von ihr entfernten.

Das klingt eigentlich nicht besonders schwierig, oder? Schließlich haben wir Menschen ja auch einen Tastsinn, mit dem wir feine Erschütterungen spüren können. Aber kaum hatten wir Augenbinde und Kopfhörer auf und nahmen unsere Umgebung nur noch durch den Kontakt der Hände mit dem »Netz« wahr, war es, als hätte man uns in ein fremdes Universum katapultiert, in dem völlig andere Regeln gelten als in unserem. Mühsam hangelten wir uns am Netz entlang und versuchten, die Intensität der Vibrationen zu erspüren und uns in die Richtung zu bewegen, in der wir die »Beute« vermuteten.

Das muss ein ziemlich lustiger Anblick gewesen sein, denn immer wieder stolperten wir in die falsche Richtung, und ab und zu prallten wir sogar zusammen. Es dauerte jedenfalls sehr, sehr lange, bis einer von uns schließlich auf das Stofftier stieß.

Anders heißt wirklich *anders*

Dieses Experiment hat uns nachdenklich gemacht. Denn natürlich waren wir nicht plötzlich in einem fremden Universum gelandet. Wir waren immer noch in unserem Universum. Wir haben dieses Universum – die Realität – nur ganz anders wahrgenommen. Eben wie eine Spinne. Das war ja auch die Idee des Experiments.

Alle Lebewesen nehmen die Realität über ihre Sinne wahr. Wir Menschen zum Beispiel sehen, hören, riechen, schmecken und tasten (und das sind nur unsere fünf Hauptsinne, es gibt noch einige andere, zum Beispiel den Gleichgewichtssinn). Unsere Sinne »zeigen« uns sozusagen die Welt um uns herum, aber gleichzeitig fungieren sie auch als Filter, denn wir nehmen die Welt nicht vollständig wahr, sondern nur jenen Teil davon, den uns die Sinne ermöglichen wahrzunehmen. Das gilt für alle Lebewesen.

Und das wiederum heißt, dass jede Lebensform die Welt ein wenig anders wahrnimmt. Denn die Sinne sind bei den Lebewesen ganz unterschiedlich verteilt.

Seesterne zum Beispiel sehen mit den Spitzen ihrer Arme – und Seeigel mit ihrem ganzen Körper. Eulen können das Rascheln einer Maus auf mehrere Kilometer Entfernung hören. Rotkehlchen und Schildkröten nehmen die Magnetfelder der Erde wahr. Haie spüren über ihre Haut elektrische Energie, und Schnabeltiere haben sich sogar darauf spezialisiert, ihre Beute mit den Elektrorezeptoren in ihrem Schnabel zu jagen. Alle diese Lebewesen befinden sich in derselben Realität, aber die Realität ist für sie nicht dieselbe – jedenfalls nicht ganz.

Das gilt nicht nur für Lebewesen, die irgendwo im Meer oder in den Wäldern leben. Auch die Sinnesorgane von Haustieren sind ganz anders beschaffen als unsere. Der Geruchssinn von Hunden ist hundertmal stärker ausgeprägt als der von Menschen. Hunde leben überwiegend in einer Welt aus Gerüchen. Wie Katzen besitzen sie für die Wahrnehmung von Gerüchen neben der Nase sogar noch ein zweites Sinnesorgan, das sogenannte »Jacobson-Organ«. Damit riechen sie chemische Signale am Boden und in der Luft, von denen wir Menschen gar nicht wissen, dass es sie gibt.

Das alles hat man durch Experimente herausgefunden. Meistens viel aufwendigere Experimente als das mit den Spinnen, an dem wir teilgenommen haben. Aber immer Experimente, bei denen man sich gefragt hat, wie andere Lebewesen wohl die Welt wahrnehmen, welche Sinne bei ihnen besonders ausgeprägt sind und welche nicht.

Nimmt man die Welt tatsächlich wie eine Spinne wahr, wenn man sich eine Augenbinde umbindet und einen Kopfhörer aufsetzt?

Doch hier kommt eine wirklich interessante Frage: Nimmt man die Welt tatsächlich wie eine Spinne wahr, wenn man sich eine Augenbinde umbindet und einen Kopfhörer aufsetzt? Anders gefragt: Sind wir Menschen überhaupt in der Lage, nachzuvollziehen, wie ein nicht-menschliches Lebewesen die Welt wahrnimmt?

Dem amerikanischen Philosophen Thomas Nagel zufolge sind wir dazu nicht in der Lage. Nagel schrieb 1974 einen der bis heute einflussreichsten philosophischen Aufsätze überhaupt. Er trägt den Titel »Wie ist es, eine Fledermaus zu sein?« Die Antwort auf diese Frage, so Nagel, ist, dass es keine Antwort gibt. Wir Menschen werden nie erfahren, wie es ist, eine Fledermaus zu sein. Denn die inneren Erlebnisse von nichtmenschlichen Lebewesen sind so subjektiv und so *anders* als unsere, dass sie sich nicht beschreiben lassen.

Thomas Nagel hat ganz bewusst das Beispiel der Fledermaus gewählt. Fledermäuse sind Säugetiere, uns Menschen also näher verwandt als Insekten oder Fische (oder Spinnen). Aber gleichzeitig hat die Evolution den Fledermäusen einen völlig anderen Sinnesapparat verpasst.

Fledermäuse nehmen die Welt mittels Schallortung wahr. Das funktioniert wie ein Radar oder eine Echolotung bei einem Schiff: Die Fledermaus sendet durch Klicken, Zwitschern oder Quietschen Schallwellen aus, die sich in der Umgebung ausbreiten. Wenn diese Wellen auf ein Objekt – einen Baum, eine Wand oder ein Beutetier – treffen, werden sie reflektiert und kehren zur Fledermaus zurück. Sie macht sich also über

Geräusche ein Bild der Realität. Die Entfernung, die Größe, die Form und auch die Bewegung von Objekten um sie herum – das alles sind für sie Geräusche.

Menschen besitzen diese angeborene Fähigkeit zur Schallortung nicht, und deshalb, sagt Thomas Nagel, gibt es für uns keine Möglichkeit, die Welt wie eine Fledermaus zu erleben – oder sich vorzustellen, wie eine Fledermaus die Welt erlebt. Wir Menschen können zwar eine technische Apparatur bauen, die schrille Töne von sich gibt und deren Echo man dann dazu nutzt, um sich im Raum zu orientieren. Eben wie es Fledermäuse tun. Aber das bedeutet nicht, dass wir dann wüssten, wie es ist, eine Fledermaus zu *sein*. Genauer gesagt: wie es für eine Fledermaus ist, eine Fledermaus zu sein. Denn, so Nagels Fazit: »Wenn ich mir dies nur vorzustellen versuche, bin ich auf die Ressourcen meines eigenen Bewusstseins eingeschränkt, und diese Ressourcen sind für das Vorhaben unzulänglich.«

Obwohl wir Menschen der wissenschaftlichen Forschung viele sensationelle Entdeckungen verdanken, was die Sinneswahrnehmung anderer Lebewesen betrifft, versetzt es uns also nicht in die Lage nachzuempfinden, wie es ist, eines dieser Lebewesen zu *sein*.

In gewisser Weise gilt das auch für Menschen untereinander. Du wirst nie wirklich wissen, wie es ist, die Welt so wahrzunehmen wie, sagen wir, deine Schwester oder dein bester Freund, ganz einfach, weil du nicht deine Schwester oder dein bester Freund *bist*. Aber immerhin verbindet dich mit den beiden, dass ihr Menschen seid, also denselben Sinnesapparat besitzt. Das ändert sich jedoch fundamental, wenn man die Grenze zu den nicht-menschlichen Lebewesen überschreitet.

Diese Erfahrung musste auch der englische Tierarzt und Autor Charles Foster machen. Er fühlte sich von Thomas Nagels These so herausgefordert, dass er beschloss, einige Wochen lang buchstäblich wie ein Tier zu leben, um herauszufinden, wie es ist, die Welt so wie dieses Tier wahrzunehmen. Er schlich wie ein Fuchs über die Felder, aß Insekten wie ein Vogel und baute sich eine Höhle wie ein Dachs. Seine Erlebnisse als Tier veröffentlichte er in dem großartigen Buch *Der Geschmack von Laub und Erde*. Aber auch er musste am Ende zugeben, dass er danach immer noch nicht viel schlauer war – er wusste immer noch nicht, was es wirklich heißt, ein Fuchs, ein Vogel oder ein Dachs zu sein.

Alle diese Lebewesen machen Erfahrungen, die wir Menschen nicht machen, und haben innere Erlebnisse, die wir nicht haben. Jedes Lebewesen auf der Erde nimmt nur ganz bestimmte Aspekte der Wirklichkeit wahr – jene Aspekte, die es zum Überleben benötigt. Alle Lebewesen teilen sich zwar denselben Raum, die Biosphäre, aber für jedes von ihnen stellt sich dieser Raum etwas anders dar. Keines nimmt ihn vollständig wahr. Die gesamte Wirklichkeit ist von keinem Lebewesen erfahr- und erfassbar.

Jedes Lebewesen auf der Erde nimmt nur ganz bestimmte Aspekte der Wirklichkeit wahr – jene Aspekte, die es zum Überleben benötigt.

Das gilt auch für uns Menschen. Es mag sich für uns vielleicht so anfühlen, als hätten wir ein vollständiges Bild der Welt um uns herum, aber das ist eine Illusion. Der menschliche Sinnessapparat ist ebenso ein Ergebnis der Evolution wie der jedes anderen Lebewesens. Das heißt, wir nehmen heute immer noch nur das wahr, was uns im Laufe der Jahrtausende dabei geholfen hat, unsere Art zu erhalten.

Wir Menschen verfügen zwar über mehrere Sinne, aber im Wesentlichen sind wir *sehende* Tiere. Das Sehen ist für *Homo sapiens* ein so dominierender Sinn, dass selbst Menschen, die von Geburt an blind sind, die Welt mit visuellen Worten wie »hell« oder »glänzend« beschreiben. Wenn wir ganz plötzlich auf unseren Sehsinn verzichten müssen, wie wir beide in dem Spinnen-Experiment, sind wir Menschen erst mal ziemlich hilflos.

Unsere Sinne können sich im Laufe eines Lebens auch verändern – und damit das Bild, das wir von der Realität haben. Zum Beispiel saßen wir einmal mit unseren Eltern im Garten und erwähnten, wie toll die Grillen um uns herum zirpten. Woraufhin uns unsere Eltern ungläubig ansahen. Sie hörten kein Zirpen. Grillen zirpen nämlich auf einer Frequenz, die ältere Menschen oft nicht mehr wahrnehmen können. In gewisser Weise *gab* es für unsere Eltern also keine Grillen im Garten, obwohl diese fröhlich vor sich hin zirpten.

Und wem das noch nicht irre genug ist: Wir Menschen nehmen die Welt nicht nur auf eine bestimmte Weise wahr, unser Gehirn *erzeugt* die Welt auch auf eine bestimmte Weise. Wenn man das Gehirn von Menschen mit Drogen oder technischen Methoden manipuliert, dann verändert sich die Realität für diese Menschen. Sie sehen, hören oder fühlen Dinge, die nicht real sind. Oder sind sie vielleicht doch real und konnten nur vorher nicht gesehen, gehört oder gefühlt werden?

Das Zusammenspiel zwischen Sinnen und Realität ist ziemlich kompliziert und bisher versteht es niemand wirklich genau.

Das Zusammenspiel zwischen Sinnen und Realität ist ziemlich kompliziert und bisher versteht es niemand wirklich genau. Aber es steht fest, dass die unterschiedlichen Lebensformen auf der Erde die Welt unterschiedlich wahrnehmen. Wenn man sich also mit dem Leben auf unserem Planeten befasst, sollte man sich immer der Tatsache bewusst sein, dass andere Lebewesen wirklich *anders* sind. Dass sie zwar auf demselben Planeten wie wir leben, aber etwas von diesem Planeten wahrnehmen, was wir nicht wahrnehmen.

Und es ist genau dieses Anderssein, das unser, das *menschliche* Leben bereichert.

Mit einem Netz denken

Was meinen wir damit? Eine Spinne wie *Nephila clavipes* eignet sich sehr gut, um das zu erklären.

Spinnen sind keine Säugetiere wie Fledermäuse, die ja auch etwas Putziges haben. Spinnen sind nicht putzig, im Gegenteil: Viele Menschen laufen davon, wenn sie eine Spinne sehen. Wir kennen sogar Leute, die es noch nicht einmal ertragen können, das Foto einer Spinne zu betrachten.

Eigentlich ist das merkwürdig, denn die allermeisten Spinnen stellen überhaupt keine Gefahr für uns dar. Spinnen meiden uns Menschen sogar und greifen uns nur an, wenn sie sich bedroht fühlen – auch

Vogelspinnen und Taranteln. Trotzdem ist die Angst vor ihnen weitverbreitet. Hat es vielleicht also irgendwann einmal eine Zeit gegeben, in der Spinnen zu den erbitterten Feinden von *Homo sapiens* (oder früheren Arten der Gattung *Homo*) zählten? Haben sie uns Menschen als Beute gesehen? Waren Spinnen einmal viel größer als heutige Vogelspinnen oder Taranteln? Da Spinnen weder Knochen noch Panzer besitzen, gibt es nur selten Fossilien von ihnen, deshalb ist das alles Spekulation. Sollte es irgendwann einmal so gewesen sein, dann ist diese Zeit jedenfalls längst vorbei.

Aber es gibt immer noch jede Menge Spinnen auf der Erde. Wir kennen an die 50.000 unterschiedliche Spinnenarten (auch hier liegt die eigentliche Zahl natürlich viel höher) und, von den Polargebieten abgesehen, leben sie überall. Spinnen sind unverzichtbar, weil sie den Insektenbestand in einem Ökosystem regulieren. Nicht nur ein Dschungel, sondern jedes Haus, jeder Keller, jeder Schuppen, jeder Garten ist ein potenzieller Lebensraum für Spinnen. Dort bauen sie ihre Netze und lauern auf Beute. Spinnen sind da, wo wir Menschen auch sind. Du kannst also jederzeit eine Spinne betrachten und dir klarmachen, dass sie Aspekte der Realität wahrnimmt, die dir verschlossen bleiben.

Spinnen sind unverzichtbar, weil sie den Insektenbestand in einem Ökosystem regulieren.

Ein Spinnenkörper ist von Tausenden sogenannter »Schlitzsensillen« bedeckt, kleine Spalten mit Härchen oder Borsten, die der Wahrnehmung von Vibrationen und Luftströmungen dienen. Solche Schlitzsensillen kommen auch bei Insekten oder Krebstieren vor.

Die Spinnen spüren also, wenn sich der Untergrund, auf dem sie mit ihren acht Beinen stehen, bewegt. Für netzbauende Spinnen wie *Nephila clavipes* ist dieser Untergrund das Netz. Und ein Netz ist nicht mit dem Boden, auf dem wir Menschen stehen und uns bewegen, vergleichbar. Ein Spinnennetz ist gewissermaßen ein *Teil* der Spinne. Wenn eine Spinne ein Netz baut, weitet sie ihren Sinnesapparat aus.

Das ist schon mal ziemlich spannend. Das Netz ist ein Werkzeug, das *Nephila clavipes* und andere netzbauende Spinnen im Laufe der Evolution entwickelt haben, um ihre Beute zu fangen und damit ihre Art zu erhalten. Wenn einer Spinne für längere Zeit keine Beute ins Netz geht und sie immer hungriger wird, kann sie die Struktur ihres Netzes so verändern, dass es auch schwächere Schwingungen überträgt, die von kleineren Beutetieren ausgehen. Sie passt ihr Werkzeug also an eine neue Situation an – so wie wir Menschen unsere Werkzeuge verbessern, wenn sie nicht das leisten, was wir von ihnen erwarten.

Hier kommt aber der entscheidende Punkt: Das Netz einer Spinne ist nicht nur ein Werkzeug, dessen sich die Spinne bedient. Das Netz bedient sich auch der Spinne. Wie das?

In seinem Buch *Die erstaunlichen Sinne der Tiere* beschreibt der amerikanische Wissenschaftsjournalist Ed Yong ein Experiment, bei dem eine satte Spinne in ein Netz gesetzt wurde, das eine hungrige Spinne gebaut hatte. Und dann geschah etwas Faszinierendes: Die satte Spinne attackierte *ebenfalls* die kleineren Beutetiere, die im Netz landeten. Die Entscheidung darüber, welche Beute die Spinne frisst, wird also nicht nur in ihrem Inneren getroffen – ob sie hungrig ist oder nicht –, sondern auch von einer Struktur, die sie (oder eine andere Spinne) geschaffen hat, um ihre Wahrnehmung auszuweiten. Da ein Spinnennetz natürlich keine Entscheidungen treffen kann, heißt das: Das Netz ist nicht nur eine Erweiterung der Sinne einer Spinne, sondern auch eine Erweiterung ihres Denkens – wie auch immer eine Spinne »denken« mag. Wenn eine Spinne ihr Netz verändert, verändert sie ihr ganzes Sein. Das ist *echt* anders.

Nun könnte man sagen: Okay, soll die Spinne machen, was sie will. Was hat das mit uns zu tun? Warum soll das unser Leben bereichern?

Auf den ersten Blick hat es nichts mit uns zu tun, denn wie Thomas Nagel am Beispiel der Fledermaus ausgeführt hat: Wir werden nie wissen, wie es ist, eine *Nephila clavipes* zu sein. So wie *Nephila clavipes* nie wissen wird, wie es ist, ein Mensch zu sein.

Aber wenn wir uns der Wahrnehmungswelt von Spinnen, Fledermäusen oder irgendeinem anderen nicht-menschlichen Lebewesen annähern, wenn wir diese Lebewesen genau beobachten und sie so weit wie nur möglich zu verstehen versuchen, dann lernen wir, dass die Welt, in der wir leben, viel reichhaltiger ist, als sie uns erscheint. Und das ist eine sehr wichtige Sache. Ed Yong, der sich intensiv mit den unterschiedlichen Sinnesorganen der Tiere beschäftigt hat, bringt es so auf den Punkt: »Wenn wir anderen Tieren unsere Aufmerksamkeit schenken, dann sehen wir weiter und denken tiefgründiger nach.«

Weiter zu sehen und tiefgründiger nachzudenken ist generell etwas, was wir Menschen versuchen sollten. Die Evolution hat uns mit einem sehr komplexen und leistungsfähigen Gehirn ausgestattet, und wir sollten es nicht nur dazu nutzen, noch bessere Autos oder Computer zu bauen, sondern auch dazu, die Grenzen unserer Vorstellungskraft zu verschieben. Nur so können wir begreifen, dass es Teile der Biosphäre gibt, die für andere Lebewesen von existenzieller Bedeutung sind, obwohl wir Menschen diese Teile kaum oder überhaupt nicht wahrnehmen.

Dass so viele Arten aussterben, hat nämlich auch mit unserer beschränkten Wahrnehmung zu tun. Wenn wir beispielsweise die Nacht mit künstlichem Licht erhellen, dann kommt uns das zugute, weil wir so sehr auf unseren Sehsinn angewiesen sind. Dass wir damit aber die Lebensräume vieler Geschöpfe zerstören, die die Dunkelheit zum Überleben brauchen, merken wir gar nicht. Nächtliches Licht hat es auf der Erde nie gegeben – bis wir Menschen das künstliche Licht erfunden haben. Wir verschmutzen die Welt also nicht nur durch die ganzen Chemikalien, die wir in die Umwelt ausbringen, sondern auch durch zu viel Licht. Und auch durch zu viel Lärm.

Im Laufe der Jahrtausende haben wir Menschen die Erde immer mehr nach unseren Bedürfnissen geformt. Das heißt: Wir haben sie immer mehr auf eine Weise gestaltet, wie es *unserer* Wahrnehmung entspricht. Dass es Lebewesen gibt, die die Welt ganz anders wahrnehmen und darauf angewiesen sind, dass die Erde auch *ihrer* Wahrnehmung entspricht, hat uns lange überhaupt nicht interessiert. Wir müssen begreifen, dass wir diese Lebewesen zum Aussterben bringen, wenn wir den Planeten *Homo-sapiens*-gerecht machen.

Denn ihr Aussterben ist eine Tragödie. Nicht nur, weil wir damit Lebewesen verlieren, die für die Aufrechterhaltung ihrer jeweiligen Ökosysteme eine sehr wichtige Rolle spielen. Wir verlieren auch die Möglichkeit, mehr darüber zu erfahren, wie sie die Welt wahrnehmen. Wer weiß, vielleicht nehmen sie ja etwas wahr, das uns mehr über die Natur des Universums verrät, als es unsere Geräte je können? Zum Beispiel in ihren Träumen.

Wovon träumt eine Spinne?

Zugegeben, an diesem Punkt wird es ein wenig verrückt.

Nach dem Ende unseres Spinnen-Experiments haben wir uns noch eine Weile mit der dafür zuständigen Wissenschaftlerin unterhalten. Sie wusste wirklich eine Menge über die unterschiedlichen Spinnenarten, die es so auf der Erde gibt, und wie sie ihre Sinne perfekt dafür einsetzen, um ihr Überleben und damit das Weiterbestehen ihrer Art zu sichern. Das beschränkt sich nämlich nicht nur auf das Netzbauen. Es gibt Spinnen, die aus weiter Entfernung auf ihre Beute springen. Oder Spinnen, die im Erdboden in selbst gebauten Röhren wohnen. Es gibt auch Spinnen, die sich vom Wind kilometerweit über das Meer auf ferne Inseln tragen lassen.

Die Fähigkeit zu träumen ist lange vor *Homo sapiens* entstanden.

Und es gibt Spinnen, die träumen.

Oder auch nicht. So genau weiß man das nicht.

Dass Säugetiere träumen, ist bekannt. Hunde etwa durchlaufen die gleichen Schlafphasen wie wir Menschen, und im Tiefschlaf kommt es vor, dass sie ihre Beine bewegen, dass die Augenlider zucken oder dass sie fiepsen – alles Anzeichen dafür, dass sie träumen. Katzen dagegen träumen, wenn sich ihr Körper in einer völlig entspannten Position befindet und sie manchmal den Kopf bewegen, als würden sie etwas beobachten oder verfolgen. Die Fähigkeit zu träumen ist lange vor *Homo sapiens* entstanden, denn das Träumen hilft Tieren mit einem komplexen Gehirn, Erfahrungen und Informationen zu verarbeiten, die sie im wachen Zustand gemacht haben.

Das Gehirn von Spinnen ist aber viel einfacher aufgebaut und es gibt auch keine wissenschaftlichen Beweise dafür, dass Spinnen oder andere Arthropoden träumen. Und doch: Die Wissenschaftlerin erzählte uns von einer kürzlich veröffentlichten Studie, bei der Spinnen beim Schlafen beobachtet wurden. Ein merkwürdiges Zittern durchläuft die Tiere dabei – eben ganz so, als würden sie träumen.

Nehmen wir also einmal an, dass Spinnen träumen können. Wovon in aller Welt träumen sie nur? Wovon träumen Lebewesen, die die Welt fast nur über Vibrationen wahrnehmen, die die Welt *fühlen*? Ganz bestimmt träumen sie nicht in visuellen Bildern wie wir. Bestehen ihre Träume aus feinsten Erschütterungen? Und wenn ja, sind das Vorgänge in der Tiefenstruktur des Universums, von denen wir nichts wissen? Erfahren Spinnen in ihren Träumen einen Aspekt der Realität, der uns vollständig verschlossen ist, den keines unserer Geräte je wird messen können?

Der Philosoph Thomas Nagel würde sagen: Das werden wir nie erfahren. Und vermutlich hat er recht. Aber sich darüber Gedanken zu machen erweitert und vertieft unseren Blick auf die Welt auf geradezu atemberaubende Weise. Es ist unendlich bereichernd, sich vorzustellen, *etwas anderes* zu sein, als man ist. Denk daran, wenn du das nächste Mal irgendwo in einer Ecke eurer Wohnung eine Spinne siehst. Oder wenn du einen Hund oder eine Katze beobachtest. Oder irgendein anderes Lebewesen. Wir Menschen können noch so viel von ihnen lernen.

Insbesondere dann, wenn sie an einem magischen Ort wohnen.

9| Grenzenlos

Mauersegler

APUS APUS

Ihr Menschen könnt euch gar nicht vorstellen, wie groß die Welt ist. Wir sind Mauersegler. Wir versammeln uns, wenn der Tag zu Abend und der Abend zu Nacht wird. Wir zeichnen Bilder in den dunkelblauen Himmel. Wir kreischen laut, weil uns danach ist, laut zu kreischen.

Und dann steigen wir hoch in die Luft, steigen höher und höher, so hoch, dass ihr uns nicht mehr sehen könnt, so hoch, dass ihr meint, es würde uns gar nicht geben, so hoch, dass die Wolken quellen und zerstauben und sich die Erde biegt und krümmt.

Und dann segeln wir. Segeln über Wüsten, über Meere, über Täler, über Berge. Wir schmiegen uns an den Wolkensaum, zerrupfen die Luft, streicheln den Mond, plaudern mit den Sternen, verwandeln uns in Wind. Wir sind Mauersegler. Wir hören nie auf zu segeln.

Ihr Menschen könnt euch gar nicht vorstellen, wie bunt die Welt ist.

Da ist das blaugeheime Leuchten, das außer uns nur die Magnete kennen. Da ist das Spiel der Zitterlichter am Dämmerhimmel. Da sind die gelben Staubkörner, die uns den Weg weisen. Da sind die sonnenhellen Muster in der Luft. Da ist das schwarze Tosen ferner Orkane. Da ist die orange Stille nach Gewittern.

Seht nur, wie sich die Farben von Erde und Himmel miteinander verbinden. Und wie sie miteinander tanzen. Und wie sie zu Sternenpulver werden.

Ihr Menschen könnt euch gar nicht vorstellen, wie schön die Welt ist.

All die Kontinente aus Wind, die wir durchfliegen. Die prächtigen Schlösser aus Luft, die wir bewohnen. Das Funkeln und Glitzern der Meere, in denen wir baden. Das Flüstern des Horizonts, auf den wir zufliegen.

Wir verschmelzen mit dem Horizont.

Wir singen mit dem Horizont.

Wir träumen mit dem Horizont.

Und dann – dann tauchen wir ins Licht des neuen Tages.

Wir sind Mauersegler und ihr Menschen könnt euch gar nicht vorstellen, wie groß und bunt und schön die Welt ist.

Eine Leidenschaft für Vögel

Wir haben einmal einen Mann kennengelernt, der so von Vogelspinnen fasziniert war, dass er ein Dutzend davon zu Hause hatte. Auf unsere Frage, ob ihm die eine oder andere schon einmal ausgebüchst ist, antwortete er: »Ja, das ist schon mal vorgekommen.« Der Mann machte einen ganz normalen Eindruck, aber er war verrückt nach Vogelspinnen. Und wir haben einen Verwandten, der in seinem Garten in einer großen Kiste einen Bienenschwarm hält und diesen Schwarm so sehr liebt, dass er mit ihm mehr Zeit verbringt als mit irgendjemand anderem. Er ist ganz vernarrt in seine Bienen.

Vögel haben offensichtlich etwas an sich, was sie für uns Menschen ganz besonders faszinierend macht.

Vielleicht kennst du auch irgendjemanden, der eine ganz besondere Leidenschaft an den Tag legt, wenn es um andere Lebewesen geht. Ob Rosen oder Schimpansen, Steinpilze oder Ozelots – für fast jede Tier-, Pflanzen- oder Pilzart gibt es Menschen, die viel Zeit und Geld aufwenden, um sich intensiv mit ihr zu beschäftigen.

Die allergrößte Leidenschaft allerdings hegen Menschen für Vögel.

Vogelbeobachterinnen und -beobachter scheuen keine Mühe, nehmen lange Fahrten, manchmal sogar Reisen um die ganze Welt, auf sich, warten stunden- oder tagelang im miesesten Wetter, nur um einen ganz bestimmten Vogel zu sehen. Einen Vogel, der sich ihnen dann womöglich nur wenige Sekunden lang zeigt. Oder sich ihnen gar nicht zeigt. Aber das ist für echte Vogelfans nicht so schlimm, dann versuchen sie es eben irgendwann noch einmal.

Vögel haben offensichtlich etwas an sich, was sie für uns Menschen ganz besonders faszinierend macht. Es ist sogar statistisch erwiesen, dass Vogelbeobachten glücklich macht. In Großbritannien, wo man ganz besonders vogelverrückt ist, haben leidenschaftliche Vogelfans den schönen Namen *birders* und das Vogelbeobachten heißt dort *twitching*, weil die Nachricht von der Sichtung eines seltenen Vogels bei ihnen angeblich nervöse Zuckungen (englisch: *twitches*) auslösen soll.

Etliche bedeutende Biologinnen und Biologen waren in ihrer Kindheit *birders* – und sind es natürlich heute immer noch.

Woher kommt diese große Faszination für Vögel?

Zum einen liegt das sicher an ihrer enormen Formen- und Farbenvielfalt. Es gibt kaum eine Tiergruppe, in der sich die Evolution so ausgetobt hat wie bei den Vögeln. Vögel sind Wirbeltiere mit Federn, einem Schnabel und zwei Flügeln. Und sie legen Eier, aus denen die Nachkommen schlüpfen. Aus dieser Grundform haben sich Spatzen, Papageien, Kanarienvögel, Sträuße, Eulen, Schwäne, Schwalben, Krähen und unzählige andere Gattungen und Arten entwickelt, die sich in ihrem Körperbau und ihrem Charakter so stark voneinander unterscheiden, dass man gar nicht meinen könnte, sie wären miteinander verwandt. Die meisten Vögel können fliegen, aber Pinguine sind auch Vögel – sie haben nur vor Millionen von Jahren die Fähigkeit zum Fliegen verloren und wurden dafür exzellente Schwimmer.

Diese Formenvielfalt hat sich daraus ergeben, dass sich Vögel extrem schnell an veränderte Umweltbedingungen anpassen und in wenigen Generationen körperliche Merkmale ausbilden können, die zu einer neuen Art führen – und sei es nur ein Tal oder eine Insel weit entfernt. Charles Darwin hat entscheidende Anhaltspunkte für seine Evolutionstheorie gefunden, als er auf den Inseln an der südamerikanischen Ostküste Finken studierte, die auf verschiedenen Inseln unterschiedliche Arten ausgebildet hatten. Einen Vogel also an einem bestimmten Ort zu beobachten und zu wissen, dass er nur dort und nirgendwo anders vorkommt, ist wirklich etwas Besonderes – das gilt nicht nur für Wissenschaftlerinnen und Wissenschaftler, sondern für alle *birders*.

Der Vogelflug hat sich vermutlich dadurch entwickelt, dass auf den Hinterbeinen laufende Reptilien immer wieder in die Luft gesprungen sind.

Ein zweiter Grund für die Faszination, die Vögel auf uns Menschen ausüben, liegt in ihrer Entstehungsgeschichte. Der Vogelflug hat sich vermutlich dadurch entwickelt, dass auf den Hinterbeinen laufende Reptilien immer wieder in die Luft gesprungen sind. Und die Vogelfedern haben sich aus den Schuppen dieser Reptilien entwickelt. Das waren jedoch nicht irgendwelche Reptilien: Die Vorläufer der Vögel waren kleine, schnelle Dinosaurier, die auf der Jagd nach Insekten in die Luft sprangen und dabei mit den Armen ruderten. Die Dinosaurier sind bekanntermaßen vor etwa 66 Millionen Jahren ausgestorben, aber ihr Erbe lebt weiter. Wenn du Vögel beobachtest, siehst du, was aus diesen faszinierenden Echsen geworden ist, die einst die ganze Erde bevölkert haben.

Und dann gibt es noch einen dritten Grund, warum wir Menschen von Vögeln so fasziniert sind. Sie bewohnen einen magischen Ort: den Himmel.

Die Fußlosen

Vögel sind nicht die einzigen Lebewesen, denen die Evolution zum Fliegen verholfen hat – zahlreiche Insekten und sogar Säugetiere wie Fledermäuse haben das Fliegen gelernt. Manche Fledermaus- oder Insektenarten fliegen auch recht hoch, aber die meisten von ihnen bewegen sich in der Nähe des Bodens. Dagegen haben sich die Vögel den Himmel bis in die höchsten Höhen als Lebensraum angeeignet. Solltest du irgendwann einmal auf dem Mount Everest stehen, mit 8.848 Metern der höchste Berg der Welt, dann kann es dir passieren, dass ein Schwarm Gänse gemächlich über dich hinwegzieht.

Der Himmel war in der menschlichen Fantasie seit jeher ein ganz besonderer Ort: das Reich der Engel, das Reich der Götter und später im Monotheismus das Reich des einen Gottes. Wir Menschen haben alle Kontinente besiedelt und alle Meere befahren, aber zum Himmel blieb uns die längste Zeit unserer Geschichte der Zutritt verwehrt. Jahrtausendelang war das Fliegen für uns nur ein Traum.

Bis sich dieser Traum im Sommer des Jahres 1783 erfüllte, als über den Feldern Frankreichs bisher unbekannte Objekte aufstiegen: Ballons aus bunt bemalter Baumwolle, die von erhitzter Luft oder Wasserstoffgas in den Himmel gehoben wurden. Staunend blickten die Menschen auf die wundersamen Flugobjekte über ihren Köpfen. So etwas hatten sie noch nie gesehen.

Die Heißluftballons, die damals von den französischen Brüdern Montgolfier gestartet wurden, waren vermutlich nicht die ersten menschlichen Flugobjekte. Man nimmt an, dass es vergleichbare Ballons schon Hunderte Jahre früher in China gab. Und sie waren auch eine ziemlich simple Erfindung. Das Prinzip dahinter ist schlicht, dass heiße Luft nach oben steigt. Aber trotzdem waren sie ein einschneidendes Ereignis in der Geschichte von *Homo sapiens*.

Die Heißluftballons waren das Sinnbild einer neuen Epoche. Plötzlich konnte man mit eigenen Augen sehen, dass sich »der Mensch« von der Natur keine Beschränkungen auferlegen lässt. Damit begann ein neues Kapitel in der Heldengeschichte, die wir Menschen uns erzählen: Mit Ballons, Zeppelinen, Flugzeugen, Hubschraubern und Raketen haben wir den magischen Ort in der Luft erobert und tun es den Vögeln gleich. Ein Flug um die Welt ist für uns längst zu etwas Alltäglichem geworden.

Aber wissen wir, was Fliegen *wirklich* heißt?

Wir Menschen erheben uns zwar in die Luft, wenn wir uns in ein Flugzeug setzen, aber eigentlich hat ein Flugzeug mit Fliegen nicht viel zu tun. Ein Flugzeug ist eine metallene Röhre, in die wir uns zwängen, damit sie uns von einem Punkt auf der Erde zum anderen bringt, und die meisten Menschen erwarten sich auch nicht mehr davon. In einem Flugzeug zu sitzen hat oft eher etwas Beklemmendes als Befreiendes – ganz davon abgesehen, dass die heute gebräuchlichen Flugzeuge maßgeblich zur Klimakrise beitragen.

Was Fliegen *wirklich* heißt, macht ein Erlebnis deutlich, das die Besatzung eines französischen Flugzeugs im Ersten Weltkrieg hatte. Während eines nächtlichen Fluges stellten sie in drei Kilometern Höhe den Motor ihrer Maschine ab und gingen über den feindlichen Linien langsam in den Sinkflug. Es war Vollmond, also konnten sie alles um sich herum deutlich erkennen. »Plötzlich«, berichtete der Pilot später, »fanden wir uns inmitten einer seltsamen Schar von Vögeln wieder. Sie

schienen bewegungslos zu sein oder zeigten wenigstens keine erkennbare Reaktion. Sie waren weit über den Himmel verstreut und befanden sich nur wenige Meter unterhalb des Flugzeugs, wo sie sich gegen das weiße Wolkenmeer darunter abzeichneten.«

Obwohl die Vögel dem Flugzeug so nahe waren, nahmen sie es überhaupt nicht wahr. Das, was die Besatzung beschäftigte – der Krieg zwischen zwei Ländern, Länder überhaupt – spielte für sie keinerlei Rolle. Die Vögel sind *wirklich* geflogen. Sie waren in ihrer eigenen magischen Welt unterwegs. Sie waren ein Teil des Himmels.

Das französische Flugzeug war in eine Gruppe von Mauerseglern geraten.

Mauersegler haben den wissenschaftlichen Namen *Apus apus* – abgeleitet vom griechischen Wort *apous*, was so viel wie »ohne Füße« bedeutet.

Von Mauerseglern hast du vermutlich schon einmal gehört. Diese Vögel sind nicht selten, sondern in Europa, Nordafrika und Asien weitverbreitet. Wie Stare oder Schwalben brüten sie in vielen europäischen Städten und Dörfern an oder in Gebäuden.

Mauersegler haben den wissenschaftlichen Namen *Apus apus* – abgeleitet vom griechischen Wort *apous*, was so viel wie »ohne Füße« bedeutet. Diese Bezeichnung, die bis in die Antike zurückreicht, sollte damals allerdings im übertragenen Sinne verstanden werden. Natürlich haben Mauersegler Füße, aber im Vergleich zu anderen Vögeln haben sie eher kurze und schwache Beine und bewegen sich damit am Boden recht ungeschickt. (Im Mittelalter dachte man irrtümlicherweise, dass diese Vögel wirklich keine Füße haben.)

Mauersegler sind nicht besonders groß. Sie sind etwa 17 Zentimeter lang und haben eine Flügelspannweite von etwa 45 Zentimetern. Ihr Gefieder ist schwarzbraun mit weißer Kehle. Einst nannte man sie Turmschwalben, weil sie oft an Türmen gesichtet wurden – insbesondere an Kirchtürmen. Das war vielen Menschen unheimlich, deshalb gaben sie ihnen auch den Namen Teufelsvögel. Später hat man herausgefunden, dass Mauersegler keine Schwalben sind, sondern eine eigene Vogelart. Vor allem ihre Flügelform ist bemerkenswert und unterscheidet sie von anderen Vögeln: Die Flügel sind lang, schmal und sichelförmig, was es den Mauerseglern ermöglicht, neben waghalsigen Flugmanövern auch sehr lange Gleitphasen zu absolvieren.

Mauersegler sind auch in der Lage, extrem schnell zu fliegen – bis zu 200 Kilometer in der Stunde. Gut, ein Wanderfalke, das schnellste Tier der Erde, bringt es im Sturzflug auf über 300 Stundenkilometer, aber wenn sie nicht gerade jagen, sind Wanderfalken eher gemütliche Vögel. Mauersegler dagegen flitzen ständig hin und her. Sie sind praktisch immer in Bewegung. Es ist fast nicht möglich, einen Mauersegler zu beobachten, der sich gerade *nicht* bewegt.

Mauersegler sind Zugvögel, die in den wärmeren Regionen Afrikas überwintern und im Frühjahr zu ihren Brutgebieten zurückkehren. Und wie etliche andere Vögel sind sie sogenannte »Kulturfolger«. Das heißt, sie haben sich uns Menschen angepasst, indem sie unsere Bauten für die Brutpflege nutzen. Sie sind sehr gesellig und nisten gern in Kolonien – in Hohlräumen unter Dachziegeln, hinter Lüftungsschächten oder in Mauerlöchern. Und dabei verhalten sie sich extrem geschickt: Um zu ihrem Nest zu gelangen, flitzen sie pfeilschnell zu den Löchern und schlüpfen in voller Geschwindigkeit hinein. Daher auch der Name Mauersegler.

Mauersegler sind also Teil unserer Welt. Sie halten sich in der Nähe von uns Menschen auf und nutzen unsere Gebäude. In vielen Städten kann man sie dabei beobachten, wie sie an Sommerabenden, wenn sie sich nicht gerade um ihren Nachwuchs kümmern, um die Häuserdächer und Kirchtürme flattern und ihre schrillen eindringlichen Rufe von sich geben, die sich wie ein lang gezogenes *Sriiih* anhören.

Aber gleichzeitig gehören sie auch zu einer anderen Welt.

In der Luft leben

Denn auf einmal, als hätte ihnen während ihrer abendlichen Flüge jemand ein Signal gegeben, steigen die Mauersegler hoch in den Himmel. Und höher. Und noch höher. So hoch, dass sie nicht mehr zu hören sind und irgendwann aus unserem Blickfeld verschwinden. Dieser sogenannte »abendliche Steigflug« kann Mauersegler in mehrere Kilometer Höhe führen, in eine Welt, in der wir Menschen uns nicht gut auskennen. Ja, eine Welt, die wir uns nur schwer vorstellen können: eine Welt aus Wind und Wolken und Stille. Eine Welt ohne Grenzen.

Diese Welt ist das eigentliche Zuhause der Mauersegler. Sie verbringen nur sehr wenig Zeit auf dem Erdboden. Den Großteil ihres Lebens – an die zehn Monate im Jahr – befinden sie sich in der Luft. Unten auf der Erde haben sie sozusagen eine Zweitwohnung. Ihr Hauptwohnsitz ist der Himmel.

Mauersegler sind nicht die einzigen Vögel, die lange in der Luft sind. Andere Zugvögel wie Störche, Kraniche, Singdrosseln oder Feldlerchen legen ebenfalls weite Strecken zurück. Mauersegler sind unter den Zugvögeln auch keine Rekordhalter. Mit 35.000 Kilometern im Jahr ist die Küstenseeschwalbe am weitesten unterwegs, um in ihre Winter- beziehungsweise Sommergebiete zu kommen, während den Rekord für den längsten Nonstop-Flug eine Pfuhlschnepfe hält, die in elf Tagen ohne Pause von Alaska nach Tasmanien geflogen ist.

Mauersegler legen im Durchschnitt 18.000 Kilometer zurück, um in ihr Winterquartier und wieder zurück zu kommen. Wie andere Zugvögel brechen sie am Ende des Sommers nach Afrika auf und ab Mitte April kehren sie nach Europa zurück. Sie sind gewöhnlich in Schwärmen unterwegs und fliegen tagsüber meistens nicht allzu hoch. Ab und zu schlagen sie mit den Flügeln, aber sonst gleiten sie gemächlich gegen den Wind.

Um an ihr Ziel zu gelangen, orientieren sich Mauersegler wie alle Zugvögel nicht nur an den Formen der Landschaften, die sie überfliegen, sondern auch an den Mustern des Sonnenlichts in der Atmosphäre und den Sternenkonstellationen in der Nacht. Außerdem sind Zugvögel, wie man inzwischen herausgefunden hat, in der Lage, das Magnetfeld der Erde zu sehen. Was das betrifft, sind ihre Augen denen von *Homo sapiens* nicht nur weit überlegen, sie sehen die Welt buchstäblich mit anderen Augen.

Mauersegler *leben* in der Luft. Und das von Beginn ihres Lebens an.

Aber Mauersegler sind keine gewöhnlichen Zugvögel. Wie keine andere Vogelart – wie keine andere Art von Lebewesen überhaupt – haben sie sich den Lebensraum Luft angeeignet. Mauersegler *leben* in der Luft.

Und das von Beginn ihres Lebens an. Während andere junge Vögel nach dem ersten Flug zu ihrem Nest zurückkehren, tun Mauersegler das nicht. Sie fangen mit dem Fliegen an, sobald sie sich aus dem Nest oder der Nisthöhle haben fallen lassen, und hören dann einfach nicht mehr damit auf. In einem Jahr können sie an die 50.000 Kilometer zurücklegen.

Das schaffen sie nur, weil sie praktisch alles im Fliegen machen. Wenn sie hungrig sind, schnappen sie nach Fluginsekten, und wenn sie durstig sind, schöpfen sie im Flug Wasser aus Seen oder Flüssen. Mauersegler waschen sich im Regen, während sie fliegen. Sie paaren sich, während sie fliegen.

Und sie schlafen sogar in der Luft.

Das tun andere Vögel auch, zumindest ein bisschen. Viele Vogelarten schließen bei Langstreckenflügen ein Auge und stellen damit eine Gehirnhälfte ruhig, während das zweite Auge geöffnet ist, damit sie weiter navigieren können. Meistens dauert dieser sogenannte »unihemisphärische Schlaf« nicht allzu lange. Von Mauerseglern aber nimmt man inzwischen an, dass sie während langer Flüge *wirklich* schlafen – dass sie beide Augen schließen und das Fliegen für einige Zeit ganz automatisch abläuft. (Möglicherweise ist das französische Flugzeug damals im Ersten Weltkrieg in einen Schwarm *schlafender* Mauersegler geflogen.)

Von Mauerseglern nimmt man inzwischen an, dass sie während langer Flüge *wirklich* schlafen – dass sie beide Augen schließen und das Fliegen für einige Zeit ganz automatisch abläuft.

Experimentell beweisen konnte man diesen Schlaf in der Luft bisher allerdings nicht, aber es wäre nicht allzu überraschend, wenn Mauersegler dazu fähig wären. Da sie sich die meiste Zeit ihres Lebens in der Luft befinden, wissen sie nämlich auch alles über die Luft. Sie kennen die Auf- und Abwinde, die die Spinnen, Läuse oder Käfer nach oben wehen, von denen sie sich ernähren. Sie kennen die Luftwirbel über einem Wald oder einem Feld, die Insekten manchmal Hunderte von Metern hoch tragen – wo die Mauersegler auf sie warten, ihre Schnäbel aufreißen und die Insekten vom Himmel holen.

Aber in dieser Höhe machen sie nicht halt. Von allen Vögeln fliegen Mauersegler zur Nahrungssuche am höchsten. Ihre abendlichen Steigflüge führen sie in die sogenannte »konvektive Grenzschicht«: die feuchte dunstige Schicht der Erdatmosphäre, wo die warme Luft von unten auf die kalte Luft von oben trifft. Da warme Luft leichter als kalte ist, steigt sie auf, während die kältere Luft absinkt, und wenn beide aufeinandertreffen, kann das zu heftigen Verwirbelungen führen. Wie bei einem Ozean wogen dort oben Luftwellen auf und ab und riesige Wolken bilden sich.

Wenn sich die Mauersegler am oberen Rand der konvektiven Grenzschicht befinden, sind sie Luftströmungen ausgesetzt, die von riesigen Wettersystemen bestimmt werden: von Tief- und Hochdruckgebieten, Zyklonen oder Gewitterfronten. So weit oben können sie nicht nur die weit entfernten Wolken dieser Wettersysteme erkennen, mithilfe des Windes schätzen sie auch ihre möglichen Verläufe ein. Mauersegler nehmen Tiefdruckgebiete auf mehrere 100 Kilometer Entfernung wahr und passen ihre Flugroute entsprechend an.

Auch für die langen Strecken fliegen sie zuweilen höher als die meisten anderen Zugvögel, nachts bis zu 3.000 Meter hoch, und sammeln dabei unaufhörlich Informationen zur Lufttemperatur und zur Geschwindigkeit und Richtung des Windes. Sie erstellen sozusagen eine Karte der Luft.

Mauersegler nehmen also viel mehr von unserem Planeten wahr als andere Lebewesen: die sich unaufhörlich ändernden Ströme der Winde, das Tosen von Orkanen, das Flackern der Sterne, die magnetischen Signale der Erde. Die Welt des Himmels, die die Mauersegler bewohnen, ist nur wenige Kilometer von uns Menschen entfernt, aber trotz all unserer Flugzeuge und Hubschrauber ist sie eine uns fremde Welt.

Mit der Erde segeln

Das Leben auf der Erde ist im Wasser entstanden, doch erst als es sich auf dem Land ausgebreitet hat, erreichte es die Fülle und Komplexität, die wir heute kennen. Die meisten Tier-, Pflanzen- und Pilzarten des Planeten sind Landbewohner – darunter bekanntlich auch *Homo sapiens*.

Wir Menschen sind durch und durch Geschöpfe des Landes. Ohne technische Hilfsmittel können wir weder unter Wasser atmen noch in der Luft fliegen. Die Kontinente und Inseln der Erde sind unser Zuhause, und im Laufe von Jahrtausenden haben wir sie uns als Lebensraum erschlossen. Haben Flüsse begradigt, Berge untertunnelt, Kanäle gegraben, Staudämme errichtet, Felder angelegt, Straßen gebaut. Für all das haben wir riesige Erdmassen bewegt. Wenn man aus dem nahen Weltraum auf die Erde blickt, kann man die Spuren sehen, die wir mit unserem Tun auf der Landfläche der Erde hinterlassen.

Doch das war nicht das Einzige, was wir mit der Landfläche gemacht haben. Wir haben sie auch nach unseren Vorstellungen aufgeteilt. Als die Menschen sesshaft wurden, haben sie Reiche gegründet, die oft Kriege führten, um ihre Grenzen auszuweiten. Später wurden aus diesen Reichen Länder und Staaten. Auch sie kämpften oft gegeneinander, um mehr Land für sich zu gewinnen, und so haben sich die Grenzen über die Jahrhunderte hinweg immer wieder verschoben (manchmal hat sich auch ein Staat ganz aufgelöst und wurde einem anderen zugeschlagen). Daran hat sich bis heute nichts geändert – noch immer gibt es Staaten, die von einem anderen Staat Teile seines Landes fordern und dafür Krieg führen.

Wenn man also eine der üblichen Weltkarten betrachtet, dann scheint es, als wäre die gesamte Landfläche der Erde ein buntes Puzzle aus großen und kleinen Staaten. Was das Land betrifft, sind nur die Polargebiete keinem bestimmten Staat zugeordnet. Auch der Luftraum über einem Staat gehört – bis zu etwa 60 Kilometer hoch – zu ihm. Ebenso wie die nahen Meeresgebiete, wenn ein Staat am Meer liegt, während die Meere selbst, die sogenannte »hohe See«, offiziell im Besitz der gesamten Menschheit sind. Es ist ziemlich kompliziert, wie wir Menschen die Erde unter uns aufgeteilt haben. Und ziemlich unsinnig.

Denn wenn man sich eine rein topografische Karte der Erde ansieht, also eine Karte ohne politische Grenzen, dann erkennt man, auf was für einem Planeten wir *wirklich* leben: einem Planeten aus Bergen, Tälern, Flüssen, Ebenen, Seen, Wüsten, Wäldern, Sümpfen, Savannen, Mooren, Küsten und aus ganz, ganz viel Meer. Dann begreift man, welche Formen und Kräfte die Erde tatsächlich prägen. Und dass die Grenzen, die wir Menschen ziehen, etwas völlig Unnatürliches sind.

Über diese Formen und Kräfte wissen die Mauersegler bestens Bescheid, denn das ist die Geschichte, die sie uns erzählen: die Geschichte einer Welt ohne Grenzen. Das ist es, was wir von ihnen lernen können.

Es ist ziemlich kompliziert, wie wir Menschen die Erde unter uns aufgeteilt haben. Und ziemlich unsinnig.

Mauersegler steigen zwar nicht ständig in die schwindelerregenden Höhen der konvektiven Grenzschicht auf – die meiste Zeit über leben sie in der Luft darunter, wo sie nach Nahrung suchen, sich paaren und im Regen baden. Aber immer wieder fliegen sie höher, machen sich ein größeres Bild der Erde, nehmen die Kräfte wahr, die den Planeten bestimmen.

Wenn *birders* über Mauersegler schreiben, findet man oft die Bemerkung, dass diese Tiere eigentlich eher Engeln gleichen als anderen Vögeln, dass sie etwas Übernatürliches an sich haben. Das klingt poetisch, aber in Wahrheit sind Mauersegler keine übernatürlichen Wesen. Sie sind Geschöpfe der Erde. Viele Menschen sind zu Recht fasziniert von Vögeln, weil diese Tiere so vielfältig sind und weil sie einen magischen Ort bewohnen, doch wir Menschen scheinen oft nicht daran zu denken, dass auch Vögel die Biosphäre zum Leben brauchen.

Die Vogelbestände rund um die Welt sind in den letzten Jahrzehnten massiv geschrumpft – Vögel werden bejagt, sie verlieren durch die Landwirtschaft und bauliche Maßnahmen in den Städten ihre Lebensräume, und vor allem sind sie vom Rückgang der Insekten bedroht, von denen sie sich ernähren. Allein in Deutschland steht jede zweite Brutvogelart auf der Roten Liste der bedrohten Arten. Rothühner und Schlangenadler sind schon verschwunden. Brachvögel, Goldregenpfeifer und Küstenseeschwalben sind stark gefährdet. Mauersegler sind noch nicht vom Aussterben bedroht, aber auch von ihnen gibt es immer weniger, vor allem weil viele Gebäude inzwischen so renoviert und isoliert sind, dass sie dort keine Nistplätze mehr finden.

Das ist jammerschade. Diese wunderbaren Vögel nehmen die Welt zwar nicht vollständig wahr; wie alle anderen Lebewesen registrieren ihre Sinne genau jene Aspekte der Realität, die sie benötigen, um zu überleben und ihre Art zu erhalten. Aber sie nehmen die Welt *umfassender* wahr. Sie leben hier, bei uns, in unseren Städten und Dörfern – und gleichzeitig leben sie ganz woanders. Dieses Woanders ist die Erde, wie sie wirklich ist. Ein Planet, der nicht irgendwelchen Völkern oder Staaten oder einer einzelnen Lebensform namens *Homo sapiens* gehört, sondern allen Lebewesen. Ja, eigentlich gehört die Erde niemandem – wir sind alle nur zu Gast hier.

Und es kommt noch etwas hinzu: Mauersegler haben nicht nur einen anderen Blick auf die Erde als wir, sie leben auch ganz anders mit der Erde als wir. Auch das können wir von ihnen lernen.

Mauersegler bewegen sich im Rhythmus des Planeten. Sie unterwerfen ihn sich nicht, sie erobern ihn nicht – sie passen sich ihm an. Sie *segeln* mit der Erde.

Wir Menschen tun das nicht. Wir haben die Erde erobert. Wir haben sie uns angepasst. Wir haben sie in kleine Puzzleteile zerlegt: Länder, Nationen, Staaten. Es gibt praktisch keine Menschen auf der Welt, die nicht Bürgerinnen oder Bürger eines Staates sind (und wenn sie das nicht sind, haben sie ein großes Problem). Wir denken und leben mit Grenzen. Nicht nur mit den Grenzen zwischen den Staaten, auch mit Grenzen zwischen Religionen und Ideologien.

Diese Grenzen, mit denen wir die Erde überzogen haben, haben den Planeten für uns kleiner gemacht. Wir haben vergessen oder haben es vielleicht nie gewusst, wie groß unsere Welt wirklich ist. Wir spüren weder die wahren Formen der Erde noch ihre wahren Kräfte.

Wir können mit unseren technischen Geräten zwar allerlei Daten sammeln: über Windstärken, über das Wetter, über das Klima, über Magnetfelder. Das ist zweifellos wichtig, um die Welt besser zu verstehen. Aber Daten sind nicht alles. Um die Welt – um das Leben auf der Erde – wirklich besser zu verstehen, muss man sich manchmal auf eine Wiese legen, nach oben blicken und den Mauerseglern zuschauen, wie sie kreischend über den Himmel ziehen und ihren Angelegenheiten nachgehen. Angelegenheiten, die nichts mit unseren Konflikten und Kriegen, mit unseren Grenzen zu tun haben.

Diese Grenzen, mit denen wir die Erde überzogen haben, haben den Planeten für uns kleiner gemacht.

Mach das doch einfach mal. Leg dich auf eine Wiese und halte nach Mauerseglern Ausschau. Natürlich verschwinden die Konflikte, Kriege und Grenzen nicht, wenn du das tust – das wäre zu schön. Aber vielleicht verschwinden sie für eine Weile aus deinem Kopf. Und du begreifst, dass unser Leben aus viel mehr besteht als aus Grenzen.

Die Mauersegler sind schon lange so schlau.

10 | Wer ist hier schlau?

Oktopus

OCTOPUS VULGARIS

Warum sollten wir es uns immer leicht machen mit dem Nachdenken?, sagte sich der Oktopus an einem fröhlichen Tag unten auf dem Grund des Meeres, während das Seegras träge hin und her wogte und die Fische über ihm im Licht der Sonne glitzerten. Und so dachte der Oktopus mal eben über die schwierigste Frage aller Fragen nach: Warum gibt es eigentlich etwas und nicht nichts?

Das ist wirklich eine wunderbar schwierige Frage, dachte er, und wie es Oktopusse zu tun pflegen, gab er die Frage gleich an sich selbst weiter.

Was meint ihr?, fragte er in die Runde. Warum gibt es etwas und nicht nichts?

Der erste Arm sagte: Na, das ist doch klar. Es gibt etwas, weil es etwas gibt. So einfach ist das.

Der zweite Arm sagte: Interessante Frage, aber bitte stör mich jetzt nicht, ich spiele gerade mit dieser Muschel.

Der dritte Arm sagte: Es gibt etwas, damit wir es essen können.

Der vierte Arm sagte: Lustig, dass du diese Frage stellst. Gestern habe ich versucht, mich darüber mit einem von den seltsamen Wesen namens Menschen zu unterhalten, die hier herumtauchen. Aber dieser Mensch hatte keine Ahnung, wovon ich sprach.

Der fünfte Arm sagte: Es gibt etwas, weil es nicht nichts geben kann – oder vielleicht doch? Hm.

Der sechste Arm sagte: Es gibt etwas, damit wir seine Farbe annehmen können.

Der siebte Arm sagte: Es gibt etwas, weil wir sonst nicht darüber nachdenken könnten, warum es etwas gibt, und das wäre ja ziemlich langweilig.

Der achte Arm sagte: Auf diese Frage kann es nie eine Antwort geben, weil wir nur Etwas denken können und nicht Nichts.

So ging das noch eine Weile weiter, bis sich die acht Arme wieder anderen interessanten Dingen zuwandten, denn unten auf dem Grund des Meeres gab es ziemlich viele interessante Dinge.

Und der Oktopus dachte: Jetzt weiß ich zwar immer noch nicht, warum es etwas und nicht nichts gibt. Aber eines weiß ich: Wenn ich, das schlaueste Lebewesen der Welt, diese Frage nicht beantworten kann, dann kann es niemand.

Menschen und andere Intelligenzen

Vor vielen Jahren lebte in einem Aquarium in Coburg ein Oktopus namens Otto. Und dort gab es ein Problem: Immer wieder fiel in dem Gebäude das Licht aus. Keiner konnte sich erklären, warum das geschah. Also entschied die Leiterin des Aquariums, dass rund um die Uhr immer jemand dort bleiben sollte, um den Grund herauszufinden. Aber niemand fand etwas heraus – das Licht fiel weiter aus. Bis die Leiterin eines Morgens eine erstaunliche Beobachtung machte. Sie sah, wie Otto am Rand seines Wassertanks entlang nach oben kroch, Wasser ansaugte und dann einen Strahl davon auf eine niedrig hängende Glühbirne schoss. Das war die Ursache für den Lichtausfall – das Wasser führte zu einem elektrischen Kurzschluss. Otto, der Oktopus, wusste, wie man das Licht ausmacht.

In den darauffolgenden Wochen wurde Otto ziemlich berühmt. Zeitungen auf der ganzen Welt schrieben über ihn und er trat sogar im Fernsehen auf. Alle waren ganz begeistert davon, wie intelligent dieser Oktopus war.

Das ist kein Wunder, denn wir Menschen sind meistens begeistert, wenn uns andere Lebewesen zeigen, wie intelligent sie sind. Wenn Krähen ihre Nahrung unter Ziegelsteinen verstecken, damit sie sonst niemand findet. Oder Schimpansen Zweige verwenden, um Termiten oder Ameisen aus Baumlöchern zu holen. Oder Ratten kleine Wagen steuern. Oder Hunde bis zu 50 Wörter lernen. Vor Kurzem ist es Forscherinnen sogar gelungen, Papageien dazu zu bringen, über einen Bildschirm miteinander zu kommunizieren. Über solche und etliche andere Beispiele dafür, dass Tiere ziemlich intelligent sein können, staunen wir regelmäßig und sagen: »Wow, wie toll! Die können ja etwas, was wir auch können.«

Aber natürlich steht für uns Menschen außer Frage, dass Tiere, so intelligent sie auch sein mögen, *nicht* so intelligent sind wie wir. Die Vorstellung, ein nicht-menschliches Lebewesen auf der Erde könnte genauso intelligent oder vielleicht sogar intelligenter sein als ein Mensch, ist uns völlig fremd. Ja, alles in uns sträubt sich dagegen, auch nur über diese Möglichkeit nachzudenken.

Das hat einen einfachen Grund. Wir Menschen *definieren* uns darüber, dass wir die Schlauesten von allen sind. Wir sehen in unserer Intelligenz nicht nur etwas, was uns von den anderen unterscheidet, sondern auch das, was uns eigentlich ausmacht. Der von Carl von Linné im 18. Jahrhundert erfundene Name *Homo sapiens* – der »weise« oder »vernünftige« Mensch – ist nicht nur irgendein Name, sondern entspricht dem menschlichen Selbstverständnis.

Wir Menschen *definieren* uns darüber, dass wir die Schlauesten von allen sind.

Es ist also nicht verwunderlich, dass die menschliche Intelligenz auch eine zentrale Rolle in der Heldengeschichte spielt. Da wir Menschen den anderen großen Tieren einst körperlich unterlegen waren, hatten wir nur unsere Intelligenz, um uns gegen sie zur Wehr zu setzen und uns auf dem Planeten auszubreiten. Heute sind wir den großen Tieren immer noch körperlich unterlegen, aber das spielt keine Rolle mehr, denn durch unsere Intelligenz haben wir die technischen Möglichkeiten und das Wissen, um sie in Schach zu halten.

Was die Intelligenz angeht, sind wir Menschen ganz und gar davon überzeugt, an der Spitze zu stehen. Schon in Aristoteles' Systematik aller Lebewesen war der Mensch ganz oben, weil der griechische Philosoph die Lebewesen nach ihrem jeweiligen Denkvermögen sortierte. An dieser Überzeugung hat auch viele Jahrhunderte später Charles Darwins Erkenntnis, dass sich Menschen aus Tieren entwickelt haben, nichts geändert. Im Gegenteil: Seit Darwin stellt sich die Wissenschaft die Evolution wie einen Baum vor, der in die Höhe wächst und dabei immer komplexeres und intelligenteres Leben hervorbringt, bis er schließlich im Menschen seine Vollendung erreicht – nicht nur die Krone des Baumes, sondern die Krone der gesamten Schöpfung.

Der Begriff »Krone der Schöpfung« wird als Beschreibung von *Homo sapiens* heute kaum noch verwendet, aber würde man eine weltweite Umfrage machen, welche Lebensform die intelligenteste von allen ist, würden die meisten von uns mit großer Überzeugung sagen: Das sind wir Menschen. Wir haben herausgefunden, wie man Feuer macht. Wir haben zu sprechen und zu schreiben gelernt. Wir haben den Speer und das Rad erfunden. Wir haben Autos und Flugzeuge gebaut. Wir haben uns das Internet ausgedacht. Das alles zeugt von enormer Intelligenz, und da die anderen Lebewesen noch nicht einmal im Ansatz Vergleichbares geschafft haben, sind wir eben die intelligentesten.

Doch diese Sichtweise ist ... nun ja, nicht besonders intelligent. Sie ist sogar ziemlich einfältig. Denn letztlich sagt sie nichts anderes aus als: Menschen sind schlau, weil sie schlau sind. *Wir* definieren, was schlau überhaupt bedeutet. Wenn wir die Intelligenz anderer Lebewesen wie Krähen oder Affen bewerten, vergleichen wir sie immer mit unserer, und in einem solchem Vergleich schneiden wir natürlich ziemlich gut ab: Krähen oder Affen können zwar etwas, was wir auch können, aber wir können es viel, viel besser. Wenn wir uns mit dem Verstand von Tieren beschäftigen, tun wir so, als wären sie lediglich eine etwas primitivere Variante unserer selbst.

Wie wäre es also, wenn wir einmal versuchen, die Intelligenz anderer Lebewesen nicht mit unserer zu vergleichen, sondern darin eine ganz eigene Art von Intelligenz zu sehen? Und wenn wir dann versuchen, von dieser anderen Intelligenz etwas zu lernen? Das fällt uns Menschen nicht leicht, weil wir die anderen Lebewesen gerade bezüglich ihrer Intelligenz besonders stark vermenschlichen. Es wäre aber ziemlich klug, das einmal zu versuchen, denn im Laufe der Jahrmillionen hat die Evolution nicht nur mit den Formen und Größen der Lebewesen herumexperimentiert, sondern auch mit ihrer Intelligenz. Anders gesagt: Es gibt kein »intelligenter« oder »weniger intelligent« auf der Erde, sondern es gibt unterschiedliche Arten von Intelligenz.

Es gibt kein »intelligenter« oder »weniger intelligent« auf der Erde, sondern es gibt nur unterschiedliche Arten von Intelligenz.

Zum Beispiel die Intelligenz der Oktopusse.

Mit dem ganzen Körper denken

Die im Meer lebenden Oktopusse gehören zur Familie der Cephalopoden. Das kommt vom lateinischen *cephalopoda*: Kopffüßer. Ihre Arme (beziehungsweise Beine) sind direkt mit dem Kopf verbunden. Sie haben keinen Rumpf wie andere Tiere. Außerdem haben sie auch kein Skelett, sondern bestehen, von einigen wenigen festen Körperteilen abgesehen, aus einer weichen Zellmasse.

Die ersten Cephalopoden haben sich vor etwa einer halben Milliarde Jahre gebildet und sahen vermutlich so aus wie heute die Nautilusse: schneckenartige Weichtiere mit einem Gehäuse und ganz vielen kleinen Armen. Im Laufe der Zeit haben sich aus dieser Form Arten ohne Gehäuse und mit deutlich weniger, dafür aber größeren Armen entwickelt. Heute gibt es in den Weltmeeren zehnarmige Cephalopoden wie die Sepien oder die Kalmare und achtarmige wie die Tintenfische oder die Oktopusse.

Wir kennen über 300 Oktopusarten. Ihre Heimat ist das Meer, sie können aber auch für kurze Zeit an Land überleben, deshalb sieht man sie immer mal wieder an Küstenfelsen in Gezeitenbecken. Manche von ihnen können sich sogar aus dem Wasser in die Luft katapultieren.

Eine der bekanntesten und am weitesten verbreiteten Oktopusarten ist *Octopus vulgaris*, der Gewöhnliche Oktopus. Er ist sozusagen das Standardmodell eines Oktopus. Er hat einen flachen, etwa einen Meter langen Körper, seine acht Arme sind mit Saugnäpfen bedeckt und er lebt durchschnittlich zwei Jahre lang. *Octopus vulgaris* ist vor allem in der Nacht aktiv und ernährt sich von Fischen, Krebsen und Weichtieren.

Aber »gewöhnlich« ist an *Octopus vulgaris* eigentlich nichts. Schon optisch kommen Oktopusse dem Bild davon ziemlich nahe, wie man sich einen Außerirdischen vorstellt: ein Lebewesen, das komplett anders aussieht als wir Menschen und dennoch einen intelligenten Eindruck macht. (In dem großartigen Science-Fiction-Film *Arrival* sind die Aliens tatsächlich Cephalopoden.) Und Oktopusse sehen nicht nur komplett anders aus als wir, sie sind überhaupt ziemlich anders.

Oktopusse haben wie wir Menschen zwei Augen, doch jedes ihrer Augen hat ein so großes Sichtfeld wie zwei Menschenaugen zusammen. Mit beiden Augen können sie also fast ihre gesamte Umgebung auf einmal beobachten – in alle Richtungen. Gleichzeitig »sehen« sie mit ihrer Haut. Mit über den gesamten Körper verteilten Rezeptoren nehmen sie die Wechsel in der Lichtintensität ihrer näheren Umwelt wahr und passen sich blitzschnell an die Farbe und Struktur der Umgebung an. Was die Fähigkeit zum Tarnen und die entsprechende Geschwindigkeit (sie können über hundertmal in der Minute die Farbe wechseln) angeht, macht es im Tierreich den Okopussen niemand nach!

Wie leistungsfähig ein Gehirn ist, bemisst sich nicht nur an der Zahl der Nervenzellen, sondern auch an seiner Struktur.

Auch die vielen Saugnäpfe an ihren Armen haben eine doppelte Funktion: Die Tiere tasten damit nicht nur ihre Umgebung ab, sondern »schmecken« sie auch. Wenn sie auf dem Meeresboden nach Nahrung suchen, nehmen sie mit ihren Armen ganz unterschiedliche Duftnoten wahr, je nachdem, was sie gerade berühren.

Und dann ist da noch ihr Gehirn.

Das Gehirn von *Octopus vulgaris* besteht aus bis zu 500 Millionen Nervenzellen. Das sind lange nicht so viele wie bei einem Menschen (das Gehirn von *Homo sapiens* hat etwa 90 Milliarden Nervenzellen), aber deutlich mehr als bei anderen Weichtieren und ungefähr so viele wie bei Hunden. Was schon mal ziemlich beeindruckend ist. Aber wie leistungsfähig ein Gehirn ist, bemisst sich nicht nur an der Zahl der Nervenzellen, sondern auch an seiner Struktur, also wie es aufgebaut ist und wie die Nervenzellen miteinander verknüpft sind.

Das Gehirn von Oktopussen ist völlig anders aufgebaut als das von Säugetieren. Nur 40 Millionen der Nervenzellen bilden im Kopf des Oktopus eine Verdickung, die dem ähnelt, was wir unter einem Gehirn verstehen. 160 Millionen Nervenzellen befinden sich hinter den Augen. Und alle anderen – also zwei Drittel der gesamten Nervenzellen – verteilen sich auf die acht Arme. Jeder Arm eines Oktopus hat ein Nervensystem, das wie ein eigenständiges Gehirn agieren kann. *Jeder Arm!* Mit anderen Worten: Ein Oktopus hat nicht nur ein Gehirn wie wir Menschen, sondern neun.

Mit diesen neun Gehirnen sind Oktopusse zu geistigen Höchstleistungen fähig. Sie können mühelos Marmeladengläser aufschrauben – Objekte, die in ihrer Evolution niemals eine Rolle spielten. Sie finden blitzschnell einen Weg durch Labyrinthe. Sie können Puzzles lösen. Für die Kommunikation mit anderen Oktopussen haben sie sogar eine dem Morsecode ähnliche Sprache, die sie mit ihren Tentakeln ausführen.

Von allen Meereslebewesen sind Oktopusse am besten in der Lage, sich einer veränderten Situation anzupassen, denn sie sind sich über die neue Situation im Klaren. Fische in einem Aquarium wissen nicht, dass sie sich an einem künstlichen Ort befinden, Oktopusse hingegen wissen das ganz genau. Otto, der Oktopus, *wusste*, dass er gefangen war, und vielleicht hat er seine Frustration darüber an der Glühbirne ausgelassen. Vielleicht mochte er das Licht aber auch einfach nicht.

Wie auch immer, es ist wirklich unglaublich, wie schlau Oktopusse sind. Aber natürlich – würden viele von uns sofort sagen – nicht so schlau wie ein Mensch. Schließlich haben Oktopusse keine Zivilisation errichtet, haben keine Technik erfunden und keine Kultur entwickelt, sondern leben seit Millionen von Jahren das immer gleiche Leben in den Meeren.

Das stimmt: Oktopusse haben keine Zivilisation errichtet. Auch wenn sie in unserem Verständnis sehr intelligente Geschöpfe sind, *das* haben sie nicht geschafft. Aber betrachten wir es einmal anders. Vielleicht sind Oktopusse ja nicht nur in unserem Verständnis intelligent, sondern auch noch auf *eine ganz andere Weise*. Das können wir Menschen uns nur schwer vorstellen, denn wir sind ja nur auf unsere Weise intelligent. Aber wir können es ja mal versuchen.

Wir wissen, dass die Intelligenz eines Oktopus nicht auf eine bestimmte Stelle in seinem Körper konzentriert ist. Seine Arme sind eigenständige Intelligenzen – sie erkunden die Umgebung und sammeln unentwegt Informationen, von denen sie selbst entscheiden, ob sie sie weitergeben oder nicht. Sie müssen auch nicht ständig in der Zentrale nachfragen, was sie tun sollen.

Bei uns Menschen leitet das Gehirn im Kopf – die Zentrale – jede Bewegung an und kontrolliert sie, damit sich der Körper koordinieren kann. Alles, was wir mit unseren Sinnen wahrnehmen, wird erst einmal an das Gehirn weitergeleitet und dort verarbeitet. Erst dann erteilt es seine Befehle. Bei einem Oktopus sendet das Zentralgehirn lediglich ein generelles Signal an die Arme, also etwa: »Wir suchen in dieser Höhle jetzt nach einem Krebs, um ihn zu essen«, den Rest entscheiden die Arme selbst. Das wäre in etwa so, als würde dein kleiner Finger etwas machen, was du ihm so genau gar nicht aufgetragen hast.

Und damit nicht genug. Auch die 300 Saugnäpfe auf jedem Oktopusarm sind bis zu einem gewissen Grad eigenständig. Je nachdem, welche Geschmacksrichtung ein Saugnapf wahrnimmt und welche Oberflächenbeschaffenheit er ertastet, saugt er weiter oder lässt wieder los. Diese Entscheidung trifft er ganz alleine, denn jeder Saugnapf hat sein eigenes Minigehirn in Form eines kleinen Haufens von Nervenzellen.

Auch die 300 Saugnäpfe auf jedem Oktopusarm sind bis zu einem gewissen Grad eigenständig.

Oktopusse denken und entscheiden also nicht nur mit einem Gehirn, sondern mit ihrem ganzen Körper. Das hat durchaus Vorteile gegenüber der menschlichen Gehirnarchitektur. Zum Beispiel kann die von den Nervenzellen gesammelte Information schneller verbreitet werden, wenn sie nicht zuerst an die Zentrale geschickt werden muss. Und es ist bestimmt auch besser, wenn nicht alle geistigen Leistungen von einer Stelle im Körper abhängig sind, falls diese einmal beschädigt werden sollte.

Aber von solchen offensichtlichen Unterschieden abgesehen, können wir nicht sagen, wie das Gehirn eines Oktopus (das heißt, alle seine Gehirne zusammen) genau funktioniert. Denn eine über den ganzen Körper verteilte Intelligenz ist eben eine andere Art von Intelligenz. Sie kann zu Erkenntnissen und Schlüssen kommen, zu denen wir Menschen prinzipiell nicht fähig sind. Ja, wir können noch nicht einmal herausfinden, welche Erkenntnisse und Schlüsse das sind – wir wissen einfach nicht, wie ein Lebewesen denkt, das mit dem ganzen Körper und nicht nur mit einem kleinen Teil davon denkt. Oder wie es träumt. Wissenschaftliche Studien haben ergeben, dass Oktopusse träumen, aber niemand weiß, ob sie wie Säugetiere träumen – oder ob ihre neun Gehirne verschiedene Träume gleichzeitig träumen.

Das alles ist ziemlich rätselhaft. Vielleicht machen wir also kurz einen Schritt zurück und fragen uns, was Intelligenz eigentlich überhaupt ist.

Mehr als Probleme lösen

Herausfinden, wie man Feuer macht. Den Speer, die Nähnadel und viele andere Werkzeuge erfinden. Die Dampfmaschine, den Computer, die Mondrakete oder das Smartphone bauen. Alle diese Dinge, auf deren Erfindung und Konstruktion wir Menschen so stolz sind, haben eines gemeinsam: Sie haben uns dabei geholfen, Hindernisse zu überwinden. Sie haben Probleme gelöst.

Die Heldengeschichte des Menschen basiert eigentlich nicht auf unserer Intelligenz an sich, sondern auf einer bestimmten Vorstellung von Intelligenz: der Fähigkeit, Probleme zu lösen. Weiterzukommen. Fortschritte zu erzielen. Das gilt als der eigentliche Grund für den Erfolg von *Homo sapiens* – was man auch daran erkennt, dass der heute gebräuchliche IQ-Test (also die Messung des sogenannten »Intelligenzquotienten«) vor allem prüft, wie schnell und korrekt ein Mensch eine bestimmte Aufgabe löst: Puzzlestücke zusammensetzen, eine mathematische Gleichung lösen oder Bilder in die richtige Reihenfolge bringen.

Es ist unbestritten, dass wir Menschen es in Sachen Problemlösen zu großer Meisterschaft gebracht haben.

Deshalb ist es auch kein Wunder, dass wir Affen als überaus intelligente Wesen wahrnehmen, weil wir eng mit ihnen verwandt sind und ihre Intelligenz unserer sehr ähnelt. Aber auch Lebewesen wie Krähen, die ebenfalls ein großes Talent zum Problemlösen haben, betrachten wir als besonders intelligent. Oder eben einen Oktopus, wenn er ein Marmeladenglas öffnet oder weiß, wie man das Licht ausmacht.

Nun ist es unbestritten, dass wir Menschen es in Sachen Problemlösen zu großer Meisterschaft gebracht haben, denn wenn wir uns mit einem Hindernis konfrontiert sehen, sind wir geistig ziemlich flexibel. Wir lernen aus unseren Erfahrungen, passen uns schnell den Umständen an, geben unser Wissen an die Gemeinschaft und die jeweils nächste Generation weiter und sind darüber hinaus auch noch fähig, über unser eigenes Denken nachzudenken. Ja, wir sind sogar in der Lage, uns unterschiedliche Resultate unserer Handlungen vorzustellen, *bevor* wir sie ausführen. Das kennen wir so von keinem anderen Lebewesen.

Gleichzeitig jedoch haben wir mit unserer Art des Problemlösens ein echtes Problem. Wir erzeugen damit immer wieder neue Probleme. Probleme, die es vorher gar nicht gab.

Zum Beispiel ist der Grundgedanke unserer Maschinen, dass sie unser Leben leichter machen. Aber viele von ihnen machen unser Leben schwerer, indem sie es unnötig verkomplizieren oder uns von unseren Mitmenschen isolieren. Es war auch einmal die Idee etlicher technischer Entwicklungen – von der Dampfmaschine über Düngemittel bis hin zu Atomkraftwerken –, dass sie unseren Wohlstand vermehren sollen. Das haben sie getan, aber jetzt tragen sie dazu bei, dass die Biosphäre der Erde nach und nach zerstört wird – und damit auch unser Wohlstand.

Offenbar sind unsere Problemlösungen nicht konsequent durchdacht. Schließlich schaffen sie neue, immer größere Probleme. Bis hin zum größten aller Probleme: Die Zivilisation, die wir errichtet haben, beraubt sich gerade ihrer eigenen Lebensgrundlagen. Wir sägen an dem Ast, auf dem wir sitzen. Auch das kennen wir so von keinem anderen Lebewesen.

Es zeugt zweifellos von Intelligenz, wenn man Probleme lösen kann. Probleme lösen ist jedoch nicht alles. Man könnte Intelligenz auch darin sehen, wenn Lebewesen nicht mehr wollen, als sie überblicken können. Wenn sie sich der möglichen Folgen des Problemlösens bewusst sind.

Diese Art von Intelligenz haben wir Menschen nicht oder nur in einem sehr geringem Ausmaß. Aber wir finden sie bei ganz vielen anderen Arten auf der Erde, selbst wenn sich die körperliche Grundlage ihrer Intelligenz von unserer fundamental unterscheidet.

Die Verästelungen im Myzel der Pilze etwa können wie die Nervenzellen eines Gehirns miteinander kommunizieren. Nur dass sie mit einem Gehirn, wie wir es kennen, rein gar nichts zu tun haben – Pilze sind auf eine ganz eigene Art intelligent, die noch völlig unerforscht ist. Auch ein Vogel- oder Fischschwarm ist ein sehr intelligenter Organismus. Er bewegt sich als Welle, die sich von einem Individuum zum nächsten fortsetzt, aber die Welle ist dabei schneller, als es die Reaktionszeit eines Individuums eigentlich zulässt. Niemand weiß genau, wie das wirklich funktioniert.

Und hier ist der entscheidende Punkt: Alle diese Lebewesen gibt es schon viel länger als uns Menschen. Sie haben gelernt (oder haben es schon immer gewusst), wie man in der Biosphäre der Erde auf eine Weise lebt, die weder sie selbst als Art noch die Biosphäre zerstört. Sie sind sozusagen *gemeinsam* intelligent. Dazu sind wir Menschen – so sieht es jedenfalls gerade aus – nicht fähig. Mit anderen Worten: Alle diese Lebewesen haben uns etwas voraus. Sie können etwas, was wir noch nicht können.

Eine andere Art von Intelligenztest

An dieser Stelle würden sehr viele Menschen (vielleicht auch du) sagen: Wenn uns andere Lebewesen etwas voraushaben, wieso haben *sie* dann keine Zivilisation errichtet? Wieso haben *sie* die Erde dann nicht nach ihren Vorstellungen gestaltet? Denn darum geht es doch bei der Intelligenz, oder?

Ja, darum geht es – aber eben nicht nur. Eines der großen Probleme mit der menschlichen Intelligenz ist, dass wir sie über unsere Leistung definieren. Wir Menschen verstehen uns als besonders intelligent, weil wir uns als Sieger im Evolutionswettbewerb sehen.

Am Beispiel der Intelligenz kann man gut nachvollziehen, wie schwer es uns Menschen fällt, einen anderen Blick auf das nicht-menschliche Leben zu werfen als unseren, den *menschlichen* Blick. Ja, es stellt sich sogar die Frage, ob uns das im Fall der Intelligenz überhaupt möglich ist. Wenn wir nicht mehr die Maßstäbe anlegen, die wir für unsere eigene Intelligenz entwickelt haben, welche Maßstäbe sollen wir dann anlegen? Ist dann plötzlich alles um uns herum intelligent? Und wenn ja, ist es dann sinnvoll, überhaupt noch von Intelligenz zu sprechen?

Wenn wir nicht mehr die Maßstäbe anlegen, die wir für unsere eigene Intelligenz entwickelt haben, welche Maßstäbe sollen wir dann anlegen?

Lauter Fragen, die wir Menschen gerade noch nicht beantworten können. Aber die Oktopusse können uns dabei helfen, sie irgendwann einmal zu beantworten. Wieso das?

Wir wissen, wie gesagt, zwar nur wenig darüber, wie die Intelligenz der Oktopusse wirklich funktioniert, aber wir wissen ganz sicher, dass die Evolution mindestens zwei unterschiedliche Varianten der Intelligenz hervorgebracht hat: das Denken mit einem Gehirn und das Denken mit mehreren Gehirnen. Vereinfacht gesagt: unsere Intelligenz und die der Oktopusse.

Wenn man die Zeitachse der Evolution zurückgeht, findet man den letzten gemeinsamen Vorfahren von *Homo sapiens* und *Octopus vulgaris* vor etwa 600 Millionen Jahren. Niemand weiß, wie diese Tiere genau ausgesehen haben, aber es könnten winzige Würmer mit einem ganz einfachen Nervensystem gewesen sein, die im Meer lebten. Aus diesen Geschöpfen haben sich alle Lebewesen mit einem Gehirn entwickelt. Darunter Oktopusse und Menschen.

Diese Zeitspanne ist allerdings so groß, dass zwischen Menschen und Oktopussen praktisch keine Verwandtschaftsmerkmale mehr festgestellt werden können. Wenn es um Gehirne und intelligentes Verhalten geht, sind Oktopusse eine von uns Menschen unabhängige Versuchsanordnung der Evolution.

Und genau das macht sie für uns so wertvoll. Anstatt Oktopusse zu fangen und zu essen, sollten wir unbedingt Kontakt mit ihnen aufnehmen und von ihnen lernen. Wer weiß, vielleicht lösen sie ja Probleme, die wir auch haben, auf eine viel bessere Weise als wir. Oder sie sehen ein Problem, an dem wir uns die Zähne ausbeißen, überhaupt nicht als Problem.

Oktopusse sind sozusagen eine andere Art von Intelligenztest. Ein Test ganz ohne Mathematikaufgaben.

Doch es geht eben nicht nur um das Lösen von Problemen. Wenn wir uns mit der Intelligenz der Oktopusse beschäftigen, können wir Menschen lernen, wie intelligent wir wirklich sind – wie weit wir in der Lage sind, über unsere Intelligenz hinauszudenken. Oktopusse sind sozusagen eine andere Art von Intelligenztest. Ein Test ganz ohne Mathematikaufgaben.

Offiziell gibt es einen solchen Test natürlich nicht. Aber du kannst ihn dir ungefähr so vorstellen:

DIE ERSTE FRAGE: Können wir akzeptieren, dass es kein »intelligenter als« gibt? Dass Menschen vor 2.000 Jahren nicht weniger intelligent als wir heute waren? Und dass indigene Völker, die fernab der großen Städte leben und sich ihre uralten Rituale bewahrt haben, nicht weniger intelligent sind als Menschen, die an Computern arbeiten und in den Weltraum fliegen?

DIE ZWEITE FRAGE: Können wir akzeptieren, dass ein nicht-menschliches Lebewesen, das keine Zivilisation wie wir errichtet hat, ebenso schlau ist wie wir? Oder vielleicht sogar schlauer? Gerade weil es *keine* Zivilisation wie wir errichtet hat? Weil es die Grenzen, die ihm sein Lebensraum auferlegt, nicht so weit überschreitet, dass dabei dieser Lebensraum zerstört wird?

Und DIE DRITTE FRAGE: Können wir akzeptieren, dass es nicht ausschließlich an unserer Intelligenz lag, dass wir Menschen uns so weit entwickelt haben, sondern an ganz vielen Zufällen der Evolution?

Besonders die dritte Frage hat es in sich, wenn man die Heldengeschichte vom Aufstieg des *Homo sapiens* etwas genauer betrachtet. Hinter dieser Geschichte versteckt sich nämlich die unterschwellige Annahme, dass es *exakt* so hatte kommen müssen, wie es gekommen ist:

Sobald die überragende menschliche Intelligenz einmal in der Welt war, war klar, dass sie sich auf der Erde durchsetzen wird.

Diese Annahme ist jedoch völlig falsch. Eine der wichtigsten Erkenntnisse von Charles Darwin war, dass die Evolution nicht zielgerichtet ist. Sie hat keinen Plan. Sie hat nicht von Beginn an daran gearbeitet, zu einer bestimmten Zeit ein bestimmtes Lebewesen zu erzeugen. Die Evolution kennt keine Zukunft, sondern nur Vergangenheit – nur die Lebewesen, die als Art überleben, haben überhaupt die Chance, sich weiterzuentwickeln.

Das heißt, es hätte auch alles ganz anders kommen können.

Hätte nicht vor etwa 12.000 Jahren eine klimatisch relativ angenehme Periode begonnen und die Eiszeit beendet, hätte es die menschliche Zivilisation mit allen ihren technischen Errungenschaften womöglich nie gegeben.

Wäre vor 66 Millionen Jahren nicht der Meteorit auf der Erde eingeschlagen, der zum Aussterben der Dinosaurier führte, hätten sich die Säugetiere wahrscheinlich nie so weit entwickelt, dass daraus Menschen entstanden wären.

Und hätte sich das intelligente Leben nicht auf dem Land durchgesetzt, sondern im Meer, dann würden wir heute vielleicht in einer Welt leben, in der die Oktopusse eine Zivilisation errichtet hätten. Das wäre vermutlich eine ziemlich merkwürdige Zivilisation, aber vielleicht auch eine verspieltere, fantasievollere und friedlichere als unsere.

Es ist nicht so gekommen. Aber wer weiß, vielleicht wird es eines Tages so kommen, denn wenn die Evolution kein Ziel und keine Richtung hat, dann kann mit dem Leben auf der Erde noch alles Mögliche passieren. Sogar, dass wir Menschen noch etwas intelligenter werden, als wir schon sind. Oder etwas weiser.

Das wird wohl noch eine Weile dauern, doch die Evolution hat vor allem eines: Zeit.

Und es gibt Lebewesen, die ganz genau wissen, wie wertvoll Zeit ist.

11 | Hüter der Zeit

Küstenmammutbaum

SEQUOIA SEMPERVIRENS

Der Tag, an dem der Baum erwacht, ist klar und blau und voller Sonnenstrahlen, nach denen er sich streckt und reckt, und er wird größer und nimmt den Wald wahr mit all den Pilzen und Käfern und Würmern und Vögeln, und er wird größer und nimmt die Ebene jenseits des Waldes wahr, auf der Reiter in Rüstungen vorbeiziehen und Wanderer in Lumpen und eines Tages ein König mit seinem Gefolge und eines Tages zwei Armeen, die sich mit Schwertern und Lanzen bekämpfen, und noch viele Wochen lang liegen Soldaten auf der Ebene, bis sie im hohen Gras verschwinden, und noch viele Jahre lang liegen ihre Knochen im Gras, bis sie in der Erde versinken, und der Baum wird größer und nimmt ein Dorf jenseits der Wiese wahr, aus dem barfüßige Kinder kommen und ihn besuchen und dann die Kinder der Kinder und dann die Kinder der Kinder der Kinder, die nicht mehr barfuß laufen, sondern mit Schuhen, und als sie keine Kinder mehr sind, kommen sie in bunten Gewändern und mit Perücken auf dem Kopf, und der Baum wird größer und nimmt die Schotterstraße jenseits des Dorfes wahr, auf der Kutschen fahren, und an manchen Abenden liegen eine Frau und ein Mann unter dem Baum, und in manchen Nächten stehen Pferde im Wald und warten auf den nächsten Morgen, und der Baum wird größer und nimmt die Hügel jenseits der Straße wahr, wo eine Brücke gebaut wird, und eines Tages fährt ein Zug über die Brücke und lässt große schwarze Wolken nach oben steigen, und im Dorf ist es nachts nicht mehr dunkel, sondern die Fenster leuchten goldgelb, und eines Tages kommt ein Auto die Straße hinuntergefahren und bläst kleine schwarze Wolken in die Luft, und der Baum wird größer und nimmt weit in der Ferne Tausende von goldgelben Lichtern wahr, und unaufhörlich kommen Autos aus diesem Ort, und eines Tages fliegen Flugzeuge über den Baum hinweg und werfen Bomben auf das Land, und die ganze Welt versinkt in Feuer und Lärm, und wieder liegen Soldaten auf der Ebene, und wieder versinken sie im Gras und in der Erde, und der Baum wird noch etwas größer und nimmt die Stadt wahr, die wächst und wächst und sich an den Wald heranschiebt, und dann – dann wird der Baum nicht mehr größer, und seine Rinde ist jetzt voll tiefer Furchen und Löcher und Pilze und Käfer und Würmer und Vögel, und eines Tages spürt er, dass er sich langsam, ganz langsam zur Seite neigt, aber noch hat er Zeit, noch hat er jede Menge Zeit.

Julia und Luna

Es ist der 10. Dezember 1997, ein kalter, windiger Tag in den Wäldern an der nordkalifornischen Küste. Es ist der Tag, an dem die 23-jährige Umweltaktivistin Julia Butterfly Hill auf einen etwa 80 Meter hohen Baum klettert, um zu verhindern, dass er gefällt wird. Und nicht mehr herunterkommt. Über zwei Jahre lang, genau 738 Tage, lebt Julia ohne Unterbrechung auf einer schmalen Plattform hoch oben auf dem Baum.

Die junge Amerikanerin hatte sich schon vorher für den Schutz der Natur eingesetzt, hatte an Demonstrationen teilgenommen und sich bei Umweltgruppen engagiert. Im Herbst 1997 war sie an die nordkalifornische Küste gereist, wo das Holzunternehmen Pacific Lumber Bäume fällte, die dort schon seit vielen Jahrhunderten standen. Gemeinsam mit anderen Aktivistinnen und Aktivisten protestierte Julia gegen das Abholzen. Aber sie war von den Rodungsarbeiten so schockiert, dass sie unbedingt noch mehr unternehmen wollte. Sie fasste den Plan, einen Baum zu besetzen.

Nicht irgendeinen Baum. Kurz vor Julias Ankunft im Protestcamp hatten einige Aktivistinnen und Aktivisten an einem Hang einen riesigen Baum entdeckt, der mit blauer Farbe markiert war – das Zeichen, dass er bald gefällt werden sollte. Sie waren auf den Baum geklettert und hatten in den Ästen, etwa 60 Meter über dem Erdboden, eine kleine Plattform aus Holz gebaut. Und sie hatten dem Baum einen Namen gegeben: Luna.

Als Julia Luna sah, wusste sie, dass es genau der richtige Baum für ihre Aktion war. Man musste sehr gut klettern können, um nach oben zu kommen, und die Baumkrone war so verzweigt, dass sie den nötigen Schutz bot. Die Idee der Gruppe war, dass Julia Luna etwa eine Woche lang besetzen sollte. Niemand rechnete damit, dass die Aktion über zwei Jahre dauern würde. Auch Julia nicht.

Über zwei Jahre auf einem Baum? Nur mit dem Allernötigsten ausgestattet, was man zum Leben braucht, und Wind und Wetter mehr oder weniger schutzlos ausgesetzt? Das ist ziemlich hart.

Und es waren auch zwei extrem harte Jahre für Julia. Hagelstürme mit Windgeschwindigkeiten von über 150 Stundenkilometern setzten ihr zu. Der Rauch abgeholzter und brennender Bäume in der Umgebung verstärkte ihr Asthma. Außerdem versuchte das Holzunternehmen Pacific Lumber mit allen Mitteln, sie von dem Baum zu vertreiben. An manchen Tagen umkreiste ein Hubschrauber stundenlang den Baumwipfel und nachts versuchte man, die Baumbesetzerin mit Lärm und grellem Scheinwerferlicht zu zermürben. Und man kann sich denken, dass Julia oft sehr einsam war – ganz allein hoch oben auf einem Baum.

Aber sie hielt durch, unterstützt von Aktivistinnen und Aktivisten, die sie mit Wasser und Essen versorgten. Die Versuche von Pacific Lumber, Julia von dem Baum zu holen, stachelten ihren Widerstand nur noch mehr an. Erst wenn das Unternehmen öffentlich erklärte, Luna und die umstehenden Bäume nicht zu fällen, würde sie wieder nach unten kommen – das war ihre feste Absicht. Und sie hielt auch deshalb durch, weil sich, wie sie später sagte, in den vielen Monaten zwischen ihr und Luna eine besondere Beziehung entwickelte. Sie machte sich mit allen Ästen und Verzweigungen des Baumes vertraut, beobachtete, wie sich Luna im Laufe eines Jahres veränderte. Der Baum wurde für Julia zu einem Zuhause.

Eines der größten Umweltverbrechen, das Menschen begehen: ist die Zerstörung der letzten Primärwälder der Erde.

Und so blieb Julia so lange auf dem Baum, bis Pacific Lumber endlich zusicherte, Luna nicht zu fällen. Am 18. Dezember 1999 kam sie schließlich wieder herunter – als sie erreicht hatte, was sie sich zu Beginn ihrer Aktion geschworen hatte: »Ich gab diesem Baum, dem Wald und allen Menschen mein Wort, dass meine Füße die Erde nicht mehr betreten würden, solange ich nicht alles in meiner Macht Stehende getan hätte, um die Welt auf dieses Problem aufmerksam zu machen.«

Mit »diesem Problem« meinte sie eines der größten Umweltverbrechen, das Menschen begehen: die Zerstörung der letzten Primärwälder

der Erde. Primärwälder sind Wälder, die nicht – wie die allermeisten Wälder – schon einmal von Menschen gerodet und dann wieder aufgeforstet wurden, sondern die es schon lange gab, bevor *Homo sapiens* überhaupt daran dachte, Bäume zu fällen. Der Baum Luna war Teil eines solchen Primärwaldes. Er war ein 1.500 Jahre alter kalifornischer Küstenmammutbaum. Julia lebte über zwei Jahre auf und mit einem der größten und ältesten Lebewesen der Welt.

Von Bäumen und Menschen

Julias Geschichte ist inzwischen leider etwas in Vergessenheit geraten. Damals sprach man auf der ganzen Welt über sie, denn eine so spektakuläre Aktion gegen das Abholzen von Bäumen hatte es zuvor noch nie gegeben. Ihre Baumbesetzung wurde zu einem Symbol des Kampfes um die Bewahrung der Natur, bei dem sie von zahlreichen Menschen rund um die Welt unterstützt wurde. (Sie war so berühmt, dass sie später sogar in einer Episode der Fernsehserie *Die Simpsons* vorkam.)

Aber viele Leute, vor allem in den USA, machten sich auch über sie lustig. Das alles sei doch ziemlich lächerlich, sagten sie. Ein Baum sei doch nichts anderes als eine große Pflanze. Wozu die ganze Aufregung? Und überhaupt: einem Baum einen Namen geben – wie bescheuert!

In den meisten Ländern der Welt gibt es heftige Auseinandersetzungen zwischen Menschen, die die Natur bewahren wollen, und anderen, die in der Natur lediglich eine Ressource sehen, die man beliebig ausbeuten kann. In den USA sind solche Auseinandersetzungen besonders heftig, das Wort *tree hugger* (Englisch für »Baumumarmer«) gilt dort in weiten Teilen der Bevölkerung als Schimpfwort. Viele Menschen, nicht nur in Amerika, können sich offenbar nicht vorstellen, dass man sich mit einem Baum verbunden fühlen kann. Sie tun sich schon damit schwer, Bäume überhaupt als Lebewesen zu sehen. Für sie sind Bäume einfach etwas, das man fällt und für allerlei nützliche Zwecke verwendet – so wie es die Menschen schon immer getan haben.

Tatsächlich ist kein anderes Lebewesen so eng mit dem Aufstieg von *Homo sapiens* verbunden wie der Baum. Bäume stellten den Frühmenschen die ersten Grundnahrungsmittel wie Obst, Nüsse, Bucheckern oder Eicheln zur Verfügung. Bäume boten den Menschen und ihren Tieren Schutz vor Unwettern und anderen Gefahren. Und für viele Archäologinnen und Archäologen beginnt die Geschichte des modernen Menschen überhaupt erst mit der Nutzung des Holzes.

Seit dem 19. Jahrhundert ist es üblich, historische Perioden nach dem Werkstoff zu benennen, den Menschen in einem bestimmten Zeitabschnitt für ihre Werkzeuge und Geräte besonders intensiv verwendeten. Deshalb spricht man von der »Steinzeit«, der »Bronzezeit« oder der »Eisenzeit«. Würde man hingegen eine historische Periode »Holzzeit« nennen, ergäbe das keinen großen Sinn, denn die gesamte Geschichte von *Homo sapiens* ist eine Holzzeit.

Das spiegelt sich übrigens auch in unserer Sprache wider. Das Wort »Material« kommt vom lateinischen *mater*: Mutter. Damit ist aber nicht eine menschliche Mutter gemeint, sondern der Baumstumpf mit seinen Schösslingen, das sogenannte »Niederholz«. Das Holz ist sozusagen das Urmaterial des Menschen.

Ohne Holz hätten die Beile, die man in der Steinzeit nutzte, keine Stiele gehabt. Holz lieferte die Energie zum Kochen, Heizen und Töpfern. Holzkohle, aus abgestorbenen Bäumen entstanden, machte das Schmelzen von Metallen möglich. Ohne Holz hätten wir keine Schiffe, Häuser oder Möbel bauen können. Ohne die Bäume, die vor Millionen von Jahren Kohlenstoff aus der Atmosphäre aufgenommen und sich in Erdöl verwandelt haben, hätte es nie Benzinmotoren gegeben. Und ohne Bäume hätte es auch keine Bücher gegeben. Das Papier des Buches, das du gerade in der Hand hältst, stammt von einem Lebewesen namens Baum. Man könnte diese Liste endlos fortsetzen. Ohne das Holz der Bäume ist die Zivilisation, wie wir sie kennen, kaum vorstellbar.

Holz ist natürlich nicht gleich Holz. Es gibt weltweit Hunderte von Baumarten, die für die verschiedensten Zwecke genutzt werden. Buchenholz etwa ist hart und gut für Möbel oder auch Bahnschwellen geeignet. Lindenholz ist weich und wird für Schnitzereien verwendet. Aus Teakholz macht man wegen seiner Haltbarkeit Gartenmöbel oder Hausverkleidungen. Für den größten Teil der europäischen Buchproduktion werden in Skandinavien Fichten angepflanzt, die nach einigen Jahren gefällt und zu Papier verarbeitet werden.

Auch das Holz der kalifornischen Küstenmammutbäume war ein begehrter Rohstoff für die europäischen Siedler, die im Laufe des 19. Jahrhunderts in Scharen in den amerikanischen Westen zogen. Es ist besonders hart und durch einen speziellen chemischen Stoff, den die Bäume produzieren, termitenresistent. Küstenmammutbäume wurden daher vor allem für den Hausbau gefällt – aus einem einzigen von ihnen konnten an die 20 Häuser gebaut werden! Außerdem machte man aus ihrem Holz Eisenbahnschwellen und Stützpfeiler für die Schächte der Gold- und Erzminen.

Das Holz der kalifornischen Küstenmammutbäume war ein begehrter Rohstoff für die europäischen Siedler, die im 19. Jahrhundert in den amerikanischen Westen zogen.

Im Laufe der Jahrzehnte wurden fast alle Küstenmammutbäume abgeholzt. So wie die meisten Wälder im Laufe der Zeit abgeholzt wurden – überall auf der Erde. Manche Wälder wurden sogar mehrmals vollständig gerodet und immer wieder aufgeforstet. Außer einem ganz kleinen Gebiet an der Grenze zwischen Polen und Belarus, dem Białowieża-Nationalpark, gibt es im europäischen Flachland keinen Primärwald mehr, und die auf anderen Kontinenten verbliebenen Primärwälder wie der brasilianische, der indonesische oder der madagassische Regenwald sind von menschlichen Aktivitäten stark bedroht. Sie schrumpfen immer weiter – nicht unbedingt, weil ihr Holz so begehrt ist (der Handel mit Tropenholz ist offiziell verboten), sondern weil man die Fläche, auf der die Bäume stehen, für den Anbau von Getreide und anderen Nutzpflanzen wie Palmöl oder als Viehweiden nutzen will.

Das ist die eine Seite des Verhältnisses zwischen Menschen und Bäumen: Wir verwenden sie als Rohstoff oder räumen sie zur Seite, wenn wir das Land, auf dem sie stehen, für andere Zwecke benötigen.

Es gibt aber noch eine zweite Seite. Menschen und Bäume sind auch geistig und kulturell eng miteinander verbunden. Und das seit langer Zeit. In der skandinavischen Mythologie ist vom Weltenbaum Yggdrasil die Rede, der die unterschiedlichen Ebenen des Kosmos miteinander verbindet. In der Bibel wird vom Baum der Erkenntnis berichtet, dessen Früchte die Menschen nicht essen dürfen (es aber trotzdem tun). In etlichen Kulturen war es lange üblich, zur Geburt eines Kindes einen Baum zu pflanzen. Und bis heute stellen wir Mai- und Weihnachtsbäume auf. Diese Liste könnte man ebenfalls endlos fortsetzen.

Viele indigene Völker des Amazonas-Regenwaldes bezeichnen den Wald, in dem sie leben, noch heute als »Welt« – als *sacha*, was so viel wie ein endloses Geflecht aus lebendigen Beziehungen bedeutet. Bäume können für uns Menschen also mehr als nur ein Rohstoff sein. Viel mehr.

Das gilt auch für die Küstenmammutbäume.

Zeitspannen, die wir kaum ermessen können

Von Mammutbäumen, die man auch »Redwoods« nennt, gibt es zwei Hauptarten: die Riesenmammutbäume *Sequoiadendron giganteum* mit rötlichbrauner Rinde und schuppenartigen Blättern, die in der kalifornischen Sierra Nevada wachsen, und die Küstenmammutbäume *Sequoia sempervirens* mit faseriger Rinde und nadelförmigen Blättern, die in den Küstengebieten Nordkaliforniens und Südoregons heimisch sind.

Die Bäume der Gattung *Sequoia*, die sonst nirgendwo anders auf der Welt vorkommen, werden nicht nur uralt (manche können bis zu 3.000 Jahre alt werden), sondern auch riesengroß. Wenn man vor einem Redwood steht und nach oben blickt, wird einem geradezu schwindlig, so groß und hoch sind diese Bäume. In ihren Wipfeln bilden sich Ökosysteme mit Insektenarten, die nur dort vorkommen. Ja, man hat auf Mammutbäumen sogar schon kleine Teiche entdeckt, in denen Fische schwammen – die Fische sind sozusagen im Laufe der Jahrhunderte wie in einem Lift mit den Bäumen nach oben gefahren.

Redwoods können bis zu 90 Metern hoch wachsen und einen Stammumfang von bis zu 12 Metern erreichen. Mit 2.000 Tonnen ist ein Redwood namens General Sherman der größte heute lebende Baum – sein Holz könnte theoretisch für 40 Häuser mit jeweils fünf Zimmern reichen.

Für die Ureinwohnerinnen und Ureinwohner Kaliforniens spielte es allerdings keine Rolle, was man aus dem Holz der Mammutbäume alles hätte machen können. Sie verehrten diese Baumriesen und der Gedanke, man könnte einen von ihnen fällen, war ihnen völlig fremd. In etlichen Mythen und Legenden der Indianervölker an der amerikanischen Westküste kommen Mammutbäume vor, und es wird vermutet, dass ihr wissenschaftlicher Name *Sequoia*, der Mitte der 1840er-Jahre von dem österreichischen Botaniker Stephan Endlicher eingeführt wurde, auf einen damals sehr bekannten Cherokee namens Sequoyah zurückgeht. Endlicher war ein Kenner und Bewunderer der indigenen Völker Kaliforniens.

Die Ureinwohner Kaliforniens verehrten diese Baumriesen und der Gedanke, man könnte einen von ihnen fällen, war ihnen völlig fremd.

Obwohl die Ureinwohner Kaliforniens über keine wissenschaftlichen Methoden verfügten, um das Alter der Redwoods zu bestimmen, wussten sie aus den Erzählungen ihrer Vorfahren, dass es die Bäume seit sehr langer Zeit gab – sozusagen seit Menschengedenken.

Pflanzen können viel älter als Tiere werden, weil sie sich aus ihrem Wurzelgeflecht immer wieder neu regenerieren und beschädigte oder abgestorbene Teile ihres Körpers vollständig ersetzen können. Das können Tiere und auch wir Menschen leider nicht. Und unter den Pflanzen erreichen vor allem Bäume ein hohes Alter, weil sie sehr langsam wachsen, sich extremen Wetterbedingungen gut anpassen können und eine äußerst stabile Struktur haben. Außerdem haben Bäume im Laufe der Evolution verschiedene Abwehrmechanismen entwickelt, um sich gegen den Befall von Pilzen oder Insekten zu wehren.

Bäume können nicht nur sehr alt werden, sie zählen auch ihre Jahre. Die Jahresringe im Stamm eines Baumes sind wie ein eingebauter Kalender. Und nicht nur das: Je nach der Niederschlagsmenge in einem Jahr sind die Ringe breiter oder schmaler, sodass sie sich mit bestimmten

Zeitabschnitten abgleichen lassen. Nicht selten nutzen Archäologinnen und Archäologen Baumringe, um historische Ereignisse zu datieren.

Bäume *speichern* Zeit. Wenn du einen uralten Baum berührst, dann nimmst du Kontakt mit einer fernen Vergangenheit auf. Es wird vermutet, dass der älteste Baum Deutschlands eine 1.200 Jahre alte Sommerlinde *(Tilia platyphyllos)* ist, die in einem kleinen Ort in Hessen steht. Dieser Baum hat irgendwann im 8. Jahrhundert gekeimt, zur Zeit Karls des Großen, und war im Laufe seines Lebens Zeuge unzähliger großer und kleiner Veränderungen. Und da ein Baum im Unterschied zu einem Stein ein lebendiges Wesen ist, hat er diese Veränderungen tatsächlich *erlebt*. Natürlich nicht so wie ein Mensch, sondern eben wie ein Baum (aber vielleicht ist es ja eine viel spannendere Erfahrung, das Vergehen von Zeit als Baum zu erleben).

Was haben Bäume nicht schon alles erlebt! Die sogenannte Langlebige Kiefer *(Pinus longaeva)* kann mehr als 4.000 Jahre alt werden – vor 4.000 Jahren bauten die Ägypter ihre Pyramiden. Der älteste Baum der Welt überhaupt ist eine Gemeine Fichte *(Picea abies)* namens Old Tjiko, die es auf 9.000 Jahre bringt – vor 9.000 Jahren waren die Menschen noch damit beschäftigt, sesshaft zu werden. Old Tjiko steht im schwedischen Nationalpark Fulufjället und ist inzwischen so streng geschützt, dass man sich ihm nur auf wenige Meter nähern darf.

Im Vergleich dazu sind die Bäume der Gattung *Sequoia* mit ihren 2.000 bis 3.000 Jahren fast noch jung. Aber im Vergleich mit der Lebensdauer von Tieren sind auch sie uralt. Die meisten Insekten leben gerade mal einige Wochen lang. Die Lebensdauer von Oktopussen beträgt durchschnittlich zwei Jahre. Mauersegler können zwar bis zu 20 Jahre alt werden, aber in der Regel leben sie nicht länger als sechs bis zehn Jahre. Der älteste Mensch, der je gelebt hat, war eine Frau in Frankreich, die 122 Jahre alt wurde – das ist absolut sensationell, denn nur die allerwenigsten Menschen werden über 100 Jahre alt. Das langlebigste Tier der Erde, das wir kennen, ist mit über 400 Jahren der bereits erwähnte Grönlandhai.

400 Jahre sind eine lange Zeit. Aber 2.000 Jahre? Oder 3.000 Jahre? Das sind Zeitspannen, die wir Menschen kaum ermessen können.

400 Jahre sind eine lange Zeit – vor 400 Jahren tobte in Europa der Dreißigjährige Krieg. Aber 2.000 Jahre? Oder 3.000 Jahre? Das sind Zeitspannen, die wir Menschen kaum ermessen können. Wer so lange lebt, hat, wenn nicht schon unsere Verehrung, ganz sicher unseren Respekt verdient.

Das möchte man zumindest meinen. Aber die Siedler, die nach Kalifornien kamen, hatten keinen großen Respekt vor dem hohen Alter der Mammutbäume (wenn sie sich darüber überhaupt Gedanken machten). Und die ihnen nachfolgende Holzindustrie scherte sich auch nicht darum. Bis in das 20. Jahrhundert hinein wurden die Redwoods gerodet. So intensiv, dass es heute wohl gar keine Bäume der Gattung *Sequoia* mehr gäbe, wenn man einzelne Mammutbaumwälder nicht erst zu Schutzgebieten auf Bundesstaatsebene, sogenannten State Parks, und dann in den 1960er-Jahren zu streng geschützten Nationalparks erklärt hätte: Gebieten, in denen sich die Natur ohne jeglichen Einfluss des Menschen frei entwickeln darf.

Und es würde keine Mammutbäume mehr geben, wenn sich Menschen wie Julia Butterfly Hill nicht gegen ihre Abholzung zur Wehr setzen würden. Menschen, die eine so tiefe Verbindung zu Bäumen empfinden, dass sie es einfach nicht ertragen können, wenn man sie fällt. Menschen, die erkannt haben, dass wir etwas sehr Wertvolles für immer verlieren, wenn wir diese alten Bäume zerstören.

Nutzen und Wert

Etwas sehr Wertvolles? Was könnte das sein? Um das zu erklären, erzählen wir am besten eine Geschichte.

Drei Wanderer standen am Fuß eines Berges und erblickten oben auf dem Gipfel einen Mann. Die drei begannen darüber zu diskutieren, weshalb der Mann dort wohl hinaufgestiegen war. Der erste sagte: »Vielleicht sucht er nach einem Freund.« Der zweite sagte: »Vielleicht sucht er seinen Hund.« Und der dritte sagte: »Vielleicht steht er dort oben, um sich an der frischen Luft zu erfreuen.« Schließlich stiegen die drei ebenfalls den Berg hinauf, und als sie oben angekommen waren, fragte der erste den Mann: »Hast du einen Freund verloren?« Der Mann erwiderte: »Nein.« Der zweite fragte: »Dann suchst du deinen Hund?« Der Mann erwiderte: »Nein.« Der dritte sagte: »Ah, dann habe ich recht. Du stehst hier oben, um dich an der frischen Luft zu erfreuen.« Der Mann erwiderte: »Nein.« Jetzt waren die drei Wanderer völlig verwirrt und nach einer Weile fragte einer von ihnen: »Warum stehst du dann hier?« Der Mann erwiderte: »Ich stehe nur hier.«

Das ist eine Geschichte aus dem alten Japan, eine sogenannte »Zen-Geschichte« – keine wahre Geschichte, sondern eine, die uns etwas ganz Wesentliches über die Welt vermitteln will, in der wir leben. In diesem Fall etwas über den Unterschied von Nutzen und Wert.

Fast immer, wenn wir Menschen Dinge tun, wollen wir damit einen Nutzen erzielen. Wir gehen, um ein bestimmtes Ziel zu erreichen. Wir laufen ein Wettrennen, um zu gewinnen. Wir fällen einen Baum, um sein Holz zu verarbeiten. Dieser Nutzen ist für uns oft alles, was zählt, und durch eine solche Brille betrachten wir fast die gesamte natürliche Welt um uns herum. Der (ziemlich sperrige) Begriff dafür lautet »Ökosystemdienstleistungen« und da steckt schon alles drin: Die Natur *leistet* uns Menschen in Form von *Ökosystemen* einen *Dienst*. Sie hat einen ganz bestimmten Nutzen für uns, den man sogar mit einem Geldbetrag beziffern kann. Zum Beispiel hat jemand einmal ausgerechnet, dass die jährliche Bestäubungsleistung wilder Bienen in den USA etwa 1,5 Milliarden Dollar beträgt.

Solche Berechnungen sind allerdings nicht gerade einfach. Bei einem Baum kann man zwar schnell ausrechnen, welchen Preis man für sein Holz erzielen kann, aber Bäume leisten uns ja noch viel mehr Dienste: Sie sammeln das Grundwasser und schützen mit ihren Wurzeln den Boden vor Erosion durch Regen und Wind. Wie alle anderen Pflanzen setzen ihre Blätter bei der Fotosynthese Sauerstoff frei, den wir zum Atmen benötigen. Bäume sind auch Lebensräume für viele Tiere und Pflanzen – manche kleine Tiere verbringen ihr gesamtes Leben nur auf einem einzigen Baum. Außerdem speichern Bäume Kohlendioxid und sorgen so dafür, dass sich die Atmosphäre nicht zu sehr aufheizt; sie sind für die Stabilität des Klimas auf der Erde unverzichtbar. Ein lebender Baum ist ein wahres Kraftwerk des Lebens, und wenn ein alter Baum irgendwann einmal umfällt, dann ist sein langsam verrottendes Holz ein Hort neuen Lebens.

Wie soll man das alles in Geld umrechnen? Und selbst wenn das gelänge, würde es dem Lebewesen Baum wirklich gerecht? Die amerikanische Holzwirtschaft wirbt inzwischen damit, dass für jeden Baum, den sie fällt, irgendwo anders ein neuer gepflanzt wird. Abgesehen davon, dass das oft gar nicht stimmt – mit dieser Argumentation könnte man auch die letzten Redwoods fällen. Denn ihre »Dienstleistung« in Geld lässt sich mit der anderer Bäume leicht vergleichen. Wenn Bäume nur einen *Nutzen* für uns haben, dann kommt es auf die einzelnen Bäume ja nicht an.

Ein lebender Baum ist ein wahres Kraftwerk des Lebens, und wenn ein alter Baum irgendwann einmal umfällt, dann ist sein langsam verrottendes Holz ein Hort neuen Lebens.

Aber Bäume haben nicht nur einen Nutzen, sie haben auch einen Wert. Dieser Wert mag sich uns Menschen nicht immer erschließen – so wie sich für die drei Wanderer in der Zen-Geschichte nicht erschlossen hat, warum der Mann auf dem Berg steht. Bäume haben einen Wert *in sich selbst*, für den keine weitere Begründung notwendig ist. Sie haben einen Wert, weil sie lebendige Wesen sind.

Alles Leben hat einen Wert, einfach weil es existiert, nicht weil es einen bestimmten Zweck erfüllt. Ein Eichhörnchen, das durch den Garten springt und daran seine Freude hat, hat einen Wert in sich. Genauso wie ein Fisch, der sich tief in den Grund eines Baches wühlt. Oder eben ein Baum, der einfach dasteht – weil er ein Baum ist.

An diesem Punkt kommt oft der Einwand, dass, wenn alle lebende Wesen einen Wert in sich selbst haben, wir Menschen ja überhaupt nichts mehr tun können. Aber irgendetwas müssen wir doch essen. Und aus irgendetwas müssen wir unsere Möbel bauen. Und so weiter. Das ist ein berechtigter Einwand. Wir Menschen sind mit der lebendigen Welt untrennbar verbunden. Nicht nur, weil unsere Ernährung und unsere

Gesundheit davon abhängig sind – unsere gesamte Zivilisation ist darauf gegründet, andere Lebewesen zu verarbeiten. Fast alles, was wir tagtäglich nutzen, hat auf irgendeine Weise mit anderen Lebewesen zu tun.

Dieser Einwand beendet meistens jede Diskussion über den Wert anderer Lebewesen. Wir beide machen diese Erfahrung recht häufig. Viele Leute, mit denen wir uns darüber unterhalten, wollen dann einfach nicht mehr weiterreden. Sie meinen, wenn man akzeptiert, dass Lebewesen wie Bäume einen Wert in sich selbst haben, dann folgt daraus, dass wir unsere Zivilisation grundsätzlich verändern müssen, wenn wir diesen Lebewesen gerecht werden wollen. Und das ist eine Aufgabe, der sich niemand, den wir kennen, gewachsen fühlt.

Unsere gesamte Zivilisation ist darauf gegründet, andere Lebewesen zu verarbeiten.

Aber auch wir beide fühlen uns dieser Aufgabe nicht gewachsen. Und das müssen wir auch gar nicht. Es geht nicht gleich darum, *alles* zu verändern. Sondern es geht darum, überhaupt erst einmal mit einer Veränderung zu beginnen.

Jede oder jeder von uns sollte sich einmal ganz persönlich fragen, welchen Wert ein bestimmtes anderes Lebewesen für sie oder ihn hat. Einfach, weil es da ist. Weil es lebendig ist. Wenn man das tut, kann es passieren, dass man auf Antworten kommt, die zwar nicht gleich die ganze menschliche Zivilisation, aber vielleicht das eigene Leben für immer verändern. Und damit auch das Leben anderer Menschen.

So wie im Fall von Julia und Luna. Der Redwood-Baum, auf und mit dem sie über zwei Jahre lang lebte, stand mit anderen Redwoods auf einem steilen Hang. Als die Menschen, die in der Nähe wohnten, hörten, dass die Bäume gefällt werden sollten, regte sich der erste Protest dagegen, weil man befürchtete, dass der Hang ins Rutschen geraten und die Häuser unterhalb des Hangs bedrohen könnte. Diese Befürchtung war berechtigt – das Wurzelgeflecht der Redwoods hielt den Hang tatsächlich stabil.

Julia aber ging es um viel mehr als nur diesen Nutzen für die Anwohner, als sie den Baum besetzte. Für sie ging es darum, ein Lebewesen zu schützen, das 1.500 Jahre lang an diesem Ort stand und womöglich noch Hunderte von Jahren vor sich hatte. Luna und die anderen Redwoods – alte Bäume generell – sind das Gedächtnis der lebenden Welt. Sie sind die Hüter der Zeit. Es braucht keine weitere Begründung, um sie zu bewahren.

Das wollte uns Julia mit ihrer Baumbesetzung vermitteln, und sie hat damit etliche Menschen rund um die Welt inspiriert, sich für andere Lebewesen, seien es Pflanzen oder Tiere, einzusetzen und dafür zu protestieren, dass man den Wert dieser Lebewesen erkennt. Ein solcher Protest ist oft nicht einfach – wie viele Aktivistinnen und Aktivisten wissen, die schon einmal einen Baum besetzt haben. Aber er lohnt sich! Auch wenn leider weiterhin rund um die Welt alte Bäume gefällt werden, hat Julia bewiesen, dass ein einzelner Mensch etwas verändern kann. Sie ist heute immer noch als Umweltaktivistin tätig und auch Luna steht heute immer noch. Luna ist ein Lebewesen, in dem Menschen nicht nur einen Nutzen sehen, sondern das wegen seines Werts respektiert wird.

Könnte man Luna allerdings selbst fragen, warum sie dort eigentlich steht, würde sie vielleicht die weiseste Antwort von allen geben: »Ich stehe nur hier.«

12 | Mein allerbester Freund

Hausschwein

SUS SCROFA DOMESTICUS

Da war einmal ein berühmter Philosoph, der behauptete, dass Tiere kein Gesicht haben. Nur Menschen, sagte er, hätten ein Gesicht, mit dem sie ihre Gefühle und manchmal auch Gedanken ausdrücken können.

Diese Behauptung ist großer Unsinn. Natürlich haben Tiere ein Gesicht. Jeder, der eine Katze oder einen Hund hat, weiß das. Man muss die Tiere nur genau ansehen, dann kann man ihre Gefühle in ihrem Gesicht erkennen. Und manchmal auch ihre Gedanken.

Zum Beispiel sind wir einmal bei einer Wanderung in Slowenien einem lachenden Schwein begegnet. Das stimmt wirklich! Wir gingen gerade einen Bergpfad entlang, kein Mensch weit und breit, als uns plötzlich ein ziemlich großes Schwein entgegenkam. Ein großes lachendes Schwein.

Das Schwein war kein wildes Schwein, sondern wies alle Merkmale eines Hausschweins auf. Es hatte keine Borsten und kurze Beine. Es musste also zu irgendjemandem gehören, aber offenbar konnte es frei herumlaufen. Jedenfalls war es, das war unverkennbar, ein zufriedenes Schwein.

Vorsichtig näherten wir uns dem Schwein. Man weiß ja nie. Man hat schon davon gehört, dass Schweine beißen können. Aber dieses Schwein war so zufrieden mit sich und der Welt, dass es mit seinem Rüssel gegen unsere Beine stupste. Wir bückten uns und streichelten den Kopf des Schweins. Wieder stupste es uns und wir streichelten es wieder.

Und dann, mit einem wohligen Grunzen, legte sich das Schwein auf die Seite und lachte uns an, und wenn es unsere Sprache hätte sprechen können, hätte es gesagt: »Bleibt doch noch ein wenig bei mir.«

Wir verstanden es aber auch so. Wir setzten uns neben das Schwein und freuten uns, dass wir hier alle zusammen waren.

Irgendwann, die Sonne war schon ein gutes Stück weitergezogen, standen wir auf, verabschiedeten uns von dem Schwein und setzten unsere Wanderung fort. Das Schwein lachte uns noch lange nach.

Leider haben wir es nie wiedergesehen. Die meisten, die man auf Reisen trifft, sieht man nie wieder. Aber wir müssen oft an das lachende Schwein denken. Es hat uns einen wunderbaren Tag geschenkt.

Und wir ihm hoffentlich auch.

Aus der Art geschlagen

Anders als bei einem Baum wundert sich niemand, wenn man einem Tier einen Namen gibt. Im Gegenteil: Wir Menschen sind es seit Langem gewohnt, den Hunden, Katzen, Kaninchen, Meerschweinchen und vielen anderen Tieren, die bei uns leben, einen Namen zu geben. Bei uns beiden lebt ein Hund namens Charly, und es ist höchste Zeit, Charly hier einmal kurz vorzustellen.

Charly ist ein acht Jahre alter schwarzer Labradorrüde und einer der sanftesten Hunde, die die Welt je gesehen hat. Er würde nie einen Menschen oder einen anderen Hund angreifen. Er bellt nicht laut, damit er niemanden erschreckt. Wenn er an einer Katze vorbeiläuft, schaut er sie nur an – er würde sie nie jagen. Und Tauben oder Krähen, die nah bei ihm am Boden herumhüpfen, fliegen nicht weg, weil sie erkennen, dass er keine Gefahr für sie ist. Charly hat noch viele weitere Eigenschaften, die ihn von anderen Labradoren unterscheiden. Mit anderen Worten: Er ist ein Individuum. Eine Persönlichkeit. Deshalb tun wir uns übrigens auch schwer damit, ihn als »unseren« Hund zu bezeichnen, denn eine Persönlichkeit gehört niemandem.

Vielleicht lebt bei dir ja auch ein Hund. Oder eine Katze. Oder ein Pferd. Oder eine Schildkröte. Oder ein eher exotisches Tier wie ein Axolotl. Was für ein Lebewesen es auch sein mag, wir nehmen an, dass du es sehr gern hast, gut behandelst und seinen Charakter genau kennst.

Aber wie soll man die Beziehung zu einem Tier, das bei und mit uns lebt, eigentlich genau bezeichnen? Viele Menschen sagen, dass sie ihre Tiere lieben. Oder dass sie mit ihnen befreundet sind. Aber ist eine Freundschaft zwischen einem Menschen und einem Tier überhaupt möglich? Und wenn ja, gilt das nur für Haustiere? Oder für alle Tiere?

Wie soll man die Beziehung zu einem Tier, das bei und mit uns lebt, eigentlich genau bezeichnen?

Auf einem Schreibseminar haben wir einmal die englische Schriftstellerin Helen Macdonald kennengelernt. Nachdem der überraschende Tod ihres Vaters sie in eine tiefe Traurigkeit gestürzt hatte, hatte sie beschlossen, von einem Züchter ein junges Habichtweibchen namens Mabel zu sich zu holen und für die Falknerei abzurichten. Das ging nicht von einem Tag auf den anderen, Habichte haben eine sehr wilde Natur und man braucht dafür eine entsprechende Ausbildung. Aber Helen hoffte, dass sie die intensive Beschäftigung mit dem Greifvogel ablenken und trösten würde. Das war auch so.

Gleichzeitig entwickelte sie eine große Zuneigung zu Mabel, über die sie später in ihrem berühmten Buch *H wie Habicht* schrieb. Als wir Helen kennenlernten, fragten wir sie, wie sie ihre Beziehung zu Mabel genau beschreiben würde. Es fiel ihr schwer, das richtige Wort dafür zu finden, aber sie ließ keinen Zweifel daran, dass ihr das Habichtweibchen damals mehr bedeutete als jeder Mensch in ihrem Umfeld.

Es gibt viele solcher Geschichten. In dem 1960 erschienenen Buch *Ein Ring aus hellem Wasser* erzählt der Autor Gavin Maxwell von seinem Leben in einem einsamen Haus an der Westküste Schottlands, das er mit seinem Fischotter Mijbil (kurz Mij genannt) teilte. Die Abenteuer, die er mit Mij erlebte, sind oft ziemlich lustig, aber er beschreibt auch eine sehr dramatische Situation, in der er annehmen musste, dass Mij im Meer ertrunken war. Nach Stunden der Ungewissheit kam der Otter schließlich zu ihm zurück und Maxwell war unendlich glücklich. »Zu diesem Zeitpunkt«, schreibt er in seinem Buch, »war mir klar, dass mir Mij mehr bedeutete als die meisten Menschen, die ich kannte, dass ich seine Präsenz mehr vermissen würde als ihre, und ich schämte mich nicht dafür«.

H wie Habicht und *Ein Ring aus hellem Wasser* sind sehr berührende Bücher, die Millionen begeisterter Leserinnen und Leser fanden. Und trotzdem gelten Menschen wie Helen Macdonald oder Gavin Maxwell, die die Beziehung zu einem nicht-menschlichen Lebewesen als mindestens ebenso wichtig betrachten wie die zu anderen Menschen, als Sonderlinge. Nicht, weil es sich in diesen beiden Fällen um so außergewöhnliche Tiere wie einen Habicht und einen Fischotter handelt. Sondern weil es generell als merkwürdig gilt, wenn Menschen Tiere genauso oder mehr mögen als andere Menschen.

Du kannst das ja selbst einmal ausprobieren und in deinem Bekanntenkreis erzählen, dass du Tiere lieber hast als Menschen. Dass du die Freundschaft zu Tieren bevorzugst. Die meisten Leute werden dich anschauen, als wärst du ein ganz seltsamer Typ, der irgendwie aus der Art geschlagen ist.

Wie kommt das eigentlich?

Ein Schwein namens Max

Die übliche Begründung dafür, dass die emotionalen Beziehungen, die wir zu Tieren haben, gar nicht so eng sein *können* wie die zu Menschen, ist, dass die Evolution das einfach nicht vorgesehen hat. Die Arten, wird argumentiert, sind so verschieden, dass sie nur unter sich enge Beziehungen knüpfen können. Natürlich kann man einen Hund, einen Habicht oder einen Fischotter in sein Herz schließen, aber nie so wie einen Menschen, denn die Zuneigung wird nicht auf dieselbe Weise erwidert. Deshalb können nur Menschen miteinander richtig befreundet sein oder sich wirklich lieben.

Stimmt das? Richtig daran ist, dass wir Menschen uns bei Tieren oft Emotionen einbilden, die gar nicht dem wahren Empfinden dieses Tieres entsprechen. Wir *wollen* einfach nur, dass sie sie haben – ein klassischer Fall von Anthropomorphismus. Aber dass unterschiedliche Arten keine emotionalen Beziehungen miteinander knüpfen können, ist falsch. Es gibt Gorillas, die kleine Kätzchen aufziehen. Oder Katzen, die Hundebabys adoptieren. Oder verwilderte Ziegen, die in einer Kuhherde aufgenommen werden. In Dänemark gab es einmal eine berühmte Freundschaft zwischen einem Elefanten und einem Kamel. In Japan die zwischen einer Eule und einer Katze. Und in Indien wurde sogar einmal die innige Beziehung zwischen einem Tiger und einer Ziege beobachtet – zwischen zwei Arten, die man eigentlich als Jäger und Beute betrachtet.

Dass unterschiedliche Arten keine emotionalen Beziehungen miteinander knüpfen können, ist falsch.

Natürlich: Solche Beziehungen über die Artgrenzen hinaus sind nicht sehr häufig und niemand kann sagen, wie diese Beziehungen genau beschaffen sind. Aber es ist offensichtlich, dass die Evolution keine starren Regeln kennt, wenn es um emotionale Beziehungen geht.

Wieso gelten Menschen dann als Sonderlinge, wenn sie die Gesellschaft von Tieren bevorzugen? Der Grund dafür ist, dass wir Menschen uns eine Hierarchie zwischen den Arten ausgedacht haben. Ob es die Intelligenz oder irgendeine andere Eigenschaft nicht-menschlicher Lebewesen betrifft: Wir siedeln sie prinzipiell unter uns an. Sie *gelten* nicht so viel wie ein Mensch. Während Pflanzen und Pilze gar keine individuellen Rechte haben, haben Tiere viel, viel weniger als Menschen. Tiere sind in den allermeisten Rechtsordnungen schlicht das Eigentum von Menschen.

Und gleichzeitig sortieren wir die unter uns angesiedelten Tiere ihrerseits wieder in Haustiere, Nutztiere, Zootiere, Wildtiere und so weiter. Dass das nichts mit irgendwelchen von der Evolution festgeschriebenen Regeln zu tun hat, sieht man schon daran, dass sich diese Sortierung im Laufe der Jahrhunderte gewandelt hat und sich noch heute von Kulturkreis zu Kulturkreis stark unterscheidet.

In den meisten europäischen Ländern sind Hahnenkämpfe verboten, Hühnerfarmen aber nicht.

In Europa sind wir (in der Regel) ausgesprochen nett zu Hunden und Katzen, während wir Tiere wie Kühe züchten, um ihr Fleisch zu essen, ihre Milch zu verarbeiten oder aus ihnen Kleidung zu machen. In Indien dagegen gelten Kühe als sehr geachtete Tiere, denen man kein Leid antun darf – es gibt dort sogar vom Staat geführte Seniorenheime für alte Kühe und Ochsen. In anderen Teilen Asiens wiederum werden Hunde gegessen.

Je mehr man sich mit unserer Beziehung zu Tieren beschäftigt, desto verwirrender wird es. In den meisten europäischen Ländern sind Hahnenkämpfe verboten, Hühnerfarmen aber nicht. Es kommt vor, dass die Feuerwehr eine in einem Gully gefangene Ratte rettet und dafür gefeiert wird, während zur selben Zeit Tausende Ratten mit Gift getötet werden. Es gibt Liebhaber bestimmter Vogelarten, die, wenn eine andere Art den

Nistkasten im Garten belegt, deren Nest zerstören. Und der allergrößte Tierfreund, der sich um ausgesetzte Hunde und Katzen kümmert, hat kein Problem damit, ein Insekt, das ihn belästigt, zu erschlagen.

Uns beiden hat einmal ein Restaurantbesitzer gesagt: »Alles, was einen Namen hat, wird nicht gegessen.« Das war einer der irrsten Sätze, den wir in Zusammenhang mit Tieren je gehört haben. Unsere emotionale Beziehung zu den Tieren ist wirklich ein ziemliches Durcheinander. Aber weil das so ist, gibt es eben auch keinen objektiven Grund, warum man ein Tier nicht als guten oder vielleicht sogar allerbesten Freund betrachten sollte. Sei es eine Katze, ein Habicht oder ein Otter.

Oder auch ein Schwein.

Wir haben ja schon mehrmals erwähnt, dass bestimmte Lebewesen ein extrem schlechtes Image haben, das mit der Realität meistens überhaupt nicht übereinstimmt. Was das angeht, hat es die Schweine mit am härtesten getroffen. Kaum ein anderes Tier hat ein so miserables Image.

Schweine gelten als schmutzig, weil sie sich gerne im Schlamm suhlen. Schweine gelten als dumm, weil sie mit Quiek- und Grunzgeräuschen kommunizieren, was in unseren Ohren primitiv klingt. Schweine gelten als von Haus aus stinkende Tiere. Bei Schweinen kommt wirklich einiges zusammen, was wir als sehr negativ empfinden – Ausdrücke wie »Drecksschwein«, »Schweinerei«, »Du mieses Schwein« oder »saudumm« verwenden wir im Alltag ständig. In Religionen wie dem Judentum oder Islam ist das Schwein überhaupt ein unreines Tier und das Essen von Schweinefleisch wird den Gläubigen untersagt.

So verwirrend die menschengemachte Hierarchie der Lebewesen oft sein mag, das Schwein hat es praktisch nirgendwo auf einen der oberen Plätze neben dem treuen Hund, der klugen Katze, der weisen Eule oder dem edlen Pferd geschafft. Völlig zu Unrecht. Denn in Wahrheit sind das alles nur Vorurteile.

Schweine sind ausgesprochen saubere Tiere. Das Wälzen im Schlamm dient der Reinigung und, wenn es sehr heiß ist, der Abkühlung. Schweine stinken auch nicht, sie haben gar keinen Körpergeruch. »Unrein« sind die Schweine erst durch uns Menschen geworden, als wir damit begannen, ihnen statt ihrer eigentlichen Nahrung wie Eicheln, Kastanien oder Trüffeln unsere Abfälle zum Essen zu geben. Schweine sind zwar wie wir Menschen Allesfresser, aber wir haben sie dazu gebracht, im Müll zu wühlen.

Schweine sind zudem sehr intelligente Tiere. Wenn es nach der gebräuchlichen Betrachtungsweise von Intelligenz geht, sind Schweine neuesten wissenschaftlichen Erkenntnissen zufolge intelligenter als Hunde. Einige ihrer geistigen Fähigkeiten lassen sich sogar mit denen von Affen vergleichen. (Wie intelligent Schweine wiederum *genau* sind, wissen wir natürlich nicht. So wie die Oktopusse könnten auch sie etwas wissen, was wir nicht wissen.) Und wie alle anderen Tiere haben auch Schweine Gefühle und Empfindungen – wie man inzwischen herausgefunden hat, sind sie sogar *besonders* sensible Tiere.

Schweine sind neuesten wissenschaftlichen Erkenntnissen zufolge intelligenter als Hunde.

Ganz viele unserer Ansichten über Schweine sind also schlicht falsch. Das ist sehr bedauerlich, denn Schweine und Menschen passen von ihrem Wesen her sehr gut zueinander. Schweine sind verspielt, anhänglich und kommunikativ. Sie sind extrem neugierig, finden sich problemlos in einer Stadt zurecht und lernen wie Hunde schnell Tricks. Mit einem Schwein zusammenzuleben kann genauso viel Freude machen wie mit einem Hund oder einer Katze. Manchen Menschen macht es sogar mehr Freude.

Der amerikanische Schauspieler George Clooney zum Beispiel hatte sich gemeinsam mit seiner damaligen Freundin ein Hängebauchschwein namens Max zugelegt. Nach ihrer Trennung erhielt Clooney das »Sorgerecht« für Max und das Schwein lebte 18 Jahre lang bei ihm. Max war oft bei Dreharbeiten dabei, durfte sogar immer mal wieder mit im Hotelzimmer schlafen, und seinen Freundinnen sagte Clooney: »Liebe mich, liebe mein Schwein.« Als Max starb, war Clooney, wie er in einem Interview sagte, tieftraurig.

Berühmte Menschen wie George Clooney haben den Vorteil, dass sie sich Dinge erlauben können, die man anderen nicht durchgehen lassen würde. Zum Beispiel ein Schwein mit ins Hotel zu nehmen. Oder auch ein Schwein ganz allein zu halten (Schweine sind eigentlich zufriedener, wenn sie in ihrer Rotte oder wenigstens mit einem anderen Schwein zusammenleben). Aber seine generelle Begeisterung dafür, ein Schwein in seiner Nähe zu haben, ist weniger seltsam, als es sich anhört.

Homo sapiens hat vor etwa 9.000 Jahren mit der Domestizierung von wilden Schweinen begonnen, woraus sich die Unterart *Sus scrofa domesticus* entwickelt hat. *Sus* ist lateinisch für Schwein und *scrofa* steht für eine vor allem in Europa verbreitete Gruppe von Wildschweinen. *Sus scrofa domestica* sind Hausschweine, die nicht so schlank und hochbeinig wie ihre wilden Verwandten sind. Dafür sind sie in der Regel größer und haben praktisch keine Borsten mehr. Und sie heißen nicht von ungefähr Hausschweine, denn sehr lange war es nicht ungewöhnlich, Schweine bei sich zu Hause zu halten.

Das waren meistens keine Haustiere im heute gebräuchlichen Sinne (Haustiere, wie wir sie kennen, gibt es ohnehin noch nicht sehr lange). Schon damals wurden Schweine vor allem für den Fleischverzehr gehalten. Aber sie lebten in der Nähe der Menschen, und so gab es zumindest die Möglichkeit zu erkennen, was für besondere Tiere das sind und dass jedes Schwein ganz individuelle Charakterzüge hat. Aber im Laufe der Zeit wurde unsere Beziehung zu den Schweinen immer distanzierter. Oder anders ausgedrückt: Wir haben sie in unserer Hierarchie ganz weit nach unten versetzt – zu den reinen Nutztieren.

Homo sapiens hat vor etwa 9.000 Jahren mit der Domestizierung von wilden Schweinen begonnen.

Heute sind Schweine praktisch nur noch dafür da, Fleisch oder Leder zu liefern. Sie werden in Massen gezüchtet und sollen in möglichst kurzer Zeit möglichst viel Gewicht zulegen. Ein heutiges Zuchtschwein ist ein bedauernswertes Geschöpf, das nur wenige Monate lebt und dessen Herz bei der kleinsten Aufregung schlappmacht, weil die Tiere so schwer sind, dass sie sich kaum bewegen können.

Ein Schwein zu Hause zu halten empfinden die meisten Menschen heute als sehr, sehr merkwürdig. In Deutschland ist es sogar verboten, mit einem Schwein Gassi zu gehen oder überhaupt in einem Wohngebiet ein Schwein zu halten, weil Schweine der Nutztierverordnung unterliegen.

Merkwürdig an alldem ist aber nicht das Schwein. Sondern der Mensch.

Worüber wir nicht nachdenken

Wenn du dich selbst etwas besser kennenlernen willst (was sehr spannend sein kann), dann gibt es dafür eine gute Methode: Du fragst dich, woher die Vorurteile kommen, die du so mit dir herumträgst.

Vorurteile haben wir alle. Keinem Menschen gelingt es, alles, was in der Welt geschieht, mit einem völlig unvoreingenommenen Blick zu betrachten. Aber manche Vorurteile sind anderen Menschen – und anderen nicht-menschlichen Lebewesen – gegenüber derart unfair, dass wir sie unbedingt hinterfragen sollten.

Wir Menschen neigen dazu, die Lebensweise der Mehrheit in einer Gesellschaft als richtig und normal zu empfinden.

Zum Beispiel: Wieso meinen wir eigentlich, dass Schweine dreckig und dumm sind, obwohl genau das Gegenteil der Fall ist? Gibt es vielleicht eine Verschwörung gegen die Schweine? Werden wir unaufhörlich mit Falschinformationen über sie versorgt? Nein, so ist es natürlich nicht, die Antwort ist viel einfacher. Wir sind der Meinung, dass Schweine dreckig und dumm sind, weil wir davon ausgehen, dass *alle* Menschen dieser Meinung sind. Anders gesagt: Wir denken darüber gar nicht nach.

Wir Menschen neigen dazu, die Lebensweise der Mehrheit in einer Gesellschaft als richtig und normal zu empfinden, und hinterfragen sie nicht. Folglich gilt es bei uns in Europa eben als ganz normal, Schweine zu züchten, um sie zu essen, aber nicht Hunde und Pferde (wobei Pferdefleisch in manchen Ländern wie Italien oder der Schweiz wiederum als Delikatesse angeboten wird). So wie es als normal gilt, dass neugeborene Kälber von ihren Müttern getrennt werden, damit sie ihre Milch für uns Menschen produzieren und nicht für ihre Kinder. Über diese Dinge denkt man nicht nach – sie sind eben so.

Ja, wenn man einmal darüber nachdenkt, über was wir alles *nicht* nachdenken, kann einem ganz schön schwindelig werden. Denn über die Lebewesen, die eigentlich dafür sorgen, dass es uns Menschen gut geht – dass wir beispielsweise essen können, was uns schmeckt –, denken wir am allerwenigsten nach.

Wer denkt schon darüber nach, was für ein Leben das Schwein hatte, das man gerade als Schnitzel, Parmaschinken oder Currywurst gegessen hat? Fast niemand.

Aber wieso eigentlich nicht? Schweine sind nicht nur lebende Geschöpfe, sie leben auch nur deshalb, um unsere Bedürfnisse zu befriedigen. Da wäre es schon angebracht, dass wir über sie nachdenken. Wenigstens diesen Respekt sollten wir ihnen entgegenbringen.

Denken wir also kurz einmal über Schweine nach.

Jedes Jahr werden in Deutschland etwa 50 Millionen Schweine geschlachtet. Das sind bis zu 140.000 Schweine am Tag. Am Tag! Diese Tiere gelten als Produkte – und Produkte sollen billig sein. Deshalb werden Schweine möglichst kostengünstig gehalten, obwohl sie besonders sensible Tiere sind. Schweine können in Gefangenschaft verrückt werden und sich dabei selbst verstümmeln. Wenn Schweine (oder auch Kühe) ins Schlachthaus kommen, riechen sie den Tod. Sie haben Angst und schreien laut in ihrer Not.

Schweine werden üblicherweise geschlachtet, wenn sie 110 Kilogramm Lebendgewicht erreicht haben, im Durchschnitt nach etwa sechs Monaten. Würde man sie am Leben lassen, könnten sie weit über zehn Jahre alt werden. Wir gönnen ihnen aber kein langes Leben. Eigentlich gönnen wir ihnen gar kein richtiges Leben, denn der einzige Grund, warum wir sie zur Welt bringen, ist, dass wir sie nach sechs Monaten wieder töten. Und wir bringen immer mehr von ihnen zur Welt und töten sie wieder, weil immer mehr Menschen auf der Welt Fleisch essen wollen.

Welche Tiere in welchem Land am häufigsten gegessen werden, ist sehr unterschiedlich. Schweinefleisch wird durchschnittlich weltweit am meisten gegessen. Dann kommt Geflügel (Hühner, Puten oder Enten). Danach die Rinder.

An alle diese Tiere, die für uns leben und sterben, verschwenden die meisten Menschen keine großen Gedanken. Weder an die Schweine noch an die Hühner, weder an die Rinder noch an die Fische, die wir zu Würsten, Burger, Chicken Wings oder Fischstäbchen verarbeiten. Kaum jemand interessiert sich dafür, was auf den Zuchtfarmen oder in den Schlachthöfen geschieht. Und es soll sich auch niemand dafür interessieren. Viele dieser Einrichtungen stehen weit von den Städten entfernt, damit man sich nicht mit ihnen beschäftigen muss. Hauptsache, es gibt günstiges Fleisch.

Darum dreht sich alles – ums Geld. Tiere wie Schweine oder Rinder eignen sich deshalb so gut für die Massenverwertung in der Fleischindustrie, weil es vergleichsweise billig ist, sie zu halten, und weil ihr Nährwert vergleichsweise hoch ist; als Pflanzen- oder Allesfresser bauen sie deutlich mehr Energie in ihrem Körper auf als reine Fleischfresser. Mit anderen Worten: Wir essen sie nicht nur, weil sie uns schmecken, sondern weil sie sich *besonders gut* als Produkte eignen.

Als uns beiden das alles vor einigen Jahren bewusst wurde, haben wir die Konsequenz gezogen, gar kein Fleisch mehr zu essen. Wir wollten mit einer Industrie, in der lebende Wesen – egal ob Schweine oder andere Tiere – nur als Produkte gelten, nichts zu tun haben. Aber um ehrlich zu sein: Darauf hätten wir schon viel früher kommen können. Früher jedoch empfanden wir das alles eben als normal. Früher haben wir über das alles nicht nachgedacht.

Das ist ziemlich schade. Man ahnt nämlich gar nicht, was man alles verpasst, wenn man über gewisse Dinge nicht nachdenkt.

Eine Freundschaft fürs Leben

Zum Beispiel etwas so Tolles wie die Freundschaft mit einem Schwein. Oder einem Habicht. Oder einem Otter. Oder irgendeinem anderen nicht-menschlichen Lebewesen.

Viele Menschen sind, wie gesagt, der Meinung, so etwas sei gar keine richtige, keine *echte* Freundschaft. Aber woher haben diese Leute eigentlich ihre Erkenntnis? Haben sie wirklich darüber nachgedacht, was eine Freundschaft ist?

Vermutlich nicht, denn sonst wären sie darauf gekommen, dass eine Freundschaft etwas sehr Privates ist. Eine Freundschaft ist eine Beziehung zwischen zwei individuellen Persönlichkeiten, und wie diese Beziehung genau beschaffen ist, entscheidet niemand anderer als diese beiden.

Eine Freundschaft ist eine Beziehung zwischen zwei individuellen Persönlichkeiten.

Niemand sollte dir vorschreiben, mit wem du befreundet sein sollst – das ist allein deine Sache. Niemand sollte es dir zum Vorwurf machen, wenn du einen bestimmten Hund oder eine Katze oder ein anderes Tier lieber magst als einen bestimmten Menschen – denn auch Tiere sind individuelle Persönlichkeiten. Und niemand sollte dir einreden, dass die Gründe, *warum* du mit einem Hund oder einer Katze oder einem anderen Tier befreundet bist, gar keine richtigen Gründe sind – auch darüber entscheidet ihr beide und niemand sonst.

Helen Macdonald hat in dem Habichtweibchen Mabel ein Lebewesen gesucht, mit dem sie ihre Trauer bewältigen konnte. Gavin Maxwell hat seinen Otter Mij auch deshalb so geliebt, weil er große Probleme hatte, zu anderen Menschen Beziehungen aufzubauen. Warum nicht? Wenn es den Tieren gut geht, wenn sie mit Respekt behandelt werden, wenn sie sich in der Nähe ihres menschlichen Freundes wohlfühlen, dann sind das keine Gründe, die eine Freundschaft weniger wertvoll machen.

Wir werden nie genau wissen, was »Freundschaft« für ein Tier wirklich bedeutet. Vermutlich ist die Bedeutung für sie eine andere als für uns Menschen. Das eine kann man nicht mit dem anderen vergleichen, und so kann das eine das andere auch nicht einfach so ersetzen.

Aber genau das macht die Freundschaft mit einem Tier ja so besonders – dass sie eben *nicht* wie die Freundschaft mit einem Menschen ist. Sie hat eine andere Qualität. Und manchmal kann sie bereichernder als jede andere Freundschaft sein.

Tiere haben keine Vorurteile. Tiere schmieden keine Intrigen und lügen nicht. Tiere verhalten sich überhaupt nur dann feindselig, zornig oder eifersüchtig, wenn man sie schlecht behandelt, ihr Vertrauen missbraucht oder sie bedroht. Tiere haben vielleicht nicht die Absicht, uns Menschen glücklich zu machen (wobei wir beide bei Charly manchmal das starke Gefühl haben, dass er genau das will). Aber ganz sicher wollen sie nicht, dass es uns schlecht geht.

Bei menschlichen Freundschaften werden meist Erwartungen aneinander gerichtet: dass man sich so oder so verhält, dass man das oder jenes tut. Erwartungen, die man oft gar nicht erfüllen könnte, würde man sie an sich selbst richten. An solchen Erwartungen zerbrechen immer wieder Freundschaften zwischen Menschen. Das ist bei der Freundschaft mit einem Tier nicht möglich.

Jedes Tier ist so individuell, dass es keinem anderen gleicht, und jedes Tier sollte so behandelt werden, dass man seiner Individualität gerecht wird.

An ein Tier irgendwelche menschlichen Erwartungen zu richten ist sinnlos, denn es ist ja kein Mensch. Das macht die Freundschaft mit einem Tier sehr entspannt und besonders. Man kann sich gemeinsam interessanteren Dingen zuwenden, als ständig irgendetwas voneinander zu erwarten. Zum Beispiel kann man gemeinsam die kleinen und großen Wunder der Welt entdecken. Wer in der Lage ist, zu einem Tier eine Freundschaft aufzubauen, hat ein reicheres und spannenderes Leben.

Das heißt nicht, dass du jetzt sofort losziehen und dir einen Habicht, einen Otter oder ein Schwein in die Wohnung holen sollst. Die Bezeichnung »Hausschwein« klingt irgendwie putzig, aber man sollte nicht vergessen, dass Hausschweine ziemlich große Tiere sein können. Und dass sie eine ihnen angemessene Umgebung brauchen. Jedes Lebewesen hat seine ganz eigenen Bedürfnisse, die man unbedingt respektieren muss, und es ist nicht richtig, Tiere irgendwo einzupferchen, nur damit sie in unserer Nähe sind. Auch darüber sollte man nachdenken: Freundschaft bedeutet immer auch Verantwortung.

Aber vielleicht hast du ja einmal ganz großes Glück und ein Tier sucht sich *dich* als Freund aus. So wie vor einigen Jahren in Kambodscha eine Würgeschlange immer wieder zu einem kleinen Jungen ins Bett kroch und die beiden miteinander spielten, bis die Eltern beschlossen, das nicht mehr zu unterbinden. Die Geschichte ist wirklich wahr.

Aber gut – vielleicht sind Würgeschlangen nicht die allerallerbesten Freunde. Vielleicht ist es einfach eine Taube, die auf deinem Balkon lebt und dich mit schief gelegtem Kopf ansieht, wenn du neben ihr in der Sonne sitzt. Oder eine Katze, die sich auf deinen Schoß legt, während du liest oder fernsiehst. Oder eine Kuh, die immer zu dir gelaufen kommt und sich von dir streicheln lassen will. Oder ein Pferd, das in dein Gesicht schnaubt, wenn du weinst, und dich damit tröstet.

Freundschaft heißt, sich gegenseitig zu akzeptieren. Wie wir Menschen sind auch Tiere Individuen. Es gibt mutige und furchtsame Hunde, freche und genervte Katzen, grantige und fröhliche Schweine. Jedes Tier ist so individuell, dass es keinem anderen gleicht, und jedes Tier sollte so behandelt werden, dass man seiner Individualität gerecht wird. Wenn man das tut, kann es der Beginn einer wunderbaren Freundschaft sein.

Und das zählt sicher zu den schönsten Dingen, die es überhaupt auf der Welt gibt.

13 | Das grüne Flüstern

Wacholderwidertonmoos

POLYTRICHUM JUNIPERINUM

Wir Menschen sind ganz begeistert vom Internet.

Das ist verständlich, denn das Internet ist eine großartige Erfindung. Im Internet kann man tolle Dinge tun. Im Internet kann man unglaublich viel lernen. Im Internet kann man jede Menge Zeit verbringen.

Aber was ist schon das Internet verglichen mit Moos?

Nicht viel.

Du denkst, das ist Quatsch? Dann probier es einmal selbst aus.

Geh in den Wald oder in den Park oder in den Garten und schau dich nach Moos um. Es wächst überall. Es hat keinen Anfang und kein Ende. Es legt sich über den Boden, schmiegt sich an Bäume, klammert sich an Steine. Es ist unmöglich, kein Moos zu sehen. Ein Wald könnte genauso gut auch Moos heißen.

Das Moos blinzelt dir grün zu. Moos ist moosgrün, aber das ist nicht nur ein Grün, sondern ein Hundertgrün, ein Tausendgrün. Im Moos fließen alle Grüntöne der Welt ineinander. Moos macht die Erde sogar im Winter grün.

Zieh die Schuhe aus und lauf barfuß über Moos. Es schmatzt und gluckst, wenn es nass ist. Es kitzelt und streichelt, wenn es trocken ist. Es passt sich deinen Schritten an, als wäre es ein Geschöpf aus Wasser und Luft. Wenn du über Moos gehst, verbindest du dich mit der Welt. Im Moos sein heißt lebendig sein.

Leg dich ins Moos wie in ein großes grünes weiches Bett. Lausche den Ameisen, die durchs Gras krabbeln. Riech den Wind, der in den Ästen spielt. Spür die Zeit, die sich in den Tautropfen sammelt. Schau in den Himmel über dir. Den weiten Himmel.

Moos hat die Erde zum Leben erweckt. Moos verbindet Leben mit Leben. Moos hält das Leben zusammen.

Was ist schon eine Reise in die Ferne, wenn du ins Moos gehen kannst?

Was ist schon ein Haus aus Beton, wenn du mit Freunden im Moos sitzen kannst?

Was ist schon ein Flugzeug, wenn du im Moos von fremden Welten träumen kannst?

Was ist schon das Internet verglichen mit Moos?

Nicht viel.

Ein Garten nur für Moose

In Japan gibt es riesige Gärten nur für Moose. Diese Gärten sind oft in der Nähe von Tempeln oder Schreinen zu finden. Wie unsere großen Garten- und Parkanlagen wurden sie genau geplant und werden regelmäßig gepflegt. Und wie bei uns kann man einen gemütlichen Spaziergang durch einen solchen Garten machen. Nur dass dort statt Blumen und anderen Zierpflanzen eben nur Moose wachsen und gedeihen. Hunderte unterschiedliche Moose.

Die Gärtnerinnen und Gärtner kümmern sich mit großer Sorgfalt und Hingabe um das Moos. Man hat sogar den Eindruck, dass es geradezu verehrt wird. Wenn man einen Garten oder einen Park mit vielen verschiedenen Bäumen und Blumen in allen Farben – roten, gelben und lila Blüten – gewöhnt ist, kommt einem das merkwürdig vor. Ein Moosgarten ist vor allem flach und glatt, denn Moos wächst meistens nur einige Millimeter hoch. Und er hat nur eine Farbe: grün. Dieses Grün kann sehr unterschiedlich sein: hellgrün, dunkelgrün, grünlich schimmernd, blassgrün, blaugrün, lindgrün. Aber es ist eben immer grün. (Moos ist übrigens wirklich »immergrün«, das heißt, es behält das ganze Jahr über seine Farbe.)

Für viele Japanerinnen und Japaner ist Moos der Ausdruck vollkommener Schönheit.

Der Anblick eines solchen Moosgartens hat etwas sehr Ungewohntes. Im ersten Moment empfindet man ihn nicht als schön. Für viele Japanerinnen und Japaner aber ist Moos der Ausdruck vollkommener Schönheit.

Das ist bei uns in Europa oder in den USA nicht so. Vor allem in den Städten: Wenn Menschen dort Moos überhaupt wahrnehmen, dann als grünes Etwas, das man loswerden möchte.

Moos wächst in den Ritzen von Einfahrten, an den schattigen Seiten von Häusern oder auf den Ziegeln von Dächern, und viele Menschen meinen, dass es den Beton oder die Ziegel schädigt. Deshalb kratzen sie es weg oder sprühen giftige Chemikalien darauf. Manchmal lassen sie sogar einen Pflanzenexperten kommen, um ihren wertvollen Besitz vom Moos zu befreien.

Es stimmt aber gar nicht, dass Moos Beton oder Ziegel schädigt – man könnte das Moos problemlos wachsen lassen. Diese falsche Annahme hält sich wohl deshalb so hartnäckig, weil Moos ein Symbol der Vergänglichkeit und des Verfalls ist. Wenn auf alten Häusern Moos wächst, dann hat es den Anschein, dass sich niemand um sie kümmert oder dort seit vielen Jahren niemand mehr wohnt. Ein moosbewachsenes Haus wird oft als ein Haus gesehen, das sich selbst überlassen wurde.

Man trifft auch immer wieder Menschen, die sich zwar mit der Natur verbunden fühlen, aber trotzdem keine besondere Beziehung zu Moos haben. Sie halten Tiere in ihren Gärten, pflanzen und schützen Bäume, kennen sich bestens mit den verschiedensten Arten von Wildblumen oder Farnen aus. Aber Moos ist ihnen fremd. Oder egal.

Wenn wir ehrlich sind, müssen wir uns also eingestehen, dass wir über Moos nicht viel wissen. Wer hat schon einmal vom Lockigen Gabelzahnperlmoos gehört, vom Filzmützenmoos, vom Mausschwanzmoos oder vom Gefransten Torfmoos? Und wer weiß schon, dass es sogar eine Wissenschaft der Moose gibt: die Bryologie (abgeleitet vom griechischen Wort für Moos *bryon*)?

Vielleicht wissen wir deshalb nur so wenig über Moose, weil wir sie als nicht besonders wichtig ansehen. Schließlich ist Moos kein seltenes Lebewesen, sondern es kommt überall auf der Erde vor: in den Tropen ebenso wie in der Arktis, auf den höchsten Bergen ebenso wie in den tiefsten Höhlen, in den Wäldern ebenso wie in den Städten. Moose wachsen nicht nur auf dem Erdboden, an Fluss- und Bachufern und an Bäumen, sondern auch auf Steinen und Felsen. Moose sind so präsent, dass wir sie gar nicht richtig wahrnehmen. Sie sind eben da, ein Teil der Landschaft, über den wir uns in der Regel keine besonderen Gedanken machen.

Moose sind so präsent, dass wir sie gar nicht richtig wahrnehmen.

Das sollten wir aber. Denn von Moosen kann man jede Menge lernen. Über die Beständigkeit des Lebens. Über seine Vielfalt. Und über seine wahre Schönheit.

Ist die Natur schön?

Woran denkst du, wenn du das Wort »schön« hörst? Vielleicht an Frauen und Männer mit makellosen Gesichtern, glänzenden Haaren und modischen Klamotten. Oder an Frauen und Männer, die schön sind, gerade weil sie keine makellosen Gesichter haben. Vielleicht denkst du auch an einen großartigen Film, einen wunderbaren Song, ein beeindruckendes Gemälde oder eine tolle Reise. Oder du denkst an bestimmte Eigenschaften von Menschen, die du kennst, wie Einfühlungsvermögen, Großzügigkeit oder Hilfsbereitschaft. Solche Eigenschaften kann man als etwas Schönes empfinden. Und auch eine Geste wie »Ich gehe einkaufen, soll ich dir etwas mitbringen?« oder ein Satz wie »Ich bin immer für dich da« kann sehr schön sein.

In unterschiedlichen Epochen und Kulturkreisen galten immer wieder andere Dinge als schön.

Schönheit, das sieht man schon an diesen wenigen Beispielen, ist ein sehr schillernder, mehrdeutiger Begriff, der viel mit der persönlichen Sichtweise zu tun hat. Was der eine als schön empfindet, kann für die andere hässlich sein. Es gibt sogar Menschen, die eine Autobahn als schön empfinden. Schönheit ist auch ein Begriff, der stark von der Situation abhängig ist, in der wir uns gerade befinden. Was wir an einem Tag als schön empfinden, kann sich an einem anderen ganz anders darstellen.

In unterschiedlichen Epochen und Kulturkreisen galten immer wieder andere Dinge als schön, seien es Bauwerke, körperliche Äußerlichkeiten oder die inneren Werte eines Menschen. Es ist fast unmöglich, etwas zu benennen, was alle Menschen zu allen Zeiten als schön empfunden haben. Das ist heute immer noch so. Schönheit, so scheint es, liegt einfach im Auge der Betrachterin oder des Betrachters.

Aus diesem Grund tut sich die Naturwissenschaft mit der Schönheit ziemlich schwer. Wie soll man etwas wissenschaftlich, das heißt so objektiv wie möglich, bewerten, das so subjektiv geprägt und so stark von kulturellen Rahmenbedingungen abhängig ist? Und doch gibt es in der Naturwissenschaft die Kategorie »Schönheit«. Zum Beispiel für die vielfältigen Muster von Vogelfedern. Oder die raffinierten Formen von Schneckenhäusern. Oder die bunten Farben von Korallen.

Als Charles Darwin im 19. Jahrhundert seine Theorie der Evolution veröffentlichte, wandten seine Kritiker ein, dass er damit die natürliche Schönheit – also die Farben und Formen der Tiere – nicht erklären könne, daher sei die Theorie falsch. Die Schönheit der Tiere und Pflanzen, sagten sie, habe Gott nur geschaffen, damit sich die Menschen daran erfreuen können. Tatsächlich ist es nicht einfach, diese Schönheit mit einer Theorie in Einklang zu bringen, die besagt, dass sich jene Lebewesen in der Natur durchsetzen, die sich am besten anpassen. Die Schwanzfedern eines Pfaus oder das große Geweih eines Hirsches beispielsweise wirken sich im Leben der Tiere nämlich eher als Nachteil aus, denn sie machen sie auffällig für Feinde.

Darwin ging auf diese Kritik ein und argumentierte, dass die visuelle Schönheit der Tiere in vielen Fällen durchaus einen evolutionären Zweck hat. Die auffälligen Färbungen und Ornamente der Tiere, die Geweihgröße bei Hirschen oder die prächtigen Federn von Vögeln werden von den jeweiligen Artgenossen, vor allem den weiblichen, als anziehend und wohltuend wahrgenommen, wodurch sich ihre Attraktivität bei der Partnerwahl steigert.

Schönheit spielt also durchaus eine wichtige Rolle in der Entwicklung der Arten. Das kann man auch bei *Homo sapiens* beobachten: Menschen tun sich oft deshalb zusammen und gründen eine Familie, weil sie einander als schön empfinden.

Neben der Schönheit einzelner Lebewesen gibt es noch die Schönheit der Natur an sich. Sei es ein kristallklarer See, ein in den Himmel ragender Berg, ein sich weit ausdehnender Wald oder ein in der Sonne glitzerndes Meer – fast alle Menschen empfinden die Natur in ihren unterschiedlichen Aspekten als schön. Trotzdem ist das eine ziemlich komplizierte Sache, denn von der »schönen Natur« redet man noch gar nicht so lange.

Die meiste Zeit haben Menschen die Natur vor allem als gefährlich und unheimlich empfunden. Zum Beispiel haben die Römer den Schwarzwald nicht nur wegen seiner charakteristischen Farbe *Silva Nigra*, »dunkler Wald«, genannt, sondern weil sie ihn auch als bedrohlich empfunden haben: als einen dunklen Ort, an dem sich ihre Feinde versteckten und gefährliche Tiere lebten. Erst im Laufe des 19. Jahrhunderts, als solche »dunklen Orte« immer weniger wurden und die Menschen zur Erholung aus den Städten raus »ins Grüne« fuhren, begann man davon zu sprechen, dass die Natur »schön« ist. Und in romantischen Gemälden von Wäldern, Sonnenuntergängen und Bergen wurde diese Schönheit erstmals festgehalten und gefeiert.

Wenn wir uns in der Natur befinden, werden unsere Sinne auf ganz unterschiedliche Weise angesprochen.

Die Natur ist ja auch nicht nur eine schöne Idylle. Ganz im Gegenteil. In der Natur geht es ziemlich brutal zu. Wenn ein Tier ein anderes Tier jagt, um es zu töten, dann kann man das wohl nicht als schön bezeichnen. Erdbeben, Lawinen, Vulkanausbrüche, Überschwemmungen oder Orkane fordern regelmäßig viele Menschenleben. Und wenn man der Natur schutzlos ausgesetzt ist, wenn die Mücken stechen, Dornen kratzen oder nachts gruselige Geräusche erklingen, kommen einem ganz andere Worte in den Sinn als schön oder romantisch: gefährlich, bedrohlich, lästig, schmerzhaft. Kein Wunder, dass es Menschen gibt, die sich am liebsten in ihrer Wohnung aufhalten und mit einem Wald oder einem Gebirge nicht viel anfangen können.

Und doch: Auch wenn es einzelne von uns anders sehen, empfinden wir Menschen die Natur prinzipiell als etwas Schönes. Das Vogelgezwitscher im Wald, das Rauschen der Wellen am Meer, das Plätschern eines Baches, eine bunte Frühlingswiese, das Summen der Insekten – wenn wir uns in der Natur befinden, werden unsere Sinne auf ganz unterschiedliche Weise angesprochen. Wir hören, sehen, riechen, spüren *mehr* als sonst. Anders gesagt: Es ist die Vielfalt, die wir als schön empfinden.

Manche Biologinnen und Biologen meinen, dass diese Empfindung in unseren Genen verankert ist. Die Gattung *Homo* hat die längste Zeit ihrer Existenz in Ostafrika in einer von Flüssen und Hügeln geprägten Graslandschaft mit ganz unterschiedlichen Tieren und Pflanzen gelebt. In einer vielfältigen Landschaft fühlen wir uns instinktiv wohl, weil sie damals unsere Bedürfnisse am besten befriedigt hat. An den Flüssen konnte man Wasser schöpfen und Fische fangen, die Bäume boten Schutz vor wilden Tieren und Unwettern, die Pflanzen und Früchte lieferten Nahrung. Wenn wir eine weite Landschaft aus unterschiedlichen Mustern und Formen sehen, werden wir sozusagen an ein uraltes Erbe erinnert. Noch heute bevorzugen Menschen, wenn sie sich Häuser kaufen, den Ausblick auf eine vielfältig strukturierte Landschaft.

Ist es da nicht rätselhaft, dass wir Menschen die Vielfalt auf der Erde zerstören, obwohl wir sie als schön empfinden? Warum betonieren wir immer mehr Flächen zu, bauen immer mehr Straßen und Häuser? Warum machen wir die Welt immer einförmiger und grauer?

Vielleicht weil wir vergessen haben, was Schönheit *wirklich* bedeutet. Weil wir vergessen haben, dass die Schönheit der Natur nicht einfach nur so da ist, sondern dass es einen Grund für sie gibt.

Um das zu verstehen, machen wir jetzt einen Ausflug ins Moos.

Schau einmal genauer hin

Dafür musst du nicht nach Japan fliegen. Du kannst einfach in einen Wald gehen. Oder auf eine Wiese. Oder in einen Park. Du kannst aber auch in euren Garten oder in den Hinterhof schauen. Oder du machst einen Spaziergang durch die Stadt.

Moose leben gerne in Städten, manche Moosarten kommen dort sogar öfter vor als irgendwo anders. In Ritzen und Nischen, an Denkmälern, Mauern oder Brunnen findet man sehr häufig Moos. Und natürlich auf Friedhöfen. Oder in Kellereingängen.

Stadtmoos bildet keine weichen Polster oder Teppiche wie Wald- und

Wiesenmoos, sondern kleine Flecken und Büschel, aber es ist nicht weniger weit verbreitet als in der freien Natur. Was Moose allerdings nicht mögen, ist zu viel Sonne, denn sie trocknen schnell aus. Auch setzt ihnen die Luftverschmutzung mehr zu als anderen Pflanzen. In einer viel befahrenen Innenstadt wird man deshalb eher kein Moos finden, aber in einer einigermaßen sauberen, feuchten und schattigen Umgebung besteht fast immer die Chance, Moos zu entdecken.

Was aber ist Moos überhaupt? Die eigentliche Moospflanze ist eine zarte, grüne, wurzellose Landpflanze, deren Trieb in der Regel nur wenige Millimeter groß ist und nur einige wenige Blättchen ausbildet. Zuweilen wächst er aber auch einige Zentimeter hoch. Im Gegensatz zu den meisten anderen Pflanzen vermehren sich Moose nicht durch Samen, sondern wie die Pilze durch Sporen. Sie werden von den Sporenkapseln in die Umgebung abgegeben und von Wind und Wasser verbreitet. Wo immer die Sporen landen, kann neues Moos entstehen.

Im Gegensatz zu den meisten anderen Pflanzen vermehren sich Moose nicht durch Samen, sondern wie die Pilze durch Sporen.

Eine Moospflanze kommt jedoch nur selten allein vor. Sie bildet mit anderen zusammen kleinere oder auch riesige Kolonien. Diese Kolonien bezeichnen wir dann als Moos.

Um die Vielfalt von Moos zu erkennen, muss man also nah rangehen und auf die Details achten. Moospflanzen haben ganz unterschiedliche Formen. Manche sind am Boden verzweigt, manche wachsen aufrecht nach oben, manche bilden kleine Kugeln und manche sind überhaupt so winzig, dass man sie nur mit einer Lupe erkennen kann. Es sind über 16.000 Arten von Moosen bekannt, jede davon hat sich ganz speziell an ihren jeweiligen Lebensraum angepasst.

Die in Europa am meisten verbreitete Moosart ist das *Bryum argenteum*: das Silber-Birnmoos. Wenn es trocken ist, hat es eine silbrig grüne Farbe, und seine Blätter erinnern an umgedrehte Birnen. Egal ob im Wald, in einem Moor oder in der Stadt – dem *Bryum argenteum* bist du garantiert schon einmal begegnet. Die Wahrscheinlichkeit ist sogar ziemlich groß, dass du es selbst weiterverbreitet hast, denn die Spitzen seiner Triebe heften sich gerne an die Schuhe von Spaziergängern und werden so in der ganzen Gegend verteilt.

Unser Lieblingsmoos ist das sogenannte Wacholderwidertonmoos mit dem wissenschaftlichen Namen *Polytrichum juniperinum*. Das hat einmal regionale Gründe. Wenn wir im Frühling in den Alpen unterwegs sind, begegnen wir ihm sehr häufig. (Es kommt aber auch in vielen anderen Gegenden der Welt vor.) Außerdem sieht es wirklich toll aus: Die Pflanzen der *Polytrichum*-Moose sind vergleichsweise lang und laufen sternförmig zu, sodass sie winzig kleinen Kiefernbäumen ähneln, und *Polytrichum juniperinum* hat eine ganz spezielle Ähnlichkeit mit den Nadeln des Wacholderbaums *Juniperus*.

Zusammen bilden die *Polytrichum*-Pflanzen eine haarähnliche Struktur, daher der Name: *Poly* ist das griechische Wort für viel und *thrix* bedeutet Haar. Man nennt diese Moose auch Frauenhaarmoose oder Haarmützenmoos. Gebräuchlicher ist aber Widertonmoos, ein Name, der aus dem Mittelhochdeutschen stammt. »Widerton« steht für »wider-das-antun« – vor langer Zeit glaubte man nämlich, man könne diese Moose für Abwehrzauber gegen böse Mächte verwenden.

Der Moosteppich, den *Polytrichum*-Moose ausbilden, ist ausgesprochen weich und saugfähig. So weich, dass Carl von Linné, der schon mehrmals erwähnte Erfinder der modernen Tier- und Pflanzenkategorisierung, während einer Reise nach Lappland auf einer tragbaren Bettmatte aus *Polytrichum*-Moos geschlafen hat. So weich auch, dass man es in früheren Zeiten als Windeln verwendet hat.

Kleinen Insekten, Spinnen oder Asseln dient der Moosteppich als Versteck, Nahrungsquelle und zur Eiablage.

Noch bevor im Frühjahr die Bäume austreiben, nimmt *Polytrichum juniperinum* eine sattgrüne Färbung an und erzeugt eine bei Wildblumen sehr beliebte Umgebung. Das Moos scheint die Blumen geradezu magisch anzuziehen. Wie kommt das? Bieten Moose einen sicheren Ort für die angewehten oder von Tieren dorthin getragenen Blumensamen? Oder ist es eher andersherum: dass das Moos im Schatten einer Blütenpflanze besonders gut wächst? Diese Fragen führen direkt in das Geheimnis der Moose.

Betrachtet man *Polytrichum juniperinum* etwas genauer, sieht man lange, spitze Blätter und entlang der Blattmitte winzige Erhebungen. Das sind die sogenannten »Lamellen«, die für die Fotosynthese zuständig sind. Am Morgen, wenn es noch kühl und feucht ist, öffnen sich die Blätter und nutzen die Morgensonne, um Energie aufzunehmen. Wenn das Moos dann im Laufe des Tages zu trocknen beginnt, faltet sich das Blatt wieder zusammen, damit die Lamellen nicht austrocknen. Der Moosteppich schrumpft und wirkt fast wie abgestorben. Aber der Schein trügt. Das Moos wartet. Und es hat viel Zeit – manche Moose können Jahrzehnte überdauern, ohne zu wachsen, um dann plötzlich, wenn die Bedingungen stimmen, zum Leben zu erwachen. In der Antarktis wurde sogar Moos entdeckt, das über 10.000 Jahre alt war.

Wenn *Polytrichum juniperinum* tagsüber auf Feuchtigkeit wartet, ist die beste Gelegenheit, nicht nur die kleinen Moospflanzen, sondern noch mehr Details in Augenschein zu nehmen. Zum Beispiel entdeckt man jede Menge kleine Insekten, die durch das Moos wandern. Und Insektenlarven, die im Moos darauf warten zu schlüpfen. Und wenn man noch genauer hinsieht, erkennt man zwischen den Pflanzenstielen winzige schwärzlich grüne Flecken. Das ist die sogenannte »mikrobielle Kruste«, eine enge Verbindung aus Landalgen, Bakterien und Pilzmyzel, die eine entscheidende Rolle dabei spielen, dass sich fruchtbarer Boden bildet. Hier, im Schatten der Moospflanzen, ist das Mikrobiom der Erde am Werk.

Moos zieht nicht nur Blütenpflanzen an, sondern alle Arten von Leben. Kleinen Insekten, Spinnen oder Asseln dient der Moosteppich als Versteck, Nahrungsquelle und zur Eiablage. Und unzählige andere Lebensformen wachsen und gedeihen im Moos, von Flechten und Pilzen bis zu kleineren Pflanzen wie Farnen. Sie alle nutzen die Nährstoffe und die Feuchtigkeit des Mooses und finden dort Schutz. Moose erschaffen zahllose kleine Ökosysteme, die sich wiederum in das große Ökosystem eines Waldes oder eines Moores einfügen und dieses aufrechterhalten. Mit anderen Worten: Moose, so eintönig sie wirken mögen, machen die Welt lebendig und bunt.

Und das im wahrsten Sinne: Wenn es in den Bergen am Vortag stark geregnet hat und sich am Morgen danach das *Polytrichum juniperinum* entfaltet, sprießen aus dem tiefgrünen Moosteppich die bunten Blüten von Wildblumen. Leben begünstigt Leben. Das ist ein wunderschöner Anblick.

Wenn du also mal im Wald bist, leg dich doch einfach in einen Moosteppich. (Das muss kein *Polytrichum*-Moos sein, aber wie gesagt: *Polytrichum* ist besonders weich.) Und dann betrachte ihn etwas näher. Du wirst sehen, dass sich die große Welt um dich herum im kleinen Mikrokosmos des Mooses spiegelt: ein Universum aus eng miteinander verflochtenen Lebewesen. Würdest du dich verkleinern und durch das Moos wandern, wäre es, als würdest du durch einen Wald laufen. Und wenn du dich umschaust, erkennst du, dass unzählige Pflanzen am besten wachsen und überleben, wenn sie eine Gemeinschaft mit Moosen bilden.

Moos ist nicht nur selbst vielfältig. Es *erzeugt* Vielfalt, indem es einen perfekten Raum für das Leben bietet. Und da wir Menschen Vielfalt als schön empfinden, hat Moos den Planeten Erde überhaupt erst schön gemacht. Die Geschichte des Mooses ist die Geschichte der *wahren* Schönheit der Welt. Es ist die Geschichte des Lebens selbst.

Die Schönheit des Lebens

Moose waren der erste Schritt, den die Evolution vom Meer aus in Richtung Land gemacht hat. Okay, nicht der allererste, aber sie waren der entscheidende Schritt.

Vor etwa 500 Millionen Jahren siedelten sich Meeresalgen an den Küstenfelsen an und verbanden sich mit Pilzen zu Flechten – eine Lebensform, die aus zwei unterschiedlichen, aber nicht voneinander zu trennenden Lebewesen besteht. Die Flechten, die es heute immer noch gibt, waren noch keine Pflanzen. Die ersten wirklichen Landpflanzen, die sich aus den Küstenalgen entwickelten und ins Landesinnere aufbrachen, waren die Moose.

Moose waren die Pioniere des Lebens auf dem Land. Sie siedelten auf dem nackten Gestein, breiteten sich überall auf dem Planeten aus und überstanden alle Klimawechsel und Katastrophen, die sich in Jahrmillionen auf der Erde ereigneten. Mit Moosen hat der größere Teil des Lebens auf der Erde seinen Anfang genommen: das Leben auf dem Land. Das Leben, das schließlich *Homo sapiens* hervorgebracht hat.

Und Moose sind heute immer noch Pioniere. Wenn sich ein neuer Lebensraum bildet oder ein zerstörter Lebensraum von Pflanzen und Tieren wiederbesiedelt wird, dann zählen Moose neben Pilzen zu den ersten Lebewesen, die dort heimisch werden. Denn ihre Sporen werden vom Wind in alle Richtungen getragen.

Moose sind die genügsamsten aller Pflanzen – die Nährstoffe, die sie für ihr Wachstum benötigen, ziehen sie sich aus Wasser und Luft.

Moossporen sind ein fester Bestandteil des sogenannten »Aeroplanktons«. Das sind mikroskopisch kleine Organismen wie Bakterien, Samen, Pollen und Insekteneier, die sich in einer riesigen Wolke rund um die Erde bewegen. Durch den Luftaustausch zwischen den verschiedenen Ökosystemen können diese Organismen an weit entfernten Orten landen und sich dort vermehren.

Das gelingt allerdings nicht allen, denn nicht überall finden die Organismen die Bedingungen vor, die sie zum Weiterleben benötigen. Nur Moose schaffen es praktisch immer. Sie sind die genügsamsten aller Pflanzen – die Nährstoffe, die sie für ihr Wachstum benötigen, ziehen sie sich aus Wasser und Luft. Und sie sind nicht darauf angewiesen, in der Erde Wurzeln zu schlagen, sondern klammern sich mit winzigen Häkchen an Felsen und Steinen fest und beginnen dort zu wachsen. Deshalb findet man Moose an den unzugänglichsten Orten. Dort, wo man eigentlich gar kein Leben vermutet, entdeckt man mit großer Sicherheit irgendein Moos.

Das Erfolgsgeheimnis der Moose ist also, dass sie so einfache Lebewesen sind. Sie haben weder Blüten noch Wurzeln noch Früchte und können daher Orte bewohnen, die für Bäume und andere größere Pflanzen ungeeignet sind. Ob in einem Riss im Gehsteig, auf dem Ast eines Baumes, am Rand einer Klippe, an der Wand eines Gebäudes oder sogar auf dem Rücken eines Käfers – es gibt kaum einen Ort, den Moose nicht besiedeln können.

Auf diese Weise haben die Moose den Planeten lebendig gemacht. Sie waren, jedenfalls vermutet das die Wissenschaft, die Vorläufer der Gefäßpflanzen. Das sind die häufigsten Pflanzen auf der Erde: Bäume, Sträucher, Gräser und Blütenpflanzen.

Was aber noch wichtiger ist: Moose bildeten den Nährboden für alle danach folgenden Arten, ob Pflanzen oder Tiere. Moose haben die Voraussetzungen für die Vielfalt auf dem Land geschaffen – und damit für all die Unterschiede in der Natur, die wir Menschen hören, sehen, riechen und spüren können und die wir instinktiv als schön empfinden.

Vielleicht ist es das, was die Japanerinnen und Japaner meinen, wenn sie von der »vollkommenen Schönheit« der Moosgärten sprechen. Moos ist nicht bunt wie eine Blume. Es zwitschert nicht wie ein Vogel. Es ist auch nicht prächtig wie ein Hirsch. Moos ist auf eine andere, *tiefere* Weise schön. Es strahlt eine Ruhe und eine Beständigkeit aus, die Millionen von Jahren zurückreichen.

Das alles kann man lernen, wenn man einen Ausflug ins Moos macht. Zuerst nimmt man einfach nur Grün wahr. Dann Varianten von Grün. Dann erkennt man die vielen Formen und Verästelungen der unterschiedlichen Moosarten. Und schließlich das Leben selbst in all seinen Formen und Varianten.

Die Voraussetzung ist allerdings, dass man sich auf das Moos einlässt. Eben mal kurz hinsehen und dann wieder weitergehen genügt nicht. Die richtige Betrachtung von Moosen, meinte einmal eine bekannte Bryologin, hat mehr mit Hören als mit Sehen zu tun. Man müsse dem Flüstern des Mooses gut lauschen, um seine Geschichte zu verstehen – am besten so, wie man dem Wasser lauscht, wenn es über Steine fließt.

Die Geschichte des Mooses ist die Geschichte des Lebens auf der Erde, das nicht möglich wäre, würde es nicht unaufhörlich miteinander Bindungen eingehen und sich gegenseitig begünstigen. Moos ist kein grünes Etwas, das einfach nur so da ist und das man vom Beton seines

Hauses kratzen sollte. Moos steht auch nicht für Vergänglichkeit und Verfall, ganz im Gegenteil: Wenn es eine Pflanze gibt, die für das Leben an sich steht, dann ist das Moos. Moos hat aus den Kontinenten und Inseln der Erde ein Zuhause für das Leben gemacht. Es hat die Biosphäre, in der und von der wir leben, erschaffen. Moos hat die Welt schön gemacht.

Denn das ist eine unbestreitbare Tatsache: Ganz unabhängig davon, ob du in einer bestimmten Situation etwas als schön oder nicht schön empfindest, als angenehm oder unangenehm – die Welt, in der du dich befindest, ist wunderschön. Es ist eine Schönheit, die glücklich machen kann, wenn man sich darauf einlässt. Eine Schönheit, der wir uns berauben, wenn wir die Natur zerstören.

Wir vergessen das oft, weil wir andere Dinge zu tun haben, deshalb sollten wir uns immer wieder daran erinnern. Es ist wunderschön, im Meer oder in einem See zu schwimmen und den Fischen zuzusehen. Es ist wunderschön, über eine Blumenwiese zu gehen und den Insekten nachzuspüren. Es ist wunderschön, durch einen Wald zu wandern und die Furchen in den Baumrinden zu ertasten. Es ist wunderschön, auf einen Berg zu steigen und Adler zu beobachten. Es ist wunderschön, der Sonne beim Auf- und Untergehen zuzusehen.

Es ist wunderschön, im Moos zu liegen, für eine Weile die Zeit zu vergessen und seinem Flüstern zu lauschen.

Aber die Welt ist nicht nur für uns Menschen schön, sondern für alle Lebewesen. Auch für die, die wir nur selten sehen.

14 | Lernen, etwas sein zu lassen

Eurasischer Luchs

LYNX LYNX

Es war einmal ein Luchs. Das war der letzte Luchs. Alle anderen Luchse waren ausgestorben.

Der letzte Luchs wusste nicht, dass er der letzte war. Wie hätte er es auch wissen sollen? Luchse sind Einzelgänger und streifen allein durch die Wälder.

Aber irgendwann wunderte sich der letzte Luchs, dass er keine Spuren anderer Luchse mehr roch. Und natürlich fand er auch keine Luchsin, mit der er sich hätte paaren können. Kurzum, sosehr er es genoss, allein durch die Wälder zu streifen (denn das war die Art der Luchse), wurde er doch sehr einsam. Wohin er im Wald auch ging, er begegnete keinem anderen Luchs.

Im Wald gab es allerdings Schilder, auf denen das Bild eines Luchses gemalt war. Der letzte Luchs wusste, wer die Schilder aufgestellt hatte – die lauten Zweibeiner. Aber er wusste nicht, was die Schilder genau bedeuteten. Vielleicht bedeuteten sie ja, dass sich dort regelmäßig Luchse trafen. Das war seine Hoffnung.

Und so versteckte er sich zwischen den Bäumen in der Nähe eines Schildes und wartete. Und wartete. Rehe kamen vorbei, aber der letzte Luchs hatte keinen Hunger. Ein stattlicher Habicht landete auf dem Schild, aber der letzte Luchs ließ sich nicht aus der Ruhe bringen.

Und dann kamen Zweibeiner. Ein weibliches und ein männliches Exemplar. Sie blieben stehen und blickten auf das Schild.

»Ich würde so gerne mal einen sehen«, sagte das weibliche Exemplar.

Das männliche Exemplar nickte.

Dann wandten beide den Kopf in alle Richtungen und schauten mit großen Augen in den Wald. Sie schauten auch in die Richtung des letzten Luchses, der zwischen den Bäumen lag, und wenn sie etwas genauer hingeschaut hätten, hätten sie seine Pinselohren gesehen. Aber sie schauten nicht genauer hin.

Geht weiter, ihr Zweibeiner, dachte der letzte Luchs. Ihr verscheucht die anderen Luchse. Warum seid ihr nur so laut?

Nach einer Weile gingen die Zweibeiner weiter. Und der letzte Luchs wartete weiter auf andere Luchse. Und wartete. Und wenn er nicht gestorben wäre, würde er heute noch warten. Aber irgendwann starb er eben und verwandelte sich in ein Schild, auf dem ein Luchs gemalt ist.

Es stehen immer noch einige dieser Schilder in der Gegend herum, aber die Kinder der Zweibeiner wissen nicht mehr, was sie bedeuten.

Das Verschwinden der wilden Tiere

Es ist noch gar nicht so lange her, da war die Erde ein wilder Planet.

Wärst du vor 12.000 Jahren durch Europa gewandert, dann wärst du großen prächtigen Tieren begegnet: Mammuts und Wisenten, Wollnashörnern und Waldelefanten. Du hättest Herden von Steppenbisons und Wildpferden, von Antilopen und Riesenhirschen vorbeiziehen sehen. Und hättest du dich in einer Höhle schlafen gelegt, hättest du womöglich einen Braunbären oder einen Säbelzahntiger aufgeschreckt (das wäre allerdings keine sehr angenehme Begegnung gewesen).

Tierarten mit über 50 Kilogramm Körpergewicht werden als »Megafauna« bezeichnet.

Auch andere Kontinente hatten zu dieser Zeit eine vielfältige sogenannte »Megafauna« – damit werden gewöhnlich Tierarten mit über 50 Kilogramm Körpergewicht bezeichnet. Hättest du damals in Nordamerika von einem Wald aus das offene Gelände überblickt, hättest du langhörnige Bisons, Kamele, Tapire und vielleicht sogar Riesenbiber gesehen. Und in Australien wärst du Kängurus begegnet, die um ein Vielfaches größer waren als die heutigen Kängurus.

Zugegeben, 12.000 Jahre klingen wie die allerallerfernste Vergangenheit. Aber nach erdgeschichtlichen Maßstäben ist es, als wäre es gestern gewesen. Damals ging die bisher letzte Eiszeit, die etwa 100.000 Jahre zuvor begonnen hatte, langsam zu Ende. Die riesigen Eisschilde und Gletscher, die sich über Nordamerika, Europa und Nordasien erstreckten, wichen zurück und das Holozän brach an, eine klimatisch vergleichsweise stabile und warme erdgeschichtliche Periode, in der wir uns heute immer noch befinden.

Die Welt vor 12.000 Jahren unterschied sich insofern gar nicht so sehr von der Welt, wie wir sie kennen. Außer dass es eben eine wilde Welt war, in der es von großen Säugetieren nur so wimmelte. Viele von ihnen existierten als Art seit langer Zeit. Sie hatten Eiszeiten und andere einschneidende Umweltveränderungen überstanden. Sie hatten sich immer wieder neuen Situationen angepasst. Doch dann geschah etwas, woran sie sich nicht anpassen konnten. *Homo sapiens* betrat die Bühne. Und die wilden Tiere verschwanden.

Das geschah nicht von einem Tag auf den anderen. Es gab eine lange Vorgeschichte. Die ersten Vertreter der Gattung *Homo* hatten in Ostafrika vermutlich keine Jagd auf große Tiere gemacht, denn sie waren Geschöpfen wie Riesenelefanten, Löwen oder Säbelzahntigern hoffnungslos unterlegen. Sie jagten kleinere Tiere oder bedienten sich an dem, was die Raubtiere von ihrer Beute übrig ließen. Doch nach und nach verbesserten sie ihre Waffen und verfeinerten ihre Jagdmethoden. Bereits *Homo erectus*, der vor etwa 1,9 Millionen Jahren auftrat, das Feuer beherrschte, vermutlich schon sprechen konnte und sich über die Grenzen Afrikas hinaus verbreitete, war ein äußerst talentierter Jäger.

Menschen und große Tiere teilten sich die Erde als Zuhause.

Die großen Tiere lernten, dass sie sich vor diesem Jäger auf zwei Beinen in Acht nehmen mussten. Das gelang nicht allen. Einige von ihnen wurden so intensiv bejagt, dass sie ausstarben, noch bevor sie überhaupt *Homo sapiens* begegnen konnten. Die meisten entwickelten sich jedoch über Hunderttausende von Jahren hinweg gewissermaßen in einer Co-Evolution mit den unterschiedlichen Menschenarten weiter. Menschen und große Tiere teilten sich die Erde als Zuhause.

Diese Zeit ging vor etwa 12.000 Jahren zu Ende. War *Homo sapiens* zu Beginn seiner Geschichte noch ein recht unauffälliges Tier unter vielen, so entwickelte er sich bald zum tödlichsten Raubtier, das es auf der Erde je gegeben hat. Gnadenlos jagte er die großen Tiere, und die, die leicht zu töten waren, starben als Erste aus.

Wissenschaftlerinnen und Wissenschaftler diskutieren seit Längerem darüber, ob das Verschwinden der eiszeitlichen Großtiere wirklich nur damit zu tun hatte, dass sie von *Homo sapiens* gejagt wurden, oder ob es nicht auch an der Veränderung des Klimas lag. Zum Teil lag es wohl auch daran, denn als sich die Gletscher zurückzogen, verloren Arten wie das Wollnashorn ihre angestammten Lebensräume. Aber die Beweise dafür, dass die überwiegende Mehrzahl von ihnen der menschlichen Jagdtätigkeit zum Opfer fielen, sind unübersehbar: Auf welchem Kontinent, in welcher Region oder auf welcher Insel auch immer *Homo sapiens* auftauchte, schrumpfte die dortige Tier- und Pflanzenwelt und verschwanden die meisten großen Tiere – ganz unabhängig von Klimaveränderungen.

Auch die indigenen Völker Amerikas oder die australischen Aborigines sorgten dafür, dass die Bestände etlicher Großtiere zurückgingen und viele Arten wie etwa das südamerikanische Riesenfaultier ausstarben. Als die europäischen Siedler in Nord- und Südamerika und später in Australien eintrafen, fanden sie eine bereits stark reduzierte Megafauna vor. Aber das störte sie nicht, im Gegenteil: Sie taten alles dafür, die Megafauna *noch weiter* zu reduzieren. Die nordamerikanischen Bisons beispielsweise wurden im 19. Jahrhundert innerhalb weniger Jahrzehnte fast vollständig ausgerottet. Einst zogen sie millionenfach über die weiten Ebenen des Kontinents, heute gibt es nur noch ein paar Tausend von ihnen.

Nur in Afrika sind noch viele jener großer Tierarten übrig, die es schon im Pleistozän gab: Elefanten, Nilpferde, Wildhunde, Leoparden oder Löwen. Das überrascht erst einmal, weil die Gattung *Homo* ja in Afrika entstanden ist. Eigentlich müsste es dort also gar keine großen Tiere mehr geben. Aber es wird vermutet, dass sich die Megafauna dort weitgehend erhalten konnte, *gerade weil* die Tiere Zeit hatten, sich an die jagenden Menschen anzupassen und entsprechende Fluchtreflexe zu entwickeln. Auf anderen Kontinenten, die *Homo sapiens* besiedelte, hatten die Großtiere keine Erfahrung mit diesem räuberischen Neuankömmling und waren so eine leichte Beute für die Menschen.

Nur in Afrika sind noch viele jener großer Tierarten übrig, die es schon im Pleistozän gab: Elefanten, Nilpferde, Wildhunde, Leoparden oder Löwen.

Allerdings sind auch in Afrika die Bestände der Großtiere inzwischen so geschrumpft, dass viele von ihnen nur noch in Reservaten oder Nationalparks überleben können und immer mehr Arten vom Aussterben bedroht sind. Inzwischen stehen sogar Giraffen auf der Roten Liste der bedrohten Arten. In Europa geschah das schon Tausende von Jahren früher. Einige Tiere der europäischen Megafauna wie Wildpferde oder

Auerochsen wurden von den Menschen domestiziert und durch Züchtung in Nutztiere verwandelt. Aus Wölfen haben wir Menschen über Jahrtausende hinweg sogar eine ganz neue Lebensform gezüchtet: den Hund in all seinen Varianten. Die übrigen großen Tierarten wurden so lange gejagt, dass sie ausstarben.

Oder flohen.

Ein Funkeln im Wald

Es gelang nur wenigen großen Tieren, den Menschen zu entkommen und so ihre Art zu erhalten, denn Menschen waren und sind ja überall auf der Erde. Aber einige konnten sich in Regionen zurückziehen, die nicht so dicht von *Homo sapiens* besiedelt waren und wo sie ihrerseits noch genug Jagdbeute fanden. Die bekanntesten davon sind Wölfe, Bären und Luchse.

Mit diesen drei Tierarten verband und verbindet uns Menschen eine ganz besondere – und besonders seltsame – Beziehung. Einerseits konkurrierten sie mit *Homo sapiens* um Nahrung und Lebensraum. Sie rissen das Wild, das die Menschen für sich beanspruchten, bedrohten die Nutztiere, die die Menschen hielten, und lebten in Gebieten, die die Menschen besiedeln wollten. Und sie ließen sich nicht so einfach vertreiben. Wenn man sich mit einem Wolf, einem Bären oder einem Luchs anlegt, zieht man schnell den Kürzeren. Dennoch hatten sie irgendwann dem Jagdgeschick und den Waffen der Menschen nichts mehr entgegenzusetzen – und mussten weichen. Sie zogen sich in die Randgebiete Europas oder in Gebirgsregionen zurück.

Gleichzeitig aber übten diese Tiere eine magische Faszination auf die Menschen aus. Sie waren der Inbegriff des Wilden, ein Symbol für das Unzähmbare und Unheimliche. Je mehr *Homo sapiens* die Landflächen, die einst als Wildnis galten, in eine sogenannte »Kulturlandschaft« mit Äckern, Feldern und Straßen verwandelte, desto mehr fanden diese Tiere Eingang in die Sagen und Märchen, die sich die Menschen erzählten.

Mit anderen Worten: Obwohl es sie noch gab, lösten sie sich von der Realität und wurden zu mystischen Geschöpfen.

Es gibt kein besseres Beispiel für diese seltsame Beziehung zwischen Menschen und wilden Tieren als den Luchs.

Tiere der Gattung Luchs, lateinisch *lynx*, zählen innerhalb der *Felidae*, der Familie der katzenartigen Säugetiere, zu den Kleinkatzen – so wie Pumas, Wildkatzen, Ozelots und natürlich unsere Hauskatzen. Luchse können alle möglichen Lebensräume bewohnen: Wälder, Wüsten, Tundren, Sumpfgebiete, Buschland und Bergregionen. Sie erbeuten kleinere Säugetiere wie Hasen und Kaninchen sowie Huftiere wie Rehe und kleine Hirsche; manchmal ernähren sie sich auch von Vögeln und Fischen.

Tiere der Gattung Luchs, lateinisch *lynx*, zählen innerhalb der *Felidae*, der Familie der katzenartigen Säugetiere, zu den Kleinkatzen.

Da Großkatzen wie Höhlenlöwen und Säbelzahntiger schon lange ausgestorben sind, sind Luchse in Europa jetzt allerdings die größten Katzen. Sie leben fast ausschließlich in Wäldern, die ihnen Schutz und eine Fülle an Nahrung bieten.

Luchse sind hochbeinige Katzen mit Stummelschwanz, Backenbart und schwarzen Pinselohren. Die erste Luchsart, von der man weiß, war *Lynx issidorensis*, der sogenannte »Urluchs«. Er ist vermutlich vor etwa sieben Millionen Jahren in Nordamerika entstanden und hat sich dann nach Asien und Europa ausgebreitet. *Lynx issidorensis* ist im späten Pleistozän ausgestorben, aber die fossilen Überreste, die man von ihm gefunden hat, deuten darauf hin, dass er sich von den Luchsarten, die sich aus ihm entwickelt haben, nicht sehr unterschied.

Heute gibt es vier Luchsarten auf der Erde: der Kanadische Luchs *Lynx canadensis*, der in Nordamerika lebt; der Rotluchs *Lynx rufus*, der ebenfalls in Nordamerika, aber weiter südlich heimisch ist; der Pardelluchs *Lnyx pardinus*, der hauptsächlich in Spanien und Portugal vorkommt; sowie der Eurasische Luchs *Lynx lynx*.

Der Eurasische Luchs besiedelte ursprünglich fast ganz Europa und Asien: von den Pyrenäen im Westen bis zum pazifischen Ozean im Osten. Und das für eine sehr lange Zeit. Auch als *Homo sapiens* immer dominanter wurde und immer mehr Großtierarten zum Verschwinden brachte, gerieten die Luchse nicht gleich in Gefahr. Sie hielten sich von den Menschen weitgehend fern. Denn neben der Wildkatze gibt es kaum ein scheueres Tier in den Wäldern als den Luchs.

Die Luchse mieden den Menschen so sehr, dass man, wenn man Glück hatte, gerade einmal in der Nacht im Wald ein Exemplar vorbeihuschen sah. (Wer weiß, vielleicht gab man ihnen in den deutschsprachigen Regionen auch deshalb den Namen Luchs – das Wort geht auf das althochdeutsche *luhs* zurück, das »Funkler« bedeutet und sich auf die reflektierenden Katzenaugen bezieht.) Ja, lange wussten die Menschen gar nicht, was für Tiere Luchse eigentlich genau sind. Auf antiken Darstellungen ähneln sie eher Leoparden, und in den europäischen Sagen und Märchen kommen Luchse viel seltener als Wölfe oder Bären vor – und wenn sie vorkommen, dann ist gar nicht sicher, ob das Tier, von dem da die Rede ist, wirklich ein Luchs ist.

Neben der Wildkatze gibt es kaum ein scheueres Tier in den Wäldern als den Luchs.

Die Zurückgezogenheit der Luchse hat zu den unglaublichsten Spekulationen über sie geführt. Im Mittelalter etwa hieß es, sie hätten magische Kräfte und könnten ihren eigenen Urin in Edelsteine verwandeln. Und das Volk der Ojibwe in Nordamerika glaubte, dass Luchse, wenn sie schlecht gelaunt sind, heftige Stürme hervorrufen.

Bis heute gelten Luchse als geheimnisumwitterte Geschöpfe. Das liegt sicher auch an ihrem Erscheinungsbild. Auch wenn *Lynx lynx* auf Bildern oft grimmig dreinschaut, ist er eines der bezauberndsten Tiere überhaupt. Wie bei den meisten Katzen ist sein Blick wachsam und neugierig zugleich, aber im Gegensatz zu einem Tiger oder einem Löwen strahlt er überhaupt nichts Aggressives aus, sondern eine Erhabenheit und Weisheit, die man so nirgendwo anders findet. Luchse erwecken den Eindruck, als würden sie etwas wissen, was wir Menschen nicht wissen – als wären sie im Besitz einer tieferen Wahrheit über die Welt, in der wir leben.

Das mit der tieferen Wahrheit bilden wir uns vermutlich nur ein. Vielleicht aber auch nicht – niemand kann sagen, worüber ein Luchs wirklich nachdenkt. Aber ganz unabhängig davon sind Luchse Geschöpfe, vor denen man instinktiv Ehrfurcht empfindet und die ganz zu Recht viele Jahrhunderte lang als mystische Lebewesen galten.

Gleichzeitig aber galten sie auch als Feinde der Menschen. Je mehr sich *Homo sapiens* in die Wälder und Bergregionen ausbreitete und dort nach Rehen und Hirschen jagte, desto mehr kamen sich Mensch und Luchs in die Quere. Außerdem waren die Tiere wegen ihres schönen Fells eine begehrte Beute.

Und so wurden die Luchse unerbittlich gejagt und ihr Bestand dezimiert. Im Laufe des 19. Jahrhunderts verschwanden sie immer mehr aus Europa. Heute sind dort nur noch Restbestände von ihnen übrig. Der Pardelluchs ist auf einige wenige, voneinander isolierte Populationen in Südspanien beschränkt und eine der seltensten Katzenarten der Welt überhaupt. Es ist sehr wahrscheinlich, dass Pardelluchse in freier Wildbahn bald ganz verschwinden werden. Vom Eurasischen Luchs gibt es nur noch in Skandinavien, im Baltikum und in den Karpaten Populationen, die ausreichend groß sind, um langfristig weiterzubestehen.

Wie Wölfe und Bären werden auch Eurasische Luchse seit Längerem an einigen Orten wiederangesiedelt. Das sind jedoch sehr komplizierte Projekte, denn diese Tiere brauchen viel Platz, um ein ihnen angemessenes Leben zu führen. Deshalb haben wir Menschen sie ja einst vertrieben – weil sie uns im Weg waren. Und so sind Luchse trotz aller Bemühungen in West- und Mitteleuropa nach wie vor nur in sehr geringer Zahl vertreten. In Deutschland leben ungefähr 140 Exemplare.

Wie Wölfe und Bären werden auch Eurasische Luchse seit Längerem an einigen Orten wiederangesiedelt. Das sind jedoch sehr komplizierte Projekte.

Aber immerhin: Nachdem *Lynx lynx* hierzulande über 100 Jahre lang ausgestorben war, kann man bei uns wieder wild lebenden Luchsen begegnen.

Das dachten wir beide jedenfalls.

Als wir einmal keinen Luchs sahen

Im Münchner Zoo gibt es einige *Felidae*, die wir ab und zu besuchen. Die Tiger sind einschüchternd; einem Tiger nähert man sich immer mit einem mulmigen Gefühl, selbst wenn ein Gitter dazwischen ist. Die Löwen sind majestätisch; kein Tier sieht dich so auffordernd und gelangweilt zugleich an wie ein Löwe. Wenn wir aber zu den Luchsen kommen, geschieht immer etwas Merkwürdiges: Wir haben plötzlich das Gefühl, *wir* seien es, die in einem Käfig eingesperrt sind, und nicht die Luchse.

Wir beide gehen manchmal in den Zoo, weil man viele Tiere aus der Nähe sonst nirgendwo anders erleben kann. Trotzdem sind Zoos für uns ein problematischer Ort. Tiere sind kein Anschauungsmaterial und auch kein Freizeitspaß, sondern lebendige, fühlende Wesen. Kein Tier sollte auf Dauer eingesperrt werden. Selbst wenn ein Löwe im Zoo ein womöglich angenehmeres Leben hat als in der afrikanischen Savanne – ist er wirklich noch ein Löwe?

Dieses Problem wird uns nirgendwo so stark bewusst wie bei den Luchsen. Da Luchse etwas so Geheimnisvolles an sich haben, wirken sie in einem Käfig gänzlich falsch. Luchse sind in unserer Vorstellung immer irgendwo »dort draußen«. Sie sind nicht nur das Symbol von Wildnis, sie *sind* Wildnis.

Und so überkommt uns, wenn wir im Zoo ein Exemplar der Art *Lynx lynx* sehen, die große Sehnsucht, einem solchen Tier einmal an dem Ort zu begegnen, wo es eigentlich zu Hause ist: eben »dort draußen«.

Irgendwann gaben wir dieser Sehnsucht nach und beschlossen, für ein verlängertes Wochenende in den Nationalpark Bayerischer Wald zu fahren, der etwa drei Stunden von München entfernt an der deutsch-tschechischen Grenze liegt. Dort leben wilde Luchse. *Lynx lynx* ist seit der Gründung des Nationalparks im Jahr 1970 sogar sein Wappentier und Aushängeschild.

Von einer großen Luchspopulation kann man allerdings im Bayerischen Wald trotz vieler Jahrzehnte der Wiederansiedlungsversuche nicht sprechen. Laut aktuellen Schätzungen gibt es dort etwa 80 Exemplare. Einige von ihnen leben in Gehegen, und obwohl diese Gehege viel größer als Zookäfige sind, hat uns das natürlich nicht so sehr interessiert. Wir wollten ja im Wald einen Luchs beobachten – sozusagen einen Luchs, wie er leibt und lebt und wie er einst tausendfach in Mitteleuropa vorkam.

Und so nahmen wir uns ein Zimmer in einer Pension am Rand des Nationalparks und gingen am nächsten Tag in den Wald. Es war Frühherbst. Die Blätter färbten sich schon leicht. Ein feiner Nebel lag über den Bäumen. Die Luft war angenehm kühl und feucht.

Im inneren Bereich des Nationalparks ist jeder menschliche Eingriff untersagt. Die Natur kann sich frei entfalten, deshalb ist der Wald dort ganz anders, als wir ihn in Europa sonst gewohnt sind. Die meisten Wälder bei uns sind Forste, das heißt, sie werden intensiv bewirtschaftet. Der Wald im Bayerischen Nationalpark dagegen ist ein echter *Wald*: eine dichte, üppige Vielfalt aus lebenden und umgestürzten Bäumen, aus Moosen und Pilzen, aus Vögeln und Insekten. Im Bayerischen Wald gibt es bei Weitem nicht so viele Arten wie im Regenwald von Madagaskar, aber auch dort spürt man die ungeheure Vielfalt, die die Evolution hervorbringen kann. Es ist atemberaubend zu sehen, was das Leben alles aus sich machen kann, wenn man es nur lässt.

Durch diesen Wald streiften wir. Hörten Spechte klopfen und Käuze rufen. Erhaschten einen Blick auf Rehe und Rothirsche. Nahmen die unterschiedlichen Moose in Augenschein. Inspizierten an einem Bachlauf einen Biberbau. Ja, einmal meinten wir sogar eine Kreuzotter im hohen Gras zu sehen. Aber wir entdeckten keine Spur eines Luchses.

Natürlich nicht. Wie konnten wir nur auf den Gedanken kommen, wir würden einfach so einem Luchs begegnen? Luchse sind eben sehr scheu. Und vor allem sind sie in der Dämmerung und nachts aktiv.

Also blieben wir so lange wie möglich im Wald, lagen, während die Sonne unterging, auf einer Lichtung und warteten darauf, dass ein Luchs auf der Suche nach etwas Essbarem zwischen den Bäumen hervortreten würde.

Wir sahen keinen Luchs.

Nicht am ersten Abend und auch nicht am zweiten.

Wir erzählten der Wirtin in der Pension von unserer Sehnsucht, einen Luchs in freier Wildbahn zu sehen. Sie sagte, sie habe einmal vor vielen Jahren neben einer Brücke über einen Fluss eine Luchsin mit ihren zwei kleinen Kätzchen beobachtet. Das sei ihr aber nur einmal passiert.

Auch einem Wildhüter, dem wir begegneten, erzählten wir, wie gerne wir einen Luchs im Wald sehen würden, und fragten ihn, wie uns das denn gelingen könnte. Er blickte uns leicht schmunzelnd an und erwiderte, dass er in all den Jahren seiner Tätigkeit im Bayerischen Wald überhaupt erst vier- oder fünfmal einen lebendigen Luchs gesehen habe. Luchse beanspruchen große Reviere und können sich im Wald sehr gut verstecken. Außerdem hören sie extrem gut. Ein Luchs kann das Rascheln einer Maus aus über 60 Metern Entfernung wahrnehmen – von den Geräuschen eines Menschen im Unterholz ganz zu schweigen. Würden die Wildhüter nicht Kamerafallen aufbauen, hätten sie gar keine Möglichkeit, herauszufinden, wie viele Luchse im Bayerischen Wald leben und wie es ihnen geht.

Würden die Wildhüter nicht Kamerafallen aufbauen, hätten sie gar keine Möglichkeit, herauszufinden, wie viele Luchse im Bayerischen Wald leben und wie es ihnen geht.

Aber wir wollten unbedingt einen Luchs sehen. Und legten uns weiter auf die Lauer.

Am dritten Abend sahen wir keinen Luchs. Am vierten auch nicht.

Wäre dies ein Märchen (oder eine andere erfundene Geschichte), würde es wahrscheinlich so ausgehen, dass wir am letzten Abend einen Luchs sehen und mit ihm ein großes Abenteuer erleben. Aber auch am letzten Abend sahen wir keinen Luchs. Und trotzdem nahm die Geschichte eine überraschende Wendung.

Denn plötzlich wurde uns bewusst, dass es viel besser ist, *keinen* Luchs zu sehen. Die Tatsache, dass die Luchse dort draußen irgendwo sind und man sie nicht sieht, verleiht der Welt eine Größe und Tiefe, die sie sonst nicht hätte. Allein das Wissen darum, dass sie da sind, macht die Welt spannender und geheimnisvoller.

Der Luchs, den wir nicht gesehen haben, hatte uns eine Lektion fürs Leben erteilt.

Nicht alles muss mit uns Menschen zu tun haben

Ob Wölfe, Bären oder Luchse – einige der wilden Tiere, die wir Menschen jahrhundertelang gejagt und vertrieben haben, kehren gerade wieder nach Europa zurück. Sehr langsam, in sehr kleiner Zahl und unter strenger Aufsicht. Es gibt viele Menschen, die sich darüber freuen. Aber es gibt auch sehr viele, die das ablehnen.

Vor einigen Jahren wanderte ein Bär von Italien über die Alpen nach Norden und hielt sich für längere Zeit in Bayern auf. Das war der erste Braunbär, der seit über 170 Jahren in Deutschland in freier Wildbahn gesichtet wurde. Weil er aber bei seinen Streifzügen menschlichen Siedlungen allzu nahe kam, wurde er zum »Problembär« erklärt und erschossen. Heute steht er ausgestopft in einem Münchner Museum.

Seit Längerem leben auch wieder Wölfe in Mitteleuropa, in Deutschland inzwischen mehr als 150 Rudel. Das klingt nach ganz vielen Wölfen, aber verglichen mit den Wölfen, die es hier einmal gab, ist es eine lächerlich geringe Zahl. Und doch wird bei jedem Schaf, das von hungrigen Wölfen gerissen wird, darüber diskutiert, ob man sie nicht töten sollte – ob es nicht besser ist, ohne sie zu leben. Schließlich hat sich das Land, seit es dort zuletzt Wölfe gegeben hat, stark verändert.

Fast die gesamte Landfläche in Europa wird inzwischen vom Menschen genutzt. Es gibt kaum mehr zusammenhängende Gebiete, die groß genug sind, dass dort Tiere wie Wölfe, Bären oder Luchse leben können. Jeden Tag geht immer mehr Fläche verloren: für Gebäude, Straßen und andere Verkehrswege. Das ist ein massiver Verlust an Lebensräumen für Pflanzen und Wildtiere. Deshalb sterben die meisten Wölfe in Deutschland auch bei Zusammenstößen mit einem Auto. Irgendwann sind sie bei ihren Wanderungen eben gezwungen, eine Straße zu überqueren. Und deshalb ist es auch unvermeidlich, dass sie auf unsere Schafherden aufmerksam werden. Wölfe sind nun mal Raubtiere, denen man nicht befehlen kann, brav im Wald zu bleiben.

Aber eigentlich geht es hier nicht um gerissene Schafe. Die kann man nämlich mit Zäunen und Herdenschutzhunden gut vor den Wölfen schützen. Und normalerweise greifen weder Wölfe noch Bären Menschen einfach so an (Luchse schon gar nicht). Es geht also um etwas anderes. Es geht um unser grundsätzliches Verhältnis zu den wilden Tieren.

Nach Tausenden von Jahren, in denen wir Menschen gegen das Wilde angekämpft haben, haben wir vergessen, dass wir uns den Planeten einst mit anderen großen Tieren geteilt haben. Für viele Menschen ist es nur schwer zu akzeptieren, dass es Gegenden gibt, wo Bären, Wölfe oder Luchse zu Hause sind und nicht wir, und dass wir uns diesen Gegenden mit Vorsicht nähern müssen. Viele Menschen können einfach nicht nachvollziehen, dass diese Tiere Platz brauchen, um zu überleben. Mehr Platz, als wir ihnen zur Verfügung stellen.

Denn die wenigen Nationalparks und Reservate sind nur ein Bruchteil dessen, was wirklich nötig wäre, damit die Tiere wieder an ihren ursprünglichen Orten heimisch werden. Das ist im Fall der Luchse besonders traurig.

Da sich Luchse immer von uns fernhalten, könnten Menschen und Luchse in einer dicht besiedelten Landschaft weitgehend konfliktfrei zusammenleben. Wenn Luchse genug Bewegungsspielraum haben und in den Wäldern ausreichend Beute finden, kommt es zu keinen größeren Problemen. Dass ein Luchs eine Schafherde angreift, passiert nur sehr, sehr selten (außerdem kann man die Schafe auch vor Luchsen gut schützen).

Und trotzdem tun wir Menschen uns selbst mit Luchsen sehr schwer. In etlichen Regionen Frankreichs ist der Luchsbestand inzwischen so stark geschrumpft, dass er wohl bald zusammenbrechen wird. Und im Bayerischen Wald werden immer wieder Luchse von Wilderern erschossen, obwohl das strengstens verboten ist und die Tiere keinem Menschen etwas tun.

Es scheint, dass sich *Homo sapiens* zu einer Art entwickelt hat, die von sich selbst berauscht ist. Eine Art, die nicht versteht, dass es Lebewesen gibt, die einfach nur ihr Leben leben wollen – und das auf eine Weise, die uns Menschen vielleicht immer ein Rätsel sein wird. Für dieses mangelnde Verständnis steht der Luchs wie kaum ein anderes Tier. Würden wir ihm wieder den Raum geben, der ihm angemessen ist, würden wir damit zeigen, dass wir in der Lage sind, andere Maßstäbe als die menschlichen gelten zu lassen. Dass wir in der Lage sind, andere Lebewesen einfach *sein* zu lassen.

»Etwas *sein* lassen« ist jedoch einer der Schlüssel zur Bewahrung der Artenvielfalt auf der Erde.

Aber etwas einfach *sein* zu lassen – das scheinen wir Menschen irgendwie nicht zu können. »Etwas *sein* lassen« ist jedoch einer der Schlüssel zur Bewahrung der Artenvielfalt auf der Erde. Artenschutz muss nicht immer aufwendig sein, er erfordert häufig vor allem die Bereitschaft des Menschen, Raum zur Verfügung zu stellen. Die Bereitschaft, andere Lebewesen und ihre Lebensräume – seien es Wälder, Flüsse, Graslandschaften oder Moore – in Ruhe zu lassen, damit sie sich frei entwickeln und von den jahrhundertelangen Eingriffen des Menschen erholen können.

Anders gesagt: Artenschutz erfordert die grundsätzliche Einsicht, dass die Erde nicht uns Menschen gehört. Dass es hier Lebewesen gibt, die *neben* uns, aber nicht unbedingt *mit* uns leben wollen.

Und das müssen sie auch gar nicht. Nicht alles auf der Welt sollte etwas mit uns Menschen zu tun haben. Ganz im Gegenteil: Die Tatsache, dass es Lebewesen gibt, die irgendwo »dort draußen« die Welt mit ganz anderen Augen sehen, macht das menschliche Leben spannender. Es nährt unsere Fantasie. Es vergrößert unser Vorstellungsvermögen. Eine Welt ohne sie ist eine viel langweiligere, kleinere Welt.

Vielleicht haben wir beide, wenn wir im Zoo vor den Luchskäfigen stehen, ja genau deshalb das Gefühl, dass *wir* es sind, die in einem Käfig eingesperrt sind, und nicht die Luchse.

Dass wir Menschen es sind, die sich weit weg von zu Hause befinden.

15 | Der lange Weg nach Hause

Die Biosphäre der Erde

GAIA

Ihr Name ist Erde. Das Wort Erde kommt vom alten germanischen »Erda«, das den Boden, den Grund, das Land bezeichnete. Irgendwann vor langer Zeit hat jemand der ganzen Welt diesen Namen gegeben: Erde. Das war, als noch niemand wusste, dass wir auf einem Planeten leben, der um einen Stern kreist. Jetzt wissen wir das.

Jetzt könnten wir den Planeten Erde genauso gut Ozean nennen, denn von weiter Ferne aus betrachtet sieht man auf ihm jede Menge blaues Wasser. Viel mehr Wasser als Land.

Wir könnten ihn auch Wolke nennen, denn von noch weiterer Ferne aus betrachtet sieht man viele weiße Wolken auf unserem Planeten. Manchmal ist er sogar ganz von Wolken bedeckt.

Oder wir könnten ihn Murmel nennen, denn von noch, noch weiterer Ferne aus betrachtet sieht man eine kleine blau-weiße Kugel durch das Weltall rollen. Eine von unzähligen anderen Planetenkugeln in der Galaxis.

Unser Planet könnte so viele Namen haben.

Aber wenn wir ihn nach etwas benennen wollen, was ihn wirklich ausmacht und von allen anderen Planeten unterscheidet, dann müssten wir ihn Leben nennen.

Schließlich atmet, singt, tanzt das Leben überall auf unserem Planeten. Es glänzt und leuchtet in seiner Vielfalt. Es erschafft sich immer wieder neu.

Es kann gut sein, dass es auf anderen Planeten auch Formen von Leben gibt. Aber das Leben, das wir »Leben« nennen, gibt es nur hier und nirgendwo sonst. Dieses Leben ist einzigartig im Universum.

Wenn du Leben sagst, dann meinst du damit einen Planeten, der so unglaubliche Geschöpfe wie dich hervorgebracht hat. Und du meinst einen Planeten, mit dem du immer verbunden sein wirst. Wo du auch hingehst, du bist ein Teil von ihm. Ein Teil des Lebens.

Eines Tages werden Menschen auf dem Mars stehen und auf eine blau-weiße Kugel am Himmel blicken. Und sie werden träumen. Sie werden von Wolken, Ozeanen, Bergen, Flüssen, Wäldern und Kontinenten träumen. Sie werden von Tauben und Luchsen, von Haien und Käfern, von Geckos und Pilzen, von Spinnen und Moosen, von Mauerseglern und Schweinen, von Mammutbäumen und Oktopussen träumen. Sie werden von Bakterien und Menschen träumen.

Sie werden vom Leben träumen.

Das Mädchen in der U-Bahn

Was bedeutet dieses Gefühl, das uns die Luchse im Zoo vermitteln – dass wir Menschen es sind, die in einem Käfig eingesperrt sind und sich weit weg von zu Hause befinden? Was für ein Zuhause soll damit gemeint sein? Wir Menschen leben doch alle auf dem Planeten Erde und nicht irgendwo anders. Also sind wir zu Hause, oder etwa nicht?

Es stimmt, dass die Erde unser Zuhause ist, weil wir – *wir* als Menschheit – nirgendwo anders leben können. Aber ein Zuhause ist nicht nur der Ort, an dem man lebt. Ein Zuhause ist auch der Ort, mit dem man tief verbunden ist. An dem man spürt, dass man dort hingehört. An dem alle eine gemeinsame Sprache sprechen.

Zu Beginn dieses Buches haben wir die Pflanzenforscherin Robin Wall Kimmerer zitiert, die sagt, dass es einmal eine Zeit gab – »die alten Tage«, wie sie es nennt –, in der alle Lebewesen eine solche gemeinsame Sprache besaßen: Pflanzen, Tiere, Pilze und Menschen. Sie meint das nicht wörtlich, sondern im Sinne eines tiefen Verständnisses zwischen uns Menschen und den anderen Lebewesen. Und sie sagt auch nicht, wann diese Zeit genau war. Aber sie meint, dass wir Menschen versuchen sollten, wieder so eine gemeinsame Sprache zu finden. Dass wir uns sozusagen auf den Weg nach Hause machen sollten.

Ein Zuhause ist nicht nur der Ort, an dem man lebt. Ein Zuhause ist auch der Ort, mit dem man tief verbunden ist.

Das heißt nicht, dass wir wieder wie in der Steinzeit leben sollten, in Höhlen oder im Wald. Das war ein ziemlich hartes Leben, und auch wenn die Geschichte der Menschheit voller Kriege und Grausamkeiten ist, hat sich *Homo sapiens* doch weiterentwickelt. In vielen Jahrhunderten haben wir Menschen daran gearbeitet, unsere Lebensbedingungen zu verbessern, haben festgestellt, dass jeder Mensch eine Würde – einen Wert *an sich* – besitzt, und haben über Möglichkeiten nachgedacht, wie es friedlicher und gerechter auf der Welt zugehen könnte.

Während wir diese Zeilen schreiben, geht es auf der Welt nicht sonderlich friedlich und gerecht zu. Aber gleichzeitig arbeiten ganz viele

Menschen daran, dass es eines Tages mehr Frieden und Gerechtigkeit geben wird. Selbst wenn wir Menschen womöglich nie wissen werden, wer wir wirklich sind, haben wir im Laufe unserer Geschichte sehr viel gelernt – über die unfassbar faszinierende Welt, in der wir leben, und über uns selbst als ein Lebewesen unter anderen Lebewesen. Und wenn es gut für uns läuft, können wir in der Zukunft noch viel mehr lernen.

Wenn es gut für uns läuft ... Wird es das? Es ist schwer vorherzusagen, wie das 21. Jahrhundert – *dein* Jahrhundert – verlaufen wird. Denn zum ersten Mal in unserer Geschichte bekommen wir zu spüren, dass man einen Planeten nicht folgenlos ausplündern und verschmutzen kann. Zum ersten Mal geht es nicht nur um Gruppen von Menschen und ihre Konflikte miteinander, sondern es geht um *alles*: um das Leben auf dem Planeten insgesamt. Wenn wir nicht damit aufhören, die Erde auszuplündern und zu verschmutzen, dann hat das Leben, wie wir es kennen, keine große Zukunft.

Es ist schwer vorherzusagen, wie das 21. Jahrhundert – *dein* Jahrhundert – verlaufen wird.

Im Glauben, die Welt gehöre uns und wir könnten damit machen, was wir wollen, haben wir unzählige andere Lebewesen zum Aussterben gebracht und unser Zuhause immer stärker zerstört. Das haben wir inzwischen erkannt. Aber das heißt nicht, dass wir mit der Zerstörung aufhören. Wir machen damit weiter. Warum tun wir das?

Weil wir uns die Heldengeschichte von der einzigartigen Überlegenheit des *Homo sapiens* so lange erzählt haben, dass wir aus ihr nur schwer wieder herausfinden. Weil wir die von uns gemachte Welt aus Smartphones, Autos, Videospielen, Streamingdiensten, Flughäfen, Hochhäusern und so vielem mehr mit der Welt an sich verwechseln. Weil wir immer mehr vergessen, dass jenseits der von uns gemachten Welt noch eine andere ist. Eine größere, reichere, spannendere Welt.

Die meisten Menschen können damit nichts anfangen. Sie denken über so etwas gar nicht nach. Das ist sehr seltsam, denn eigentlich haben wir alle das Wissen in uns, dass die Welt einmal größer und reicher war, als sie es jetzt ist. Wir alle sind über viele Generationen hinweg noch mit dieser vergangenen Welt – mit den »alten Tagen« – verbunden.

Das wurde uns beiden klar, als wir damals auf dem U-Bahnsteig standen und die Taube sahen, die niemand beachtete. Denn etwas haben wir von diesem Tag noch nicht erzählt. Nicht alle Menschen auf dem Bahnsteig haben die Taube ignoriert. Ein kleines Mädchen zeigte begeistert mit dem Finger auf sie, und wenn die Taube in ihre Richtung sah oder trippelte, lächelte das Mädchen. Und immer wieder versuchte sie, ihre Mutter, die neben ihr stand, darauf aufmerksam zu machen. Aber die Mutter reagierte nicht. Sie war mit ihrem Smartphone beschäftigt.

Das Mädchen wusste wahrscheinlich nicht, wie schwer es Tauben in unseren Städten haben. Aber im Gegensatz zu allen anderen nahm sie die Taube wahr. Wie hätte sie erst gestaunt, wenn sie in einem Regenwald einen Gespenstblattschwanzgecko gesehen hätte? Oder beim Tauchen im Meer einem Oktopus begegnet wäre? Oder die Rinde eines 2.000 Jahre alten Baumes berührt hätte?

Die meisten Kinder sind begeistert von anderen Lebewesen. Das ist der Grund dafür, warum es in Animationsfilmen nur so von sprechenden Tieren wimmelt. Aber da ist noch etwas anderes. Da ist etwas tief in uns Menschen, das uns mit den anderen Lebewesen verbindet.

Man muss nur einmal zusehen, wie sich Kinder (nicht alle Kinder, aber die allermeisten) einer schlafenden Katze oder Vögeln im Garten nähern: voller Begeisterung und gleichzeitig voller Respekt und Vorsicht. Wenn sie dann älter werden, verdrängen oder vergessen viele von ihnen diese Verbindung und wenden sich der Welt zu, in der alles von Menschen gemacht ist. Dort nehmen sie gar nicht mehr wahr, wie es den anderen Lebewesen geht. Wer heute in einer größeren Stadt aufwächst – und das ist inzwischen über die Hälfte der Menschheit –, hat mehr Kontakt mit Autos, Computern und künstlichen Geschöpfen als mit echten nicht-menschlichen Lebewesen. Schon bald werden die Kinder nicht mehr wissen, dass es viele dieser nicht-menschlichen Lebewesen einmal gegeben hat. Sie werden es als normal empfinden, in einer ganz und gar von Menschen gemachten Welt zu leben. Und was ist dann?

Da ist etwas tief in uns Menschen, das uns mit den anderen Lebewesen verbindet.

Am Scheideweg

Würde die gesamte bisherige Evolution des Lebens auf der Erde an einem einzigen Tag ablaufen, würde *Homo sapiens* erst in der letzten Minute auftreten. Fast alle Arten, die es heute auf dem Planeten gibt, waren lange vor uns da – manche wie die Mikroorganismen gibt es schon, seit überhaupt Leben auf unserem Planeten existiert.

Und doch dominieren wir Menschen die Erde inzwischen so sehr, dass wir viele der anderen Lebewesen zum Verschwinden bringen. Weil sie in der Menschenwelt nicht überleben können. Weil sie dort keinen Platz zum Leben haben. Weil sie vergiftet und gejagt werden. Wir Menschen sind sehr spät gekommen – in eine Erdepoche, in der die Artenzahl in der Biosphäre so hoch wie nie zuvor war. Aber wir haben es in dieser kurzen Zeit geschafft, die Biosphäre vollständig zu verändern.

Es ist nicht das erste Mal, dass so etwas geschieht. Die Biosphäre verändert sich ständig und im Laufe der Jahrmillionen hat sie sich oft sogar auf drastische Weise gewandelt. Die Erde ist kein statischer, sondern ein dynamischer Planet. Diese Dynamik ist auch der Grund dafür, dass es überhaupt Leben gibt. Denn Leben *braucht* Veränderung. Die Biosphäre schafft die Bedingungen dafür, dass Lebewesen immer wieder neu entstehen und vergehen. Und von der Energie der Sonne abgesehen benötigt sie dafür nur Zutaten, die auf dem Planeten seit langer Zeit vorhanden sind.

Doch diese Veränderung findet normalerweise in so großen Zeiträumen statt, dass das Netzwerk aus Beziehungen, in dem alle Lebewesen miteinander verbunden sind, nie reißt. Einzelne Ökosysteme können sich fundamental ändern oder auch ganz verschwinden, aber das Leben selbst erhält sich aufrecht, und je vielfältiger dieses Leben ist, desto größer die Wahrscheinlichkeit, dass es noch sehr, sehr lange Leben auf der Erde geben wird.

Auch wir Menschen sind Teil dieses Netzwerks. Wir sind davon existenziell abhängig – wir brauchen es für unsere Gesundheit, unsere Ernährung, für ein gutes Leben, für unser Überleben insgesamt. Aber wir tun so, als kämen wir wunderbar allein zurecht, als könnten wir in der Menschenwelt alles, was wir zum Leben benötigen, in Labors oder Fabriken erzeugen.

Und so stehen wir heute, im 21. Jahrhundert, an einem Scheideweg.

Wollen wir ohne die meisten anderen Lebewesen weitermachen und den ganzen Planeten in eine Menschenwelt verwandeln? Eine Welt, in der es nichts mehr gibt, was nicht von uns beeinflusst oder gleich ganz von uns erzeugt ist. Das ist die Richtung, die wir vor langer Zeit mit der Heldengeschichte eingeschlagen haben und die uns an einen Punkt gebracht hat, an dem wir so mächtig sind wie nie zuvor. Wir manipulieren andere Lebewesen – und bald uns selbst – auf genetischer Ebene. Wir klonen Tiere. Wir erschaffen Leben. Und wir entscheiden, wer leben darf und wer nicht. Das ist der eine Weg.

Oder wollen wir die Richtung ändern und uns den anderen Lebewesen in ihrer ganzen Vielfalt zuwenden? Lebewesen, die wir zwar beeinflussen, aber die wir im Gegensatz zu den technischen Dingen um uns herum nicht *gemacht* haben. Die anders sind als wir – eben keine Menschen – und etwas wissen oder fühlen, was wir vielleicht nie wissen oder fühlen werden. Lebewesen, deren Anderssein wir nicht nur respektieren, sondern als einen Wert in sich schätzen. Das ist der zweite Weg.

Wollen wir ohne die meisten anderen Lebewesen weitermachen und den Planeten in eine Menschenwelt verwandeln? Oder wollen wir die Richtung ändern und uns den anderen Lebewesen in ihrer ganzen Vielfalt zuwenden?

Eigentlich gäbe es da gar nicht so viel zu überlegen, oder? Denn die Richtung, die wir mit der Heldengeschichte eingeschlagen haben, hat sich als katastrophal erwiesen – für die anderen Lebewesen genauso wie für uns. So mächtig sind wir nämlich gar nicht. Wir verlieren mehr und mehr die Kontrolle über die Folgen unseres Tuns.

Man kann lange darüber diskutieren, was »katastrophal« wirklich bedeutet. Die Biologie kann keine genauen Vorhersagen treffen. Arten sind immer wieder ausgestorben, und nicht alle Arten sind für das Leben auf der Erde generell entscheidend. Aber wenn immer mehr Arten aussterben, ist es unvermeidlich, dass das Netz des Lebens irgendwann reißt und sich unser so lebensfreundlicher Planet in eine öde, stille, einsame und am Ende vielleicht sogar lebensfeindliche Welt verwandelt.

Niemand will das, trotzdem bewegen wir uns gerade mit großer Geschwindigkeit in diese Richtung. Wenn man sich in der Welt umschaut, sieht man, dass fast überall die Natur zerstört wird. Etliche Ökosysteme, kleine und große, sind bereits zusammengebrochen, und die von uns Menschen verursachte Klimakrise beschleunigt diese Entwicklung noch. *Homo sapiens*, der sich als Superheld versteht, kämpft gegen die Natur und fast immer gewinnt er diesen Kampf. Aber wenn er die Natur eines Tages ganz besiegt, besiegt er sich auch selbst.

Das ist die traurige Lage, in der wir uns befinden. Unser Weg nach Hause wird also ein sehr langer Weg sein. Doch irgendwann sollten wir den ersten Schritt machen.

Der Mensch als Bereicherung

Wir wollen damit nicht sagen, dass überhaupt nichts getan wird, um eine Katastrophe zu verhindern.

In jeder historischen Epoche gab es Menschen, die dafür kämpften, dass wir nicht nur an uns selbst denken, sondern an das Leben in seiner ganzen Vielfalt. Diese Menschen konnten sich nicht durchsetzen, doch das heißt nicht, dass sie umsonst gekämpft haben. Auch heute gibt es ganz viele Projekte und Menschen rund um die Welt, die sich um die Bewahrung einzelner Tier- und Pflanzenarten kümmern oder sich für die Rechte nicht-menschlicher Lebewesen generell einsetzen. Jedes dieser Projekte, und sei es noch so klein, ist ein wertvoller Beitrag, denn jedes davon beweist, dass der Mensch nicht »eben so« ist.

Es gibt inzwischen sogar ein bedeutendes internationales Abkommen zur Biodiversität, das sogenannte »Weltnaturschutzabkommen von Montreal«, das fast alle Staaten im Dezember 2022 unterzeichnet haben. Es sieht vor, dass bis zum Jahr 2030 mindestens 30 Prozent der

Land- und Meeresfläche der Erde unter Schutz gestellt und weitere 30 Prozent der geschädigten Ökosysteme rund um die Welt repariert werden. Das klingt großartig und wäre eine entscheidende Maßnahme, um den Artenverlust zu stoppen.

Aber das Weltnaturschutzabkommen ist rechtlich nicht bindend, das heißt, wenn ein Staat dagegen verstößt, gibt es keine Strafe. Es ist eine Absichtserklärung. Wenn man die darin vereinbarten Maßnahmen wirklich umsetzen würde – und das in den wenigen Jahren, die es bis 2030 noch sind –, dann würde sich das Leben der Menschen ziemlich stark verändern. Dann würden wir akzeptieren müssen, dass der Mensch nicht überall auf der Erde Macht ausübt, sondern große Teile des Planeten einfach *sein* lässt. Dazu, das zeigen jetzt schon die Diskussionen rund um die Umsetzung des Abkommens in den einzelnen Ländern, sind die meisten Menschen nicht bereit. Sie sehen das als nicht so wichtig an.

Aber vielleicht gibt es ja eine Möglichkeit, sie zu überzeugen – indem wir uns eine andere große Geschichte erzählen, die die Geschichte von *Homo sapiens* als Superhelden ablöst. Eine Geschichte von einer Welt, in der wir Menschen das nicht-menschliche Leben in all seiner Fülle bewahren und nicht zerstören. In der wir Menschen eine Bereicherung für die anderen Arten sind – so wie sie eine Bereicherung für uns sind.

Leider kann man eine solche große Geschichte nicht einfach so erfinden. In gewisser Weise erfindet sie sich selbst, wenn nur ausreichend Menschen bereit sind, sie zu erzählen. Aber eine wichtige Voraussetzung für eine andere große Geschichte ist, dass wir unsere Beziehung zur Biosphäre der Erde auf eine neue Grundlage stellen. Besser gesagt: dass wir die Biosphäre *neu verstehen lernen*.

Alle Lebewesen auf der Erde sind in einem engmaschigen Netz aus Beziehungen miteinander verbunden – und gleichzeitig *sind* sie dieses Netz.

Denn die Biosphäre ist keine wie auch immer geartete Maschine, die ständig Lebewesen erzeugt, wie man es sehr häufig in wissenschaftlichen Büchern liest. Sondern die Lebewesen *sind* die Biosphäre. Alle Lebewesen auf der Erde sind in einem engmaschigen Netz aus Beziehungen miteinander verbunden – und gleichzeitig *sind* sie dieses Netz.

Das ist ein sehr wichtiger Punkt. Wenn man sich als einen Teil von etwas versteht, wenn man etwas *ist*, dann ist es eine absurde Vorstellung, dieses Etwas zu zerstören. Die alten indigenen Gemeinschaften, die es einmal auf allen Kontinenten gab, haben sich zwar nicht um den Erhalt jeder einzelnen Tier- oder Pflanzenart bemüht, aber sie waren sich immer darüber im Klaren, dass sie ein Teil von etwas Größerem sind. Die Idee, Menschen könnten eines Tages so mächtig sein, dass sie das Leben auf der Erde an sich in Gefahr bringen, wäre ihnen völlig absurd erschienen.

So kamen viele der Namen zustande, die die indigenen Völker der Erde gaben. Die Navajo nannten sie Nahasdzaan: unsere große Mutter. Die Maya nannten sie Yuum K'aax: der Gott der Vegetation und Hüter der Tiere. Die Maori nannten sie Papatuanuku: die Quelle allen Lebens. Lauter Namen, in denen das Lebendige – die Einheit des Lebens – als das zentrale Merkmal unserer Welt zum Ausdruck kommt.

Von den meisten heutigen Menschen wird eine solche Betrachtungsweise als albern empfunden. Oder als nicht wissenschaftlich – was ja auch stimmt, denn die alten indigenen Völker sahen die Welt natürlich nicht durch die Augen der Wissenschaft. Man kann die Welt aber *auch* mit den Augen der Wissenschaft so sehen. Wie das?

Vor einigen Jahrzehnten ist der Biologin Lynn Margulis und dem Physiker James Lovelock aufgefallen, dass sich bestimmte Dinge auf der Erde über Hunderte Millionen Jahre hinweg nur wenig verändert haben. Zum Beispiel der Sauerstoffgehalt der Atmosphäre, der Salzgehalt der Ozeane und die Temperatur der Erdoberfläche. Die beiden schlossen daraus, dass der lebendige Teil der Erde den nicht lebendigen Teil beeinflusst, sodass der Planet in einem für das Leben langfristig günstigen Gleichgewichtszustand gehalten wird.

Lovelock gab dieser Hypothese den Namen *Gaia* – nach der gleichnamigen Göttin aus der griechischen Mythologie, der Göttin der Erde. Die Gaia-Hypothese besagt, dass alle Organismen auf der Erde einen einzigen großen Organismus bilden, der die Entstehung von Leben fördert. Kritiker haben Margulis und Lovelock vorgeworfen, sie wollen damit sagen, dass die ganze Erde ein Lebewesen sei – was zugegebenermaßen eine abstruse These wäre. Doch das wollen die beiden nicht sagen. Sie wollen sagen, dass die Gesamtheit aller Lebewesen auf der Erde größer ist als die Summe ihrer einzelnen Teile. Dass alle Lebewesen auf ihre Weise dazu beitragen, dass es so etwas wie *Leben* überhaupt gibt.

Dass ein solcher lebensfördernder Gleichgewichtszustand nicht ewig währt, zeigt sich jetzt, da die Art *Homo sapiens* die Erde in einem Ausmaß dominiert, wie es keine einzelne Art je zuvor getan hat. In ihrer überwältigenden Mehrheit sehen sich die heutigen Menschen nicht als Teil eines größeren Ganzen, das man *Leben* nennt. Sie sehen zwischen sich und einem Gespenstblattschwanzgecko oder zwischen sich und einem Weißspitzenriffhai überhaupt keine Verbindung.

Aber wenn eine Tier- oder Pflanzenart einmal verschwunden ist, ist sie für immer verschwunden.

In gewisser Weise kann man das sogar verstehen, denn der Verlust der Arten macht sich im Alltag der meisten Menschen kaum bemerkbar. Er vollzieht sich außerhalb ihres Blickfelds, zeitlich und räumlich versetzt, was es ihnen erleichtert, das Artensterben zu ignorieren und zu verdrängen. Die Tiere und Pflanzen protestieren nicht gegen ihr Aussterben, sie sprechen nicht mit uns darüber. Sie verschwinden einfach.

Vielleicht hast du ja Lust, dich einmal zu informieren, welche Lebewesen es in deiner Region in früheren Jahrhunderten (oder Jahrzehnten) gegeben hat. Du wirst erstaunt sein, von wie vielen dieser Arten du noch nie gehört hast. Ihr Verlust hat nicht dazu geführt, dass alle Ökosysteme zusammengebrochen sind oder das Leben ganz verschwunden ist. Aber er hat dazu geführt, dass sich das Netz des Lebens wieder ein Stück mehr aufgetrennt hat.

Sollten wir Menschen eines Tages damit aufhören, Kohlendioxid und andere Klimagase in die Atmosphäre zu blasen, wird sich das Klima auf der Erde irgendwann wieder stabilisieren. Aber wenn eine Tier- oder Pflanzenart einmal verschwunden ist, ist sie für immer verschwunden. Und auch wenn wir ausgestorbene Arten mit gentechnischen Methoden wieder zum Leben erwecken – eine extrem aufwendige und teure Maßnahme, von der niemand weiß, ob sie wirklich funktioniert –, dann wären es nicht die ursprünglichen Arten, sondern Lebewesen, die wir *gemacht* haben. Lebewesen, die keine eigene Geschichte erzählen können.

Denn genau darum geht es, wenn man sich als Teil eines größeren Ganzen, als Teil von Gaia, versteht: dass die anderen Lebewesen, die ebenfalls Teil dieses größeren Ganzen sind, *andere* Lebewesen sind. Nicht jedes Lebewesen auf der Erde ist sich seiner selbst bewusst, nicht jedes ist auf eine Weise intelligent, die sich mit der menschlichen Intelligenz vergleichen lässt, und nicht jedes will mit uns Menschen etwas zu tun haben. Aber jedes Lebewesen will leben. Jedem Lebewesen bedeutet seine Existenz etwas.

Wenn wir Menschen die Richtung ändern und uns den anderen Lebewesen zuwenden wollen, dann müssen wir uns klarmachen, dass der Planet Erde nur deshalb so schön und lebenswert ist, weil es sie gibt. Weil sie so viele sind. Weil sie so unterschiedlich sind. Weil sie so anders sind. Und weil sie uns so großartige Geschichten erzählen.

Die Luchse lehren uns, dass es immer auch eine andere Perspektive auf die Welt gibt als unsere eigene.

Das Wacholderwidertonmoos flüstert uns zu, dass die Erde ein kahler Klumpen Stein wäre, wenn es nicht seine Arbeit tun würde.

Das Schwein sieht uns mit glänzenden Augen an und fragt uns, ob es unser Freund sein kann.

Die Küstenmammutbäume teilen uns mit, dass jedem Lebewesen eine bestimmte Zeit geschenkt wird und man diese Zeit unbedingt nutzen sollte.

Die Oktopusse vermitteln uns, dass wir uns auf unsere Intelligenz nicht zu viel einbilden sollten.

Die Mauersegler nehmen uns mit auf eine Reise in eine Welt aus Wind und Wolken und zeigen uns, dass wir wirklich auf einem Planeten leben.

Die Goldene Seidenspinne erzählt uns von kleinen Welten in der Welt, über die wir sonst nie nachdenken würden.

Der Shiitake wartet darauf, dass wir erkennen, was wirklich in ihm steckt.

Die Küchenlinse winkt uns zu und fragt sich, wann wir sie endlich bemerken.

Der Mistkäfer tanzt auf seiner Kugel und wundert sich, warum wir das nicht ab und zu ebenfalls tun.

Der Weißspitzenriffhai rätselt darüber, was wir an ihm eigentlich so furchtbar finden.

Das Darmbakterium hat nicht viel Zeit, um nachzudenken – es ist zu sehr damit beschäftigt, uns am Leben zu erhalten.

Der Gespenstblattschwanzgecko wartet auf den Moment, in dem er sich uns zeigen kann, ohne befürchten zu müssen, sein Zuhause zu verlieren.

Und die Taube? Die Taube auf dem U-Bahnsteig blickt uns mit neugierigen Augen an und sagt: »Wer seid ihr denn? Habt ihr Lust, mit mir etwas Zeit zu verbringen?«

Zugegeben, das war jetzt jede Menge Anthropomorphismus. Natürlich haben wir keine Ahnung, was alle diese Lebewesen wirklich denken oder sich fragen. Aber jedes von ihnen ist auf seine Art eine Bereicherung für unser Leben. Wie wunderbar und klug wäre es doch, wenn wir Menschen eine Bereicherung für *ihr* Leben sein könnten.

Der Adler, der sich für ein Huhn hielt

Ja, das *wäre* wunderbar und klug, aber wie oft im Leben geschieht das Wunderbare und Kluge nicht einfach von selbst. Es braucht Menschen, die es zu Realität werden lassen. Menschen wie dich.

Das glaubst du uns nicht, dass du ein solcher Mensch sein kannst? Dann hör dir diese Geschichte an.

Einst fand ein Mann im Wald einen jungen Adler, der aus dem Nest gefallen war. Da der Adler so klein war, nahm ihn der Mann mit nach Hause auf seinen Hühnerhof, wo der junge Adler lernte, Hühnerfutter zu picken, und sich auch sonst wie ein Huhn verhielt. Einige Jahre später besuchte ein anderer Mann, der etwas von Naturkunde verstand, den Hühnerhof. Als die beiden Männer die Hühner betrachteten, sagte der Naturkundige: »Der Vogel dort ist kein Huhn, sondern ein Adler.« – »Ja«, erwiderte der Besitzer des Hühnerhofs, »das stimmt. Aber ich habe ihn zu einem Huhn erzogen. Auch wenn seine Flügel drei Meter lang sind, ist er jetzt kein Adler mehr.« – »Nein«, sagte der Naturkundige. »Er ist immer noch ein Adler, denn er hat das Herz eines Adlers.« – »Nein, nein«, beharrte der Besitzer des Hühnerhofs. »Er ist jetzt ein Huhn.« Die beiden beschlossen, die Sache näher zu ergründen, und so nahm der Naturkundige den Adler aus dem Käfig, hielt ihn hoch und sagte: »Du gehörst den Lüften, nicht der Erde. Breite deine Flügel aus und flieg.« Aber der Adler war verwirrt. Er wusste nicht, wer er war, und als er sah, wie die Hühner pickten, sprang er wieder zu ihnen hinunter. Am nächsten Tag trug der Naturkundige den Adler auf das Dach des Hauses und hielt ihn hoch, aber der Adler fürchtete sich und sprang wieder hinunter zu den Hühnern. Am dritten Tag schließlich stand der Naturkundige frühmorgens auf und nahm den Adler mit auf einen Berg. Dort hielt er ihn hoch und ermunterte ihn zu fliegen. Der Adler sah sich um, blickte hinunter zum Hühnerhof und wieder hinauf in den Himmel. In diesem Moment blitzten die ersten Sonnenstrahlen zwischen den Bergspitzen auf. Und da geschah es: Der Adler breitete langsam seine Flügel aus. Und dann schwang er sich mit einem Schrei in den Himmel und flog davon. Es mag sein, dass der Adler manchmal an sein Leben als Huhn dachte, aber er kehrte nie zurück, um das Leben eines Huhnes zu führen. Er war ganz und gar ein Adler.

Diese Geschichte basiert auf einer alten afrikanischen Tierfabel. Wie alle Tierfabeln will sie uns Menschen etwas begreiflich machen, indem sie nicht-menschliche Lebewesen als Metaphern verwendet. Es ist ziemlich ausgeschlossen, dass sich ein Adler jemals für ein Huhn hält. Und doch ...

Was geschieht eigentlich, wenn wir Menschen den anderen Lebewesen ihre Lebensräume wegnehmen, sie jagen und vergiften, sie von einem Ort zum anderen transportieren, in Käfige sperren, für unsere Zwecke töten? Wir nehmen ihnen die Möglichkeit, das zu sein, was sie eigentlich sind. Wir nehmen ihnen die Möglichkeit, ihre eigene Geschichte zu schreiben.

Ein Luchs will ein Luchs sein. Ein Hai will ein Hai sein. Und was könnte aus den Stadttauben nicht alles werden, wenn wir nur eine bessere Weise finden, mit ihnen zusammenzuleben?

Jedes Lebewesen hinterlässt Spuren in der Welt. Jedes Lebewesen erzählt eine Geschichte und irgendwann wirst auch du jemandem die Geschichte deines Lebens erzählen. Eine Geschichte, die du hoffentlich selbst schreiben wirst.

Denn die eigene Geschichte zu schreiben ist auch für uns Menschen das Schönste, was uns in diesem Leben passieren kann. Wir alle sollten unser Leben so leben, wie wir es leben wollen – nicht wie andere wollen, dass wir es leben sollen.

Wenn uns andere Menschen sagen: »Das kannst du nicht!« oder »Das wird nie funktionieren!« oder »Das ist eben so!«, sperren sie uns damit in ihre Vorstellung vom Leben ein. Die tragischste aller Vorstellungen, in die man Menschen einsperren kann, ist die Vorstellung, dass *Homo sapiens* der Herrscher der Erde ist.

Wir alle sollten unser Leben so leben, wie wir es leben wollen – nicht wie andere wollen, dass wir es leben sollen.

Der allererste Schritt hin zu einer anderen großen Geschichte, die das Leben auf der Erde respektiert und bewahrt, ist also ein innerer Schritt: zu begreifen, dass die Vorstellung von dem, was ein Mensch ist und sein kann, und dem, was Menschen gemeinsam erreichen können, nichts Festgefügtes und Ewiges ist. Wir Menschen können vieles sein und erreichen, auch etwas, woran wir heute noch gar nicht denken. Ja, vielleicht hat sich das, was uns wirklich zu Menschen macht, noch gar nicht gezeigt. Vielleicht wartet das noch auf uns – wenn die Sonne zwischen den Bergspitzen aufblitzt. Und wer weiß, vielleicht breitest du dann deine Flügel aus.

Und fliegst.

Mit allen Sinnen leben, verstehen und handeln

Die meisten Menschen leben heute in einer von Technik geprägten Welt, in der nicht-menschliche Lebewesen, wenn sie keinen unmittelbaren Nutzen für uns haben, keine große Rolle mehr spielen. Wir haben nur sehr wenig direkten Kontakt mit all den Tieren, Pflanzen oder Pilzen auf der Erde, und je weniger Kontakt wir mit ihnen haben, desto mehr vergessen wir, dass es sie überhaupt noch gibt. Das ist tragisch, denn diese Lebewesen halten nicht nur die Biosphäre aufrecht, in der und von der wir alle leben – sie machen unser Leben auch bunter, schöner und spannender. Hier sind einige Vorschläge, wie du alle deine Sinne dafür einsetzen kannst, um mit ihnen in Verbindung zu treten. Wie du das vielfältige Leben um dich herum besser verstehst. Und wie du es besser schützen kannst. Denn nur das, was man kennt, kann man auch schützen.
Das klingt anstrengend? Ist es aber nicht.
Im Gegenteil: Es macht einen Riesenspaß!

Sehen

1. Der Blick des Schneeleoparden

Wir Menschen beobachten Tiere. Aber Tiere beobachten auch uns Menschen. Schau dir den französischen Film *Der Schneeleopard* aus dem Jahr 2021 an, in dem sich der Reiseschriftsteller Sylvain Tesson mit dem Tierfotografen Vincent Munier in Tibet auf die Spuren eines der seltensten Tiere der Welt begibt: den sagenumwobenen Schneeleoparden. Nur mit dem Nötigsten ausgestattet, reisen sie über 1.000 Kilometer in eine der einsamsten und stillsten Regionen der Welt, eine karge, unzugängliche und eiskalte Berggegend, wo der Mensch am falschen Ort zu sein scheint. Doch nach tagelangem Warten begegnen sich schließlich die menschlichen und tierischen Blicke, und das ist nicht nur wunderschön, es stellt sich auch die Frage: Wer beobachtet hier eigentlich wen? Wer ist hier auf wen neugierig?

2. Vom Fernen zum Unsichtbaren

Nicht alles, was um uns herum lebt, ist sofort zu sehen. Vieles verbirgt sich vor unseren Blicken. Weil es zu scheu ist und Abstand hält, oder weil es zu klein ist, um aufzufallen. Aber man kann sich behelfen: mit einem Fernglas, einer Lupe oder einem Mikroskop. Leih sie dir oder lass sie dir schenken und hab sie immer dabei, wenn du nach draußen gehst. Zoome das Leben heran mit einem Fernglas, bestimme einen Vogel hoch oben auf einem Baum oder entdecke ein

Murmeltier in den Bergen. Lerne mit der Lupe einen Käfer auf dem Waldboden oder eine Biene auf einer Blüte aus der Nähe kennen. Und mach zu Hause unter dem Mikroskop die ältesten Geschöpfe der Erde in einem Tropfen See- oder Flusswasser sichtbar – ein Tropfen Wasser wimmelt nämlich nur so von Lebewesen. Mit Fernglas, Lupe und Mikroskop kommst du den Geheimnissen und Wundern des Lebens auf die Spur.

3. Die Natur als Künstlerin

Menschen, die vor Jahrhunderten auszogen, um ferne Länder zu erkunden, haben die ihnen unbekannten Tiere und Pflanzen oft gezeichnet oder gemalt. Heute haben wir zwar Fotoapparate und Smartphones, mit denen wir Bilder machen können, aber wenn man etwas zeichnet, macht man sich damit auf eine besondere Weise vertraut. Besorge dir ein Notiz- oder Skizzenbuch, Bleistifte in unterschiedlichen Härten, einen Radiergummi, und wenn du mit Farbe malen willst, Aquarellfarben, Pinsel und ein leeres Marmeladenglas mit Wasser. Und dann setz dich irgendwo draußen hin und mach Skizzen von all dem Lebendigen um dich herum: von einem Baum, einem Blatt, einer Katze, einer Birne, einem Pilz, was auch immer. Du wirst merken, dass du die Welt plötzlich wie neu siehst. Was man einmal gezeichnet hat, vergisst man nicht so leicht und entdeckt man plötzlich überall.

Hören

1. Eine Welt voller Klänge

Schließe an den verschiedensten Orten die Augen und lausche. Was hörst du wo? Wie klingt die Brandung an einer Küste? Wie klingt eine Kuhherde auf einer Weide? Wie klingt es in einem Wald – an einem windstillen und an einem windigen Tag? Wie klingt es in einem Kaufhaus oder auf einem Live-Konzert? Wie klingt Stille? Wir Menschen haben zwar nicht den besten Hörsinn unter den Tieren – jede Eule, jeder Fuchs und jede Katze stellt uns hier in den Schatten –, aber auch wir können die Töne zuordnen: aus welcher Richtung sie kommen und ob sie nah oder fern sind. Versuch es einmal und erschaffe vor deinem inneren Auge den Raum, den du hörst. Es ist nicht nur eine großartige Erfahrung, zu erleben, wie fein dein Gehör ist – du kannst dich damit auch in Lebewesen hineinfühlen, die die Welt vor allem über ihr Gehör wahrnehmen.

2. Das beste Gespräch der Welt

Mit Freundinnen und Freunden zu reden, von anderen verstanden zu werden, zählt zu den schönsten Dingen der Welt. Wir sprechen auf der Erde zwar nicht alle dieselbe Sprache – es gibt etwa 7.000 menschliche Sprachen und unzählige Dialekte –, aber theoretisch könnten wir jede davon lernen. Was, wenn eine solche Kommunikation auch mit Tieren möglich wäre? Das geht nicht, meinst du? Doch! Versuch einfach mal, mit deinem Haustier zu sprechen. Und ihm zuzuhören. Wie kommuniziert deine Katze? Was will dir dein Hund sagen, und was sind seine Geräusche wofür? Auch Meerschweinchen, Wellensittiche oder Hasen sind nicht stumm, sondern kommunizieren unentwegt mit uns. Und wenn du kein Haustier hast, lausche einfach mal den rund 150 Vögeln auf der VOGEL APP oder den 160 Tierstimmen auf der ANIMAL SOUNDS APP.

3. Ein Konzert zum Sonnenaufgang

In Großbritannien ist der erste Sonntag im Mai der »Dawn-Chorus-Tag«. *Dawn Chorus* heißt übersetzt »Morgendämmerungs-Chor«. An diesem Tag feiern Vogelbegeisterte jedes Jahr das schönste Konzert der Welt: den Gesang der Vögel im Frühling. Veranstalte selbst einen *Dawn Chorus*! Geh mit deiner Familie oder Freundinnen und Freunden am frühen Morgen nach draußen – und hört dem Vogelkonzert zu. Im April und Mai, wenn die Vogelmännchen ihre ganze Energie in ihren Gesang stecken, um eine Partnerin zu finden, ist ihr Gesang bis zu 20-fach verstärkt. Und das Beste ist: Vögel singen überall. In der Stadt zum Beispiel der Buchfink, der Spatz, die Amsel oder der Hausrotschwanz. Im Wald die Goldammer, der Eichelhäher oder der Buntspecht. Und im Moor der Große Brachvogel, der Goldregenpfeifer oder die Uferschnepfe.

Riechen

1. Der Geruch von Tausendfüßern

Wie riecht es in einer Parfümerie, einer Metzgerei oder an einer Straße? Wie riecht es in einem Wald, an einem See oder nach einem Regenschauer im Garten? Wie riecht das Fell einer Katze, die in der Sonne schläft? Wie riecht frisch geschnittenes Gras und wie getrocknetes? Am besten, du riechst mit geschlossenen Augen, dann ist der Geruchssinn besonders geschärft. Such nach deinem Lieblingsgeruch und beschreibe ihn ganz genau. Anders als das Volk der Jahai in Malaysia haben wir viel zu wenig Worte für einen bestimmten Geruch. Wir vergleichen vor allem: Etwas riecht blumig wie eine Rose, stechend wie Essig, muffig wie alte Wäsche. Bei den Jahai dagegen gibt es zahllose Wörter für Gerüche – etwa für den Geruch von Benzin, Fledermauskot, Tausendfüßern und sogar für die einzelnen Bestandteile des Ingwers. Ist das nicht toll?

2. Aus dem Leben eines Nasentiers

Während wir Menschen vor allem mit den Augen unsere Umwelt erfassen, »sehen« Hunde mit der Nase. Hunde sind Nasentiere. Sie können Geschichten, Stimmungen, feinste chemische Substanzen und sogar Krankheiten riechen. Lässt du einen Hund so laufen und riechen, wie er will, dann folgt er immer der Spur von Gerüchen. Mal schnuppert er nur kurz, mal bleibt er lange stehen, mal riecht er an Stellen, die für uns völlig unscheinbar sind oder auch ein wenig eklig: die Dufthinterlassenschaften anderer Hunde, Reste von Nahrung oder auch Duftspuren von Menschen. Diese Geruchsspur ist in der Welt der Hunde wie ein unsichtbares Wegenetz. Zeichne diese Spur auf Papier nach, wenn du mit deinem Hund spazieren gehst, und fühl dich so in ein Nasentier ein. Es ist wie ein Spaziergang durch unsichtbare Geschichten.

3. Von lockenden, befehlenden und warnenden Gerüchen

Düfte erfüllen zahllose Funktionen. Der Sommerflieder, eine Blütenpflanze, lockt Bestäuber wie Schmetterlinge an, um seine Pollen zu verteilen. Eine fleischfressende Pflanze stinkt nach Aas, um Insekten auf sich aufmerksam zu machen und sie sich dann zu schnappen. Eichen »rufen« mit Duftstoffen nach Vögeln, um Schädlinge loszuwerden. Fichten, Tannen und Kiefern senden sogenannte Terpenoide aus, um sich gegenseitig vor gefräßigen Insekten zu warnen. Tiger markieren mit ihrem Duft ihr Revier und warnen so Konkurrenten. Suche dir eine Duftfunktion aus, die du am interessantesten findest, und gehe ihr auf den Grund. Woraus besteht der Duft, den der Aussender losschickt? Was bezweckt er damit, und welche Wirkung hat der Duft beim Empfänger? Und was löst der Duft bei anderen Riechenden aus, die damit eigentlich gar nicht angesprochen werden sollen?

Tasten

1. Die Welt unter unseren Füßen

Die längste Zeit seiner Existenz ist *Homo sapiens* barfuß gelaufen. Heute bewegen sich die meisten Menschen mit Schuhen durch die Welt. Schuhe sind sehr nützlich, da sie uns vor Verletzungen, Kälte oder Hitze schützen. Aber damit geht auch die Verbindung zur Erde verloren. Laufe einmal barfuß auf natürlichen Untergründen: über eine Wiese oder einen Waldboden, über Moos oder Sand. Geh durch einen niedrigen Bachlauf, auf Steinen, auf Holz. Ertaste die Welt unter deinen Füßen. Ist der Untergrund fest, weich, uneben? Ist er warm oder kalt? Geh immer mal wieder mindestens 15 Minuten barfuß durch deine

Stadt, dein Dorf, deinen Garten. Schau bitte, wohin du trittst, damit du dich nicht verletzt, aber ansonsten genieße es und lerne damit die Welt besser kennen und die Böden, über die wir gehen, voneinander zu unterscheiden.

2. Mit den Vorfahren klettern

Es gibt sie an zahllosen Orten, an Waldrändern, allein stehend auf einem Feld, in Gärten oder Parks: Bäume, deren Äste so weit nach unten reichen und so stark sind, dass man auf ihnen in Richtung Krone klettern kann. Um auf einen Baum zu klettern, benötigt man alle Sinne. Man muss sehen, wo die besten Trittmöglichkeiten sind, und hören, ob ein Ast hält. Aber vor allem ist das Tasten wichtig. Ein fester Halt mit den Füßen. Ein guter Griff mit den Händen. Nur so gelangt man sicher nach oben. Probiere es einmal aus! Wenn du keinen geeigneten Baum in der Nähe findest, dann geh mit deinen Eltern oder Freundinnen und Freunden in eine Boulder- oder Kletterhalle. Da hast du zwar keinen natürlichen Untergrund, auf dem du kletterst, aber dein Tastsinn wird enorm gestärkt. Und es macht großen Spaß!

3. Das geheime Sinnesorgan

Wusstest du, dass die menschlichen Fingerspitzen zu den empfindlichsten Tastorganen der Welt gehören? Der Grund dafür ist, dass sich dort die meisten Mechanorezeptoren befinden: Zellen, die auf jede noch so leichte Berührung reagieren. Um vom groben zum allerfeinsten Tasten zu gelangen, müssen wir nur die Fingerspitzen bewegen. Dann können wir die winzigsten Unterschiede wahrnehmen. Das glaubst du nicht? Beobachte dich einen Tag lang, wie und wofür du deine Fingerspitzen benutzt. Zum Tippen, Scrollen und Wischen auf dem Smartphone, zum Halten von Messer und Gabel beim Essen, zum Eincremen deines Gesichts und vieles mehr. Und um die Feinfühligkeit deiner Fingerspitzen besonders gut zu erleben, verbinde einmal deine Augen und »erkenne« das Gesicht eines Freundes, einer Freundin, deiner Eltern oder Geschwister nur mit deinen Fingern.

Schmecken

1. Das Glück des Kochens

Vielleicht hast du ja Eltern oder Großeltern, die gerne kochen und backen, aber hast du schon mal erlebt, wie glücklich es machen kann, Selbstgekochtes zu essen und mit anderen zu teilen? Bereite für einen ganzen Tag alle Mahlzeiten selbst zu. Versuche, ohne Fleisch und Fisch auszukommen, und nimm saisonale und regionale Zutaten – also solche, die in der entsprechenden Jahreszeit wachsen und aus deiner Gegend kommen. Probiere neue Rezepte aus (es gibt tolle vegetarische Kochrezepte im Internet), iss mit Genuss und gemeinsam mit anderen. Und bestimme schon beim Kochen den Geschmack! Ist er süß, sauer, salzig oder bitter? Oder gar umami? Das kennst du nicht? Das ist der fünfte menschliche Geschmackssinn, der 1908 von einem japanischen Chemieprofessor entdeckt wurde und für einen herzhaften Geschmack wie etwa von Parmesan oder Pilzen steht.

2. Der Geschmack alter Sorten

Es gibt viel mehr Gemüse-, Obst- und Getreidesorten als die, die im Supermarkt angeboten werden. Auf Bauern- und Wochenmärkten oder in Bioläden findest du oft eine ganz andere Auswahl. Vor allem auch die sogenannten »alten Sorten«: violette Karotten, gelbe Tomaten, verformte Äpfel oder einheimische Kartoffeln mit so lustigen Namen wie Linda, Sieglinde, Bamberger Hörnla oder die blaue Vitelotte. Oft schmecken diese alten Sorten viel besser. Mach mit deiner Familie oder Freunden einmal einen Sortentest, zum Beispiel mit Äpfeln: Biete Apfelschnitze neuer Sorten wie Cosmic Crisp oder Pink Lady und daneben welche alter Sorten wie Boskop oder Berlepsch an. Lass jeden beides probieren, ohne zu sagen, welche Sorte welche ist. Können sie die alten Sorten von den neuen unterscheiden? Und was schmeckt ihnen besser?

3. Von Zungen und Welsen

Der Geschmack ist ein recht einfaches Sinnesorgan und fast ausschließlich dafür da, Entscheidungen über die Nahrungsaufnahme zu treffen. Ja oder nein? Gut oder schlecht? Essen oder ausspucken? Die menschliche Zunge kann nicht sehr fein unterscheiden: Bitter ist eben bitter, und süß ist süß. Halte dir einmal beim Essen die Nase zu, und du wirst erstaunt sein, wie langweilig alles schmeckt, denn es sind die Geruchsaromen, die zu einem Festschmaus dazugehören. Wie wir Menschen schmecken auch Vögel und Reptilien mit der Zunge. Fliegen dagegen schmecken mit ihren Beinen. Der Meister des Geschmackssinns ist aber der Wels. Welse sind »schwimmende Zungen« – statt mit Schuppen ist ihr gesamter Körper von Geschmacksknospen überzogen. Stell dir einmal vor, du würdest wie ein Wels schmecken – und dann in Schokolade baden!

Verstehen

1. Ein Ökosystem als Ganzes erfassen

Geh, radle oder fahr mit der Bahn in regelmäßigen Abständen zu einem Ökosystem. Das kann ein See, ein Bachlauf, eine Wiese oder ein Wald sein. Was auch immer – erforsche es, lerne es kennen, versuche es zu verstehen. Erfasse das Leben als etwas Ganzes: als ein Netzwerk. Zum Beispiel bei einem Moor. Welche Pflanzen gibt es dort? Wo läuft das Wasser zu und wieder ab? Wieso federt der Boden? Beobachte, welche Tierarten dort leben: im Boden, über dem Boden, in der Luft. Halte die geografischen und klimatischen Bedingungen dort fest. Es muss aber auch gar kein so großes Ökosystem sein. Fotografiere einen bestimmten Baum in deiner Umgebung ein Jahr lang täglich. Wie verändert er sich? Welche Lebewesen leben auf ihm? Wie sehen seine Blätter bei welchem Wetter aus? Es ist wunderschön, Zusammenhänge zu verstehen und hautnah zu erleben, wie alles miteinander verbunden ist.

2. Der Blick hinter die Kulissen

Einer der spannendsten Berufe der Welt ist der des investigativen Journalisten. Diese Leute fragen genau nach, blicken hinter die Kulissen, und vor allem stellen sie die richtigen Fragen. Du kannst das genauso tun: Woher kommt ein T-Shirt oder eine Hose, die ich kaufen will? Wie haben die Tiere, deren Fleisch ich esse, vorher gelebt und wie wurden sie geschlachtet? Ist Palmöl in meiner Tiefkühlpizza? Woher kommt der Kakao meiner Lieblingsschokolade? Welche Bestandteile stecken in meinem Handy? Gelingt es dir, das alles so weit zurückzuverfolgen, bis du den Zusammenhang mit dem Artensterben findest? Und entdeckst du dabei auch Lösungen für den Artenschutz? Zum Beispiel, indem du dich fragst, ob es nicht bessere Alternativen zu einem bestimmten Produkt gibt – oder ob du dieses Produkt überhaupt brauchst. Sei neugierig. Und bilde dir deine eigene Meinung.

3. Wissen zweimal anders

Wissen ist entscheidend für den Artenschutz. Wenn du mehr über Biodiversität herausfinden willst, kannst du dich immer an wissenschaftliche Institutionen wie etwa das Deutsche Zentrum für integrative Biodiversitätsforschung wenden. Oder du gehst ins Internet, wo du von den unterschiedlichsten Menschen aus der ganzen Welt Wissen über die Natur erhältst: In Mediatheken kann man Dokumentationen abrufen, es gibt Podcasts zu fast allen Themen, und auf YouTube stellen junge Wissenschaftlerinnen und Wissenschaftler ihre Theorien vor. Hör dir zum Beispiel mal den Podcast BUGTALES.FM der Autorin und Zoologin Jasmin Schreiber und des Biologen und Poetry-Slammers Lorenz Adlung an. Dort erfährst du jede Menge über die Besonderheiten einzelner Tier- und Pflanzenarten. Oder such mal auf YouTube nach Jacob Beautemps, der auf seinem Kanal BREAKIN LAB spannenden naturwissenschaftlichen Fragen nachgeht.

Handeln

1. Einfach etwas tun

Viele meinen, dass ein einzelner Mensch nichts gegen das Artensterben tun kann. Aber das stimmt überhaupt nicht. Jede und jeder von uns kann etwas tun. Es gibt unzählige Möglichkeiten. Hier eine ganz kleine Auswahl: Hilf Bienen, Wespen und anderen Insekten aus der Wohnung, indem du sie vorsichtig in einem Glas fängst und draußen freilässt. Gieße bei Hitze die Pflanzen vor deinem Haus (am besten morgens oder abends ein Eimer Wasser, langsam ausgießen). Stell im Sommer größere Wassertränken für Vögel und kleinere für Insekten raus. Und im Winter Vogelfutter. Bepflanze euren Balkon, Garten oder Vorgarten insektenfreundlich. Lass dort eine bunte, wilde Wiese wachsen. Wirf keinen Müll in die Natur, sondern sammle Müll, vor allem Plastik, auf. Bitte die Stadtverwaltung, wo immer möglich Blühstreifen für Blumen und Insekten zu schaffen. Auch die kleinste Fläche kann so in ein Biotop verwandelt werden. Ach ja, und noch etwas: Schieß bitte an Silvester keine Raketen ab – das macht den Tieren große Angst.

2. Gemeinsam doppelt stark

Es waren Hunderte vor allem junge Menschen, die den Hambacher Forst vor der Abholzung gerettet haben. Vielleicht hast du das ja mitverfolgt: Die Reste eines alten Mischwaldes sollten dem Braunkohleabbau weichen, aber indem die jungen Leute den Wald wochenlang besetzt und über das Internet über ihre Aktionen informiert haben, konnten sie das schließlich verhindern. Sie haben Leben vor der Zerstörung bewahrt. Und sie haben das gemeinsam getan. Du kannst eine eigene Gruppe für eine eigene Aktion ins Leben rufen. Oder du trittst dem BUND, dem NABU, Peta, Fridays for Future, Greenpeace oder lokalen Umweltschutzvereinigungen bei, die fast alle Jugendgruppen haben. Informiere dich über Organisationen wie die Loki-Schmidt-Stiftung für Artenschutz, die Deutsche Wildtier Stiftung, die Zoologische Gesellschaft Frankfurt oder das Jane Goodall Institut Deutschland. Lass dich inspirieren. Mach mit. Schreibe mit anderen zusammen eine neue Geschichte.

3. Hör nie auf, darüber zu reden

Ein uralter Spruch lautet: »Steter Tropfen höhlt den Stein.« Gemeint ist damit, dass Beharrlichkeit eine unglaubliche Wirkung haben kann. So wie Wasser tiefe Schluchten in Berge frisst. So wie ein Mädchen namens Greta Thunberg durch einen freitäglichen Schulstreik eine weltweite Klimabewegung ausgelöst hat. Sei der stete Tropfen. Rede und diskutiere immer wieder über das Artensterben und den Artenschutz, denn vielen Menschen ist überhaupt nicht bewusst, wie wichtig die anderen Lebewesen sind. Egal, ob deine Mutter oder dein Vater, deine Großmutter oder dein Großvater, deine Freundin oder dein Freund, deine Mitschülerinnen und Mitschüler – jeder einzelne Mensch, mit dem du ins Gespräch kommst, zählt. Je mehr Menschen verstehen, ihr Handeln verändern und gemeinsam mit dir handeln, desto besser ist es für das Leben auf dem Planeten Erde.

Zitatnachweise

Seite 16: Robin Wall Kimmerer: *Das Sammeln von Moos*, Berlin 2022, S. 8
Seite 88: Jonathan Balcombe: *Was Fische wissen*, Hamburg 2018, S. 182
Seite 146: Thomas Nagel: *Über das Leben, die Seele und den Tod*, Königstein/Ts. 1984, S. 188
Seite 151: Ed Yong: *Die erstaunlichen Sinne der Tiere*, München 2022, S. 22
Seite 160/161: Helen MacDonald: *Abendflüge*, Hanser, München 2021, S. 193
Seite 206: Gavin Maxwell: *Ein Ring aus hellem Wasser*, München 2021, S. 218

Literaturverzeichnis

Balcombe, Jonathan: *Was Fische wissen*, mareverlag, Hamburg 2018
Blom, Philipp: *Die Unterwerfung*, Hanser, München 2022
Busse, Tanja: *Das Sterben der anderen*, Blessing, München 2019
Coccia, Emanuele: *Die Wurzeln der Welt*, Hanser, München 2018
Dennett, Daniel C.: *Darwins gefährliches Erbe*, Hoffmann und Campe, Hamburg 1995
Fischer, Frauke/Oberhansberg, Hilke: *Was hat die Mücke je für uns getan?*, Oekom, München 2020
Foster, Charles: *Der Geschmack von Laub und Erde*, Malik, München 2017
Foster, Charles: *Der Ruf des Sommers*, Malik, München 2023
Girling, Richard: *Der Mensch und das Biest*, Rowohlt, Berlin 2021
Glaubrecht, Matthias: *Das Ende der Evolution*, C. Bertelsmann, München 2019
Godfrey-Smith, Peter: *Der Krake, das Meer und die tiefen Ursprünge des Bewusstseins*, Matthes & Seitz, Berlin 2019
Jones, Lucy: *Die Wurzeln des Glücks*, Blessing, München 2021
Haft, Jan: *Wildnis – Unser Traum von unberührter Natur*, Penguin, München 2023
Harari, Yuval Noah: *Wie wir Menschen die Welt eroberten*, C.H. Beck, München 2022
Haraway, Donna: *Das Manifest für Gefährten*, Merve Verlag, Berlin 2016
Heinrich, Bernd: *Leben ohne Ende*, Matthes & Seitz, Berlin 2019
Hill, Julia Butterfly: *Die Botschaft der Baumfrau*, Goldmann, München 2002
Kimmerer, Robin Wall: *Geflochtenes Süßgras*, Aufbau, Berlin 2021
Kimmerer, Robin Wall: *Das Sammeln von Moos*, Matthes & Seitz, Berlin 2022
Le Guin, Ursula K.: *Am Anfang war der Beutel*, Drachen Verlag, Klein Jasedow 2020
Lovelock, James: *Das Gaia-Prinzip*, Oekom, München 2021
MacDonald, Helen: *H wie Habicht*, Allegria, Berlin 2015

MacDonald, Helen: *Abendflüge*, Hanser, München 2021
Macho, Thomas: *Schweine*, Matthes & Seitz, Berlin 2015
Malkmus, Bernhard: *Luchse*, Matthes & Seitz, Berlin 2022
Mancuso, Stefano: *Die unglaubliche Reise der Pflanzen*, Klett-Cotta, Stuttgart 2020
Maxwell, Gavin: *Ein Ring aus hellem Wasser*, Blessing, München 2021
Nagel, Thomas: *Über das Leben, die Seele und den Tod*, Hain Verlag, Königsstein/Ts. 1984
Nussbaum, Martha: *Gerechtigkeit für Tiere*, Wissenschaftliche Buchgesellschaft, Darmstadt 2023
Pelluchon, Corine: *Das Zeitalter des Lebendigen*, Wissenschaftliche Buchgesellschaft, Darmstadt 2021
Safina, Carl: *Die Kultur der wilden Tiere*, C.H. Beck, München 2022
Schneider, Karin: *Tauben*, Matthes & Seitz, Berlin 2021
Schreiber, Jasmin: *Biodiversität*, Reclam, Ditzingen 2022
Sheldrake, Merlin: *Verwobenes Leben*, Ullstein, Berlin 2020
Simard, Suzanne: *Die Weisheit der Wälder*, btb, München 2022
Steffens, Dirk/Habekuss, Fritz: *Über Leben*, Penguin, München 2020
Weber, Andreas: *Enlivenment – Eine Kultur des Lebens*, Matthes & Seitz, Berlin 2016
Weidensaul, Scott: *Auf Schwingen um die Welt*, Hanser, München 2022
Weß, Ludger: *Winzig, zäh und zahlreich – Ein Bakterienatlas*, Matthes & Seitz, Berlin 2020
Wilson, Edward O.: *Der Wert der Vielfalt*, Piper, München 1997
Wohlleben, Peter/Ibisch, Pierre L.: *Waldwissen*, Ludwig, München 2023
Yong, Ed: *Die erstaunlichen Sinne der Tiere*, Kunstmann, München 2022

Dank

Wir bedanken uns bei Monika Bilstein, Elisabeth Bösl, Stefanie Brösigke, Andreas Geißler, Kathi und Theo Geißler, Alina Gottselig, Helen Macdonald, Moritz Klein, Kristof Kurz, Matthias Kreuzer, Michael O'Brien, Diana Sans, Madita Vogl, Paula Vogl, Jack Waldas und Tobias Winstel für ihre Unterstützung bei diesem Projekt.
Vielen Dank an Katrin Stangl für die wunderbaren Illustrationen!
Und ein ganz besonderer Dank geht natürlich an all die Tiere und Pflanzen und Pilze und anderen Lebewesen, die uns zu diesem Buch inspiriert haben.
Wir haben es für euch geschrieben.

Sascha Mamczak | Martina Vogl

Eine neue Welt

Die Natur, die Menschen und die Zukunft unseres Planeten

Illustrationen von Katrin Stangl

270 Seiten, gebunden, ab 12
ISBN 978-3-7795-0647-8

Unser Planet droht in die Knie zu gehen. Wie konnte es so weit kommen? Und was kann man jetzt noch tun?

Sascha Mamczak und Martina Vogl springen mitten hinein in die ökologische Krise, und es gelingt ihnen Erstaunliches: Sie schaffen Klarheit! Fundiert und in frischem Ton erklären sie die Funktionsweise des Ökosystems Erde. Denn nur wer die Welt versteht, findet den Weg heraus aus der Katastrophe – und hinein in eine neue Welt, die eine bessere ist. Ein Buch zum Staunen, Denken und Handeln.

Nominiert für den Deutschen Jugendliteraturpreis

PETER HAMMER VERLAG

Der Autor/die Autorin

SASCHA MAMCZAK, Jahrgang 1970, studierte Politische Wissenschaft, Volkswirtschaftslehre und Öffentliches Recht in München und Edinburgh. Er befasst sich intensiv mit Zukunftsthemen und Fragen der Generationengerechtigkeit. MARTINA VOGL, 1975 geboren, studierte Literaturwissenschaft und Kunstgeschichte in München. Beide arbeiten in Münchner Verlagen. Sie halten regelmäßig Vorträge für Kinder und Jugendliche zu den Themen Ökologie und Zukunft.
Gemeinsam haben sie die Jugendsachbücher *Es ist dein Planet – Ideen gegen den Irrsinn* und das für den Deutschen Jugendliteraturpreis nominierte *Eine neue Welt – Die Natur, die Menschen und die Zukunft unseres Planeten* geschrieben.

Die Illustratorin

KATRIN STANGL, geboren 1977, studierte an der Hochschule für Grafik und Buchkunst in Leipzig. In unterschiedlichen Techniken bebildert sie eigene und fremde Texte. Ihre Werke wurden mit dem »Preis der Stiftung Buchkunst« und dem »Hans-Meid-Förderpreis« geehrt. Katrin Stangl illustrierte im Peter Hammer Verlag u. a. *Eine neue Welt* von Sascha Mamczak und Martina Vogl und zuletzt den Gedichtband von Arne Rautenberg *fünfzehn kilo kolibri*, der von der Stiftung Buchkunst als »Eins der schönsten deutschen Bücher« ausgezeichnet wurde.

MIX
Papier | Fördert gute Waldnutzung
FSC® C018236
www.fsc.org

Lektorat: Silvia Bartholl
Umschlagillustration: Katrin Stangl
Umschlagtypografie: Magdalene Krumbeck
Satz und Gestaltung: Magdalene Krumbeck
Druck: Drukarnia Dimograf Sp. z o.o., Bielsko-Biala
ISBN 978-3-7795-0717-8
www.peter-hammer-verlag.de